高等教育土建类“十三五”重点规划教材

装饰虚拟设计实训

罗富荣　高华锋　伍　岳　主编

ZHUANGSHI XUNI SHEJI SHIXUN

化学工业出版社

·北京·

本书共7章，主要介绍如何利用VR技术设计居住空间。本书从项目制作的设计思路入手，设置了定义移动路径、定义活动范围、材质替换、定义开关门窗、定义拾取、动画视频制作等交互内容，将VR技术的“交互性”特性体现得淋漓尽致，使读者掌握实际项目制作过程中所遇到的各项技术知识点，提高读者综合应用软件进行方案表现的能力。

本书可广泛应用于室内设计、城市规划、工业仿真、道路桥梁设计、风景园林设计、机电设备安装等专业。

图书在版编目（CIP）数据

装饰虚拟设计实训 / 罗富荣，高华锋，伍岳主编．—北京：化学工业出版社，2019.7

ISBN 978-7-122-34329-1

Ⅰ．①装…　Ⅱ．①罗…　②高…　③伍…　Ⅲ．①室内装饰设计　Ⅳ．①TU738.2

中国版本图书馆CIP数据核字（2019）第071276号

责任编辑：吕佳丽　　装帧设计：张　辉

责任校对：宋　夏

出版发行：化学工业出版社（北京市东城区青年湖南街13号　邮政编码100011）

印　　装：北京缤索印刷有限公司

787mm×1092mm　1/16　印张11½　字数276千字　2019年6月北京第1版第1次印刷

购书咨询：010-64518888　　售后服务：010-64518899

网　　址：http://www.cip.com.cn

凡购买本书，如有缺损质量问题，本社销售中心负责调换。

定　　价：49.80元

编审委员会名单

编写人员名单

主　编　罗富荣　中南林业科技大学（北京教学点）

　　　　高华锋　广联达科技股份有限公司

　　　　伍　岳　展视网（北京）科技有限公司

副主编　朱金海　广西现代职业技术学院

　　　　夏晓红　赤峰建筑工程学校

　　　　杨　光　湖南文理学院

　　　　侯文婷　内蒙古建筑职业技术学院

　　　　杨　明　广联达科技股份有限公司

参　编　（排名不分先后）

　　　　王春林　赤峰学院

　　　　赵连成　兴安盟高级技工学校

　　　　张丽华　呼伦贝尔职业技术学院

　　　　吴轶弢　上海市西南工程学校

　　　　周　丹　山东商务学院

　　　　赵华玮　盐城工业职业技术学院

　　　　马　玲　重庆人文科技学院

　　　　霍新星　展视网（北京）科技有限公司

　　　　丁　方　上海丁方设计有限公司

序

FOREWORD

2018年的全国网络安全和信息化工作会议强调：敏锐抓住信息化发展历史机遇，推动人才发展体制机制改革，让人才的创造活力竞相迸发、聪明才智充分涌流。随着《国家创新驱动发展战略纲要》《“十三五”国家信息化规划》《智能硬件产业创新发展专项行动（2016—2018年）》等一系列国家重大政策的出台，虚拟现实（Virtual Reality，简称VR）技术在国内呈现井喷式发展，并逐渐应用于军事、工业、影视娱乐、医疗、建筑业、教育等领域，不断推进“VR+”产业新升级。随着各个行业对虚拟技术人才的需求的增加，普及虚拟现实技术、培养复合型VR技术人才已经迫在眉睫，受到行业、企业、院校的高度重视，将虚拟技术融入传统的课程教学，必将成为院校课程体系改革的重要方向。

行业领先的虚拟设计平台VDP，是一套基于现有成熟业务软件和展视网（北京）科技有限公司自主研发软件结合的整体VR设计平台，可广泛应用于城市规划、室内设计、工业仿真、道路桥梁设计、风景园林设计、机电设备安装等行业及学科，引领行业的发展。

VDP平台可支持常用的Unity、3Dmax、Sketchup、Revit、MagiCAD等3D模型设计软件，通过后台生成AR、VR、全景展示效果，模型兼容性强，并可与广联达建模软件实现无缝对接，进而实现教学过程中“备、教、练、考、评”五个环节的VR交互设计与模拟，掌握虚拟现实技术、制作VR设计方案，这是编制本书的技术保障。

本书基于室内设计行业职业岗位对创新型、技能型、实战型人才的需求，围绕着学生的VR设计表现能力，构建以任务为驱动的课程体系，针对VDP平台软件的各项功能，从项目制作的设计思路入手，让读者掌握实际项目制作过程中所遇到的技术知识点。

希望通过本书的编辑出版解开一个新的数字建设时代，为行业培养更多数字建设人才！

中国建筑装饰协会信息化分会秘书长

吴恩振

前言

PREFACE

随着“一带一路”倡议的提出，高等职业教育的人才培养目标呈现出多元与综合的特征，培养目标以高素质国际化复合型技术技能型人才为主，而课程作为人才培养的核心要素，会不断进行改革，教学形式具有先进性和互动性、学习结果具有探究性和个性化。本书围绕建筑设计类相关专业人才培养方案及核心课程大纲的基本要求，初步尝试将虚拟技术融入传统的理论教学，内容以室内设计师岗位业务流程驱动项目化、团队学习、角色扮演的教学模式，将理论与实训相结合，有效解决课堂教学与实训环节联系不紧密的问题，从而达到提升学生的设计能力，提升复合型技术技能型人才培养的目标。

本书共7章，主要介绍如何利用VR技术设计居住空间。本书从项目制作的设计思路入手，设置了定义移动路径、定义活动范围、材质替换、定义开关门窗、定义拾取、动画视频制作等交互内容，将VR技术的“交互性”特性体现得淋漓尽致，使读者掌握实际项目制作过程中所遇到的各项技术知识点，提高读者综合应用软件进行方案表现的能力。

本书主要针对建筑装饰工程技术、建筑室内设计、环境艺术设计、环境设计等建筑设计类相关专业使用，也可作为装饰设计公司、装饰施工企业设计人员学习的参考资料。

为了方便读者更好地学习与制作方案，并与我们交流，欢迎各位读者加入装饰VR课程开发交流群【QQ群号：324418453（该群为实名制，入群读者申请以“单位+姓名”命名）】。由于编者水平有限，书中难免有不足之处，恳请广大读者批评指正，以便及时进行修订与完善。

编者

2019年3月

目录

CONTENTS

第 3 章　效果优化 / 35

第 4 章　交互设计 / 114

第 5 章　上传发布 / 159

第1章
绪　论

学习目标

1. 了解虚拟技术的概念及特点；
2. 了解虚拟技术的发展历史及应用领域；
3. 了解 VDP 虚拟现实设计平台与其他软件的对接流程；
4. 了解 VDP 虚拟现实设计平台产品及构成。

1.1　虚拟现实技术概述

1.1.1　虚拟现实技术概念

虚拟现实技术（英文名 Virtual Reality，简称 VR）是指利用计算机模拟一个三维空间，提供使用者关于视觉、听觉、触觉等感官模拟，让使用者在这个空间内可以随意走动，随着位置发生位移，计算机会通过运算变化空间影像给使用者，可以任意观察事物，使之身临其境一般。

虚拟现实技术作为一种新型的人机交互仿真技术，其概念最早提出于 20 世纪 60 年代，但在当时并没有形成完整概念。直至第一台虚拟现实眼镜原型机“The Sword of Damocles（达摩克利斯之剑）”的诞生（图 1.1-1），才确立虚拟现实的 3 个基本特性：沉浸性、交互性和多感知性。

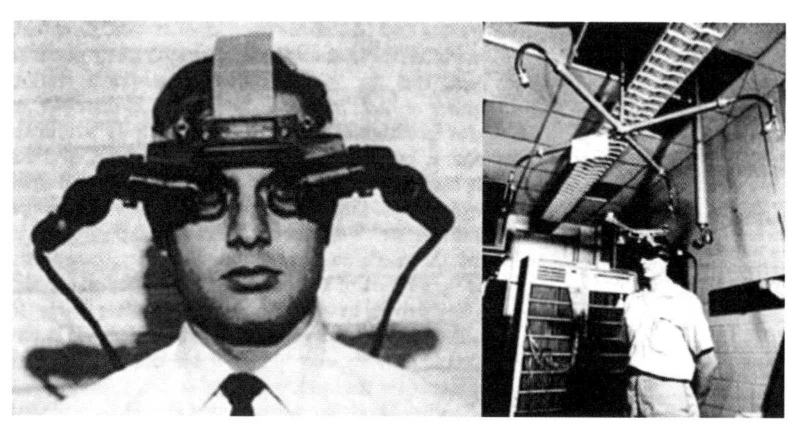

图 1.1-1

虚拟现实经历了 50 多年的发展与变革，曾两度进入公众视野。2014 年 Facebook 豪掷 20 亿美元收购 Oculus 公司，首次将人们的视线吸引到虚拟现实上；之后 Oculus 便推出 PC

端VR头显二代开发者套件DK2（图1.1-2），它令国内外的厂商和开发者们为VR激动不已。从此之后，三星的移动VR头显一代GearVR问世（图1.1-3），索尼也公布了当时还被称作Project Morpheus的VR头显（图1.1-4），谷歌以DIY纸板眼镜盒快速推动着VR走向大众（图1.1-5）。2014年，HTC与Valve合作推出PC端头显HTC VIVE头盔设备，实现了一定范围内的极致沉浸感（图1.1-6）。伴随行业大佬们的加入，VR硬件与软件的发展，似乎昭示着VR行业广阔的发展前景。

图 1.1-2

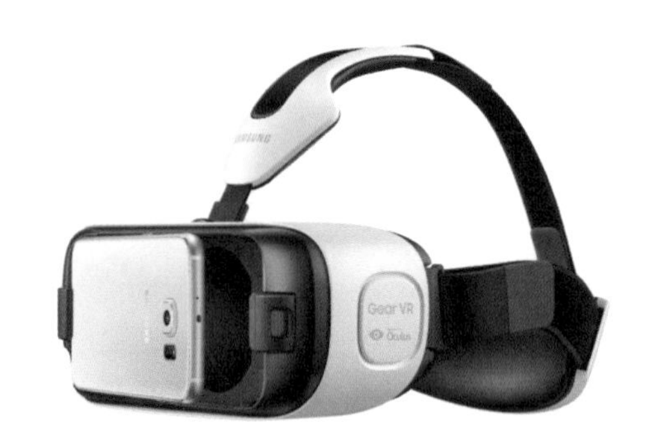

图 1.1-3

图 1.1-4

图 1.1-5

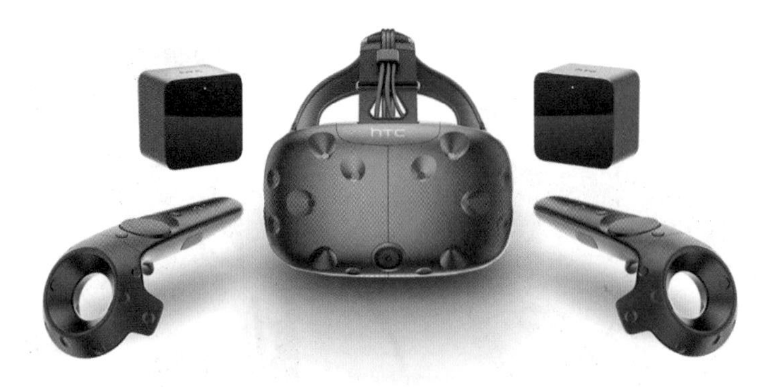

图 1.1-6

1.1.2 虚拟现实技术特点

1.1.2.1 沉浸性

沉浸性，又称浸入性，指用户以自然的方式存在于虚拟环境中的真实程度，是虚拟现实技术的主要特征。在该环境中的一切从视觉、听觉，甚至嗅觉等一切感觉都是真的，使人有一种身临其境的感觉（图 1.1-7）。

图 1.1-7

沉浸性分为完全沉浸和半沉浸两种。完全沉浸，是把用户的视觉、听觉和感觉封闭起来，并利用位置追踪器、数据手套等使用户产生一种沉浸其中的感觉，例如，用户戴着 VR 头盔在虚拟场景中玩游戏，就会感觉置身于真实的游戏场景；半沉浸，是借助于 3D 眼镜、3D 屏等输入输出设备，使用户与虚拟场景中物体进行交互。

1.1.2.2 交互性

虚拟现实技术的出现是多媒体技术发展的结果，在虚拟的场景中可感受现实氛围。交互性是指用户对虚拟环境中物体的实时操作性，例如，用户可以通过手柄或用手直接拾取、移动及摆放虚拟环境中的物体，甚至可以感受物体的重量；在虚拟场景中开关门窗、开关灯、行走、材质替换等（图 1.1-8）。

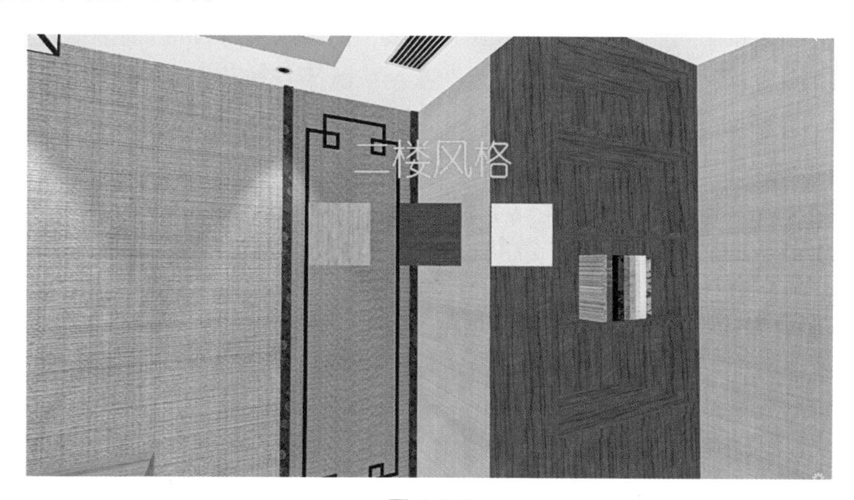

图 1.1-8

1.1.2.3 多感知性

多感知性是除了一般计算机所具有的视觉感知外，还具有听觉、视觉、触觉等各种直观又自然的实时感知交互功能，以获得身临其境的感受（图 1.1-9）。

图 1.1-9

1.2 VR 技术应用领域

虚拟现实技术是近年来国家重点发展的技术之一。它作为一门学科和艺术将会不断走向成熟，将在各行各业中得到广泛应用，并发挥神奇的作用。由于其有诸多的优势，它的应用前景非常广阔，逐渐在娱乐游戏、军事与航天工业、医学、建筑领域、制造业、教育科技研究、影视、购物等领域起着举足轻重的作用，将促进各行业升级换代式的发展。虚拟现实设备将在未来走入每家每户，成为人类生活不可或缺的一部分。

1.2.1 娱乐游戏

丰富的感觉能力与 3D 显示环境使得虚拟现实技术成为理想的视频游戏工具。近些年来虚拟现实技术在该方面发展最为迅猛。

在 2013 年开幕的 E3 游戏展上，Virtuix 公司展出的一款名为 Omni 的虚拟现实游戏平台。允许玩家在 Omni 游戏平台中做出行走、跑动甚至跳跃等各种动作，如果再配合 Oculus Rift 创造的全方位 3D 视野的话，那么就能将玩家完全带入游戏中，而且 Omni 游戏平台底部配有一个环形滑动斜坡，能够实现玩家的原地跑动（图 1.2-1）。

图 1.2-1

2015 年 5 月 9 日 NVIDIA CEO 黄仁勋在云计算终端游戏平台 Shield 的发布公开宣称：“游戏的未来是虚拟现实”。

1.2.2 军事与航天工业

模拟训练一直是军事与航天工业中的一个重要课题，这为虚拟现实技术提供了广阔的应用前景。

美国国防部高级研究计划局 DARPA 自 20 世纪 80 年代起一直致力于研究称为 SIMNET 的虚拟战场系统，以提供坦克协同训练，该系统可联结 200 多台模拟器。利用虚拟现实技术模拟战争过程已成为最先进的多快好省的研究战争、培训指挥员的方法。战争实验室在检验预定方案用于实战方面也能起巨大作用（图 1.2-2）。

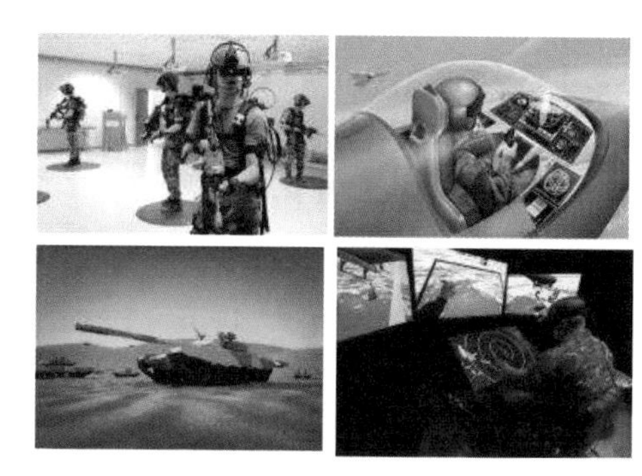

图 1.2-2

1.2.3 生物医疗

虚拟现实技术在生物医疗领域的应用大致分为两方面。一方面是虚拟人体，也就是数字化人体，这样的人体模型医生更容易了解人体的构造和功能；另一方面是虚拟手术系统，医生可以通过 VR 技术来模拟、指导手术过程，包括手术计划制定、手术教学、手术技能训练、手术引导、术后康复等。

Pieper 及 Satara 等研究者在 20 世纪 90 年代初基于两个 SGI 工作站建立了一个虚拟外科手术训练器，用于腿部及腹部外科手术模拟。

“Patient VR”是一部建议系列的医学虚拟现实电影，观看者戴上头盔后会扮演一个因胸痛经历手术的虚拟患者。因为使用的是 360° 拍摄手法，观看者会如同身临地体验到这位患者通过救护车被送进急诊室，然后再被送进手术室。这个视频的目的是为了帮助那些治疗这类患者的医生能更好地理解患者的情绪和感受，就像是他们经历了这一系列痛苦一样（图 1.2-3）。

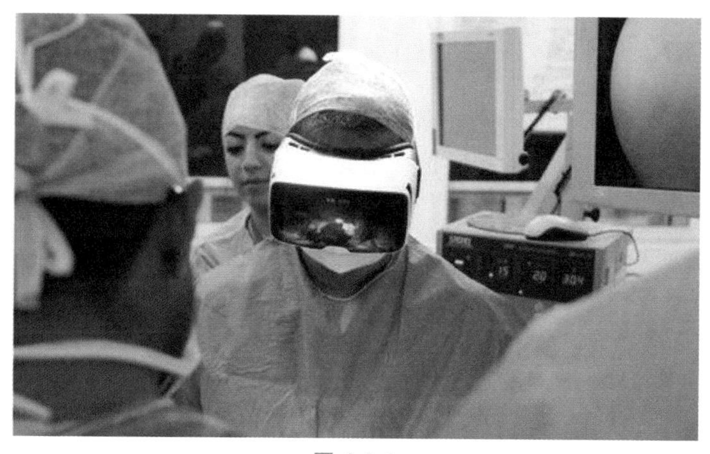

图 1.2-3

1.2.4 房地产

虚拟技术在房地产行业的应用主要包括两个方面：一是房产装修；二是房产营销。房产装修主要用于专业的室内设计师，他们可以用 VR 软件进行室内设计装修，然后将 VR 版本发送给业主观看，在虚拟的房屋中，业主可以进行 3D 漫游，体验装修真实场景，设计师可以随时根据业主的意见进行方案修改，如任意更换墙面地面材质、任意更换家具材质、家具摆放位置等，通过实景样板间和效果图对比达到“所见即所得”的装修效果，这样可以省去装修完成后再次修改所带来的不便，方便快捷，成本低。

房产营销主要用于房地产销售人员、房产中介等，小到城市的房屋租赁，大到跨区域跨国进行的房产交易，购买者可以通过 PC 端、手机端、VR 设备等进行房产信息浏览，可以在短时间内浏览自己所感兴趣的所有房产信息，成交速度加快（图 1.2-4）。

1.2.5 制造业

虚拟现实技术已经和理论分析、科学实验一起，成为人类探索客观世界规律的三大手段。用它来设计新材料，可以预先了解改变成分对材料性能的影响。在材料还没有制造出来之前便知道用这种材料制造出来的零件在不同受力情况下是如何损坏的（图 1.2-5）。

图 1.2-4

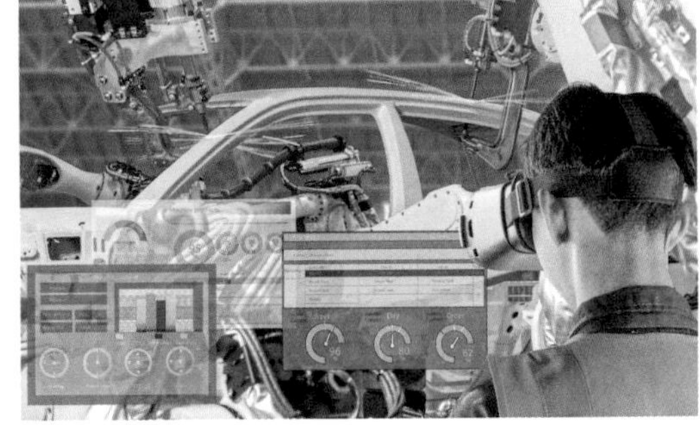

图 1.2-5

例如，利用虚拟现实技术还可以进行汽车冲撞试验，不必使用真的汽车便可显示出不同条件下的冲撞后果。

1.2.6 教育科研

随着信息化教育改革的推进，各地掀起信息化建设的高潮，VR 技术应用于教育科研是教育教学的新升级，促进教育由粗放型向精细型变革，转变传统“以教促学”的教学模式，推进教育事业的创新发展。

2017 年，教育部颁发的《关于 2017—2020 年开展示范性虚拟仿真实验教学项目建设的通知》中提出，在高校实验教学改革和实验教学项目信息化建设的基础上，于 2017 ～ 2020 年在普通本科高等学校开展示范性虚拟仿真实验教学项目建设工作。虚拟实训基地是利用虚拟现实技术建立起来的虚拟实训基地（图 1.2-6），其“设备”与“部件”多是虚拟的，以虚拟现实仿真软件为核心，VR 设备为载体，搭载优质教学资源，有效辅助教学实训与科研，为校企共建提供良好的平台。

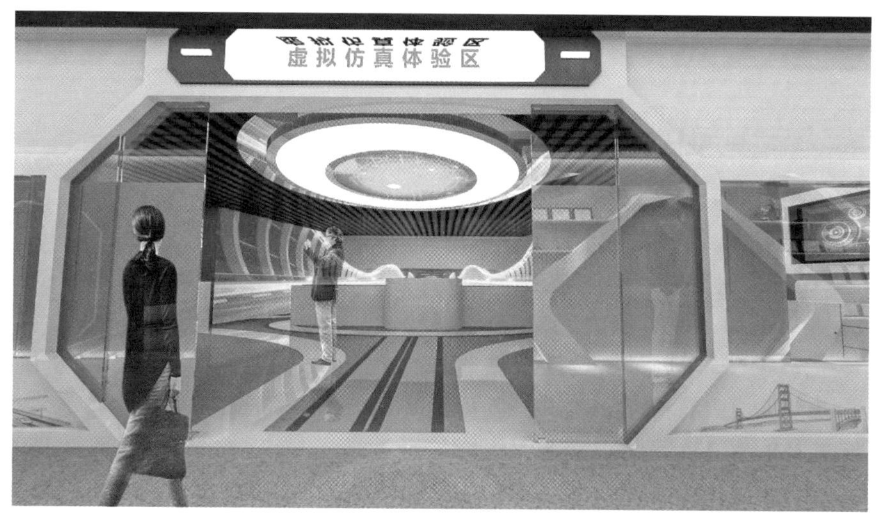

图 1.2-6

1.2.7 影视

有的电影能给观众带来不同寻常的体验。为了拍摄出 360° 的视觉效果，拍摄方特意制作了器材，使用六台 GoPro HERO3+ 相机。

1.2.8 购物

2015 年 4 月 21 日 Sixense、SapientNitro 启动虚拟现实购物平台。在 SapientNitro 的办公室里，戴上 Oculus 耳机，手握两只操纵杆来模拟双手。在一个计算机生成的虚拟服装展厅里，通过用虚拟手指触摸名模上的按钮，可以选择衣服、鞋子、礼品卡等。各种时尚的款式在陈列室的一侧都有显示，随着手指向下滑，可以刷新出各种不同的款式。在不断地选择与淘汰时，将自动创建出一个带有视频、尺码和购买信息的文件。通过触摸购买按钮，中意的产品将自动加入购物篮，感觉是在实体商店购物。VR 购物有望成为继代理和移动互联网之后新一代的购物方式（图 1.2-7）。

图 1.2-7

1.3 VDP 产品介绍

1.3.1 VDP 产品简介

VDP 产品是运用虚拟现实 VR、增强现实 AR 等先进技术的沉浸感、互动感、真实感而研发的整体平台软件，结合相关硬件与软件，围绕着学生的识图能力、制图与表现能力、设计能力、施工组织与管理能力，构建以工作过程为导向、以任务为驱动的课程体系，解决理论教学和实践教学方面诸多难题。

VDP 平台完美支持常用模型设计软件和 BIM 类软件，包括 3D max、Revit、SketchUP、SolidWorks；广联达 BIM 系列软件，土建算量 GCL、钢筋算量 GGJ、模板脚手架、三维场地布置、BIM5D、MagiCAD 等；VDP 与其云端服务 VDP Cloud 协作可以实现一键将广联达土建算量工程文件生成 VR；系统实现 AR 方案一键保存并生成 VR 方案，真正打通 AR 与 VR，是工程建设领域最易用的 BIMVR 设计系统。

对企业而言，用户可以通过 AR 进行户型展示、比选、讲解等操作，同时一键生成 VR 方案，沉浸式体验真实的虚拟样板间户型，在加深对户型认知的同时提升企业品牌形象；对院校而言，将 VR、AR 技术引进高校教学课堂，有助于提升老师的教学效率，提升学生的学习兴趣。

1.3.2 VDP 产品组成

1.3.2.1 软件部分

VDP 平台软件包括 VDP 虚拟设计平台、GLVR、GLAR、BIMVR、BIMVR 3D、VDP Cloud。其中，VDP 虚拟设计平台为制作软件；GLVR、GLAR、BIMVR、BIMVR 3D 为演示软件，GLVR、BIMVR 主要用于 PC 端、VR 设备演示，GLVR 是通用的 VR 演示端，BIMVR 建筑类专业的 VR 展示端，GLAR 主要用于 IPAD 端演示，BIMVR 3D 配合 VR 屏、3D 眼镜进行方案展示；VDP Cloud 基于云处理的云端服务软件。

1.3.2.2 硬件部分

VDP 平台硬件系统，包括 VR 屏、VR 实训套装、3D 眼镜、BIMVR 一体机、CAVE 等（图 1.3-1 ～图 1.3-6）。其中，3D 眼镜是与 VR 屏配合使用，解决 VR 在展示汇报、多人教学方面的应用；VR 实训套装主要用于单人沉浸式体验，实现 360° 交互体验；BIMVR 一体机主要用于轻量化的体验空间，借助于 VR 实训套装实现“一人主讲，多人观看”的体验效果。

VR 屏是一款自主知识产权的 3D 大屏虚拟现实交互展示系统，采用全高清 LED 背光液晶显示系统，通过分布式多通道同步技术、位置追踪及人机交互技术的运用，满足交互设计、展览展示、建筑漫游、工程建造、虚拟装配、虚拟仿真、市政规划、装饰设计等操作需求。借助于体验设备，用户可以多角度观看真实还原的 1 ：1 建筑模型，可以直接在三维空间内对建筑设计进行分析、讨论、验证、装配、汇报等交互操作。按照外观形式，VR 屏可分为平面屏（图 1.3-1）、三折屏（图 1.3-2）、弧形屏（图 1.3-3）。

1.3.3 软件介绍

VDP 虚拟现实设计平台由 GLVR、VDP 虚拟现实制作平台两个程序组成。GLVR 是工程项目效果的预览程序，可在PC端、VR屏或VR眼镜中操作观看工程项目的最终效果。VDP虚拟现实设计平台是工程项目的管理与编辑程序。主要是工程项目的新建、导入、删除、VR编辑器操作等。VR编辑器操作包括模型处理、材质调节、灯光调节、交互操作等。

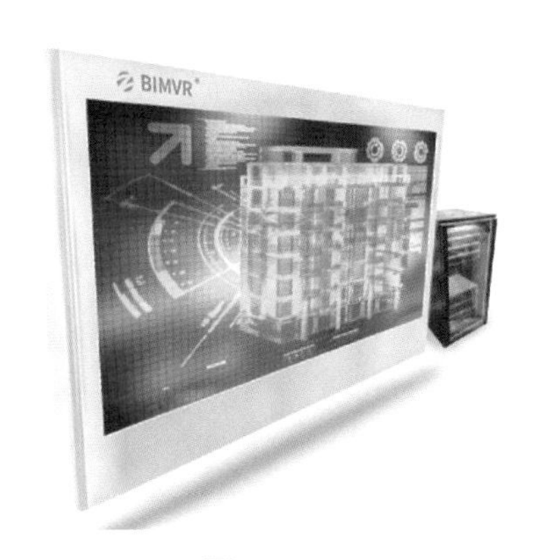

图 1.3-1

图 1.3-2

图 1.3-3

图 1.3-4

图 1.3-5

图 1.3-6

1.3.3.1 VDP虚拟现实设计平台介绍

（1）双击虚拟现实设计平台VDP程序图标，运行程序；

（2）输入用户与密码（图 1.3-7），点击登录，进入虚拟现实设计平台 VDP；

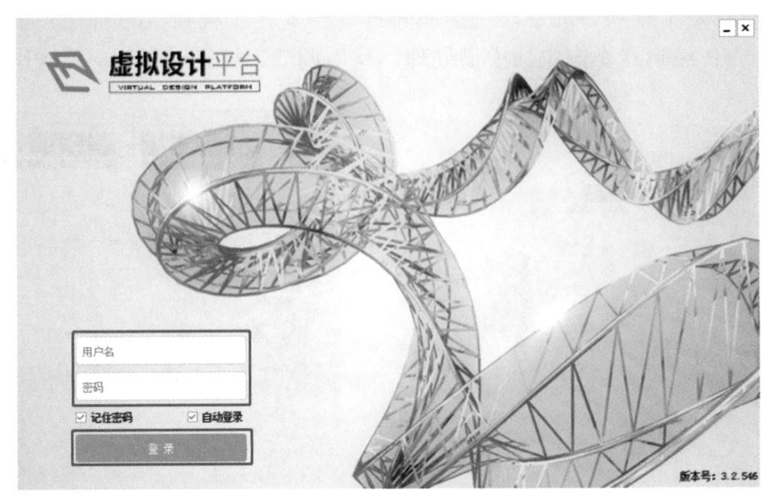

图 1.3-7

（3）VDP 虚拟现实设计平台。

VDP 虚拟现实设计平台由文件、工程管理、部品管理、我的云端、管理、帮助 6 个面板组成（图 1.3-8）。常用面板有工程管理、我的云端、管理。

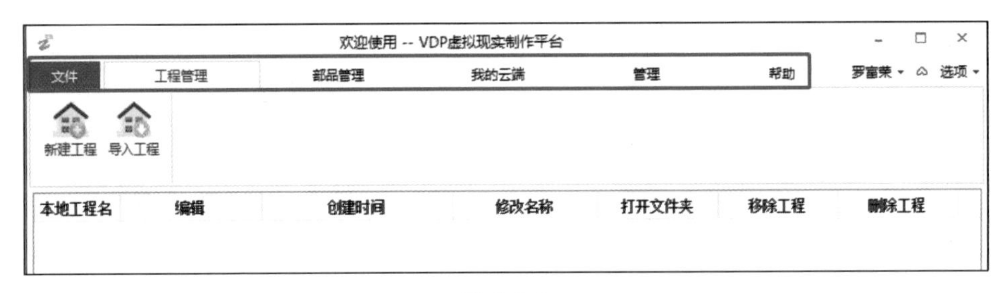

图 1.3-8

1）“工程管理”菜单项由新建工程、导入工程组成，主要功能是项目的编辑、名称修改、文件夹打开、移除与删除等（图 1.3-9）。

图 1.3-9

2）“我的云端”由我的工程库、我的方案、我的部品库、我的全景图库组成。主要功能是工程项目及方案的删除和恢复（图 1.3-10）。

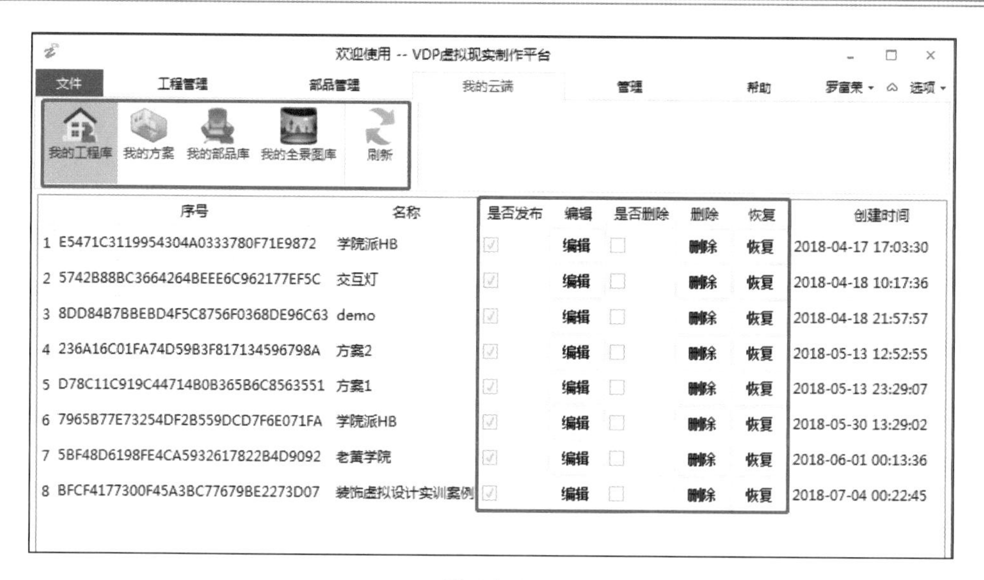

图 1.3-10

3）“管理”菜单项由软件升级、设置两个部分组成，主要功能是软件的升级与软件目录的设置（图 1.3-11）。

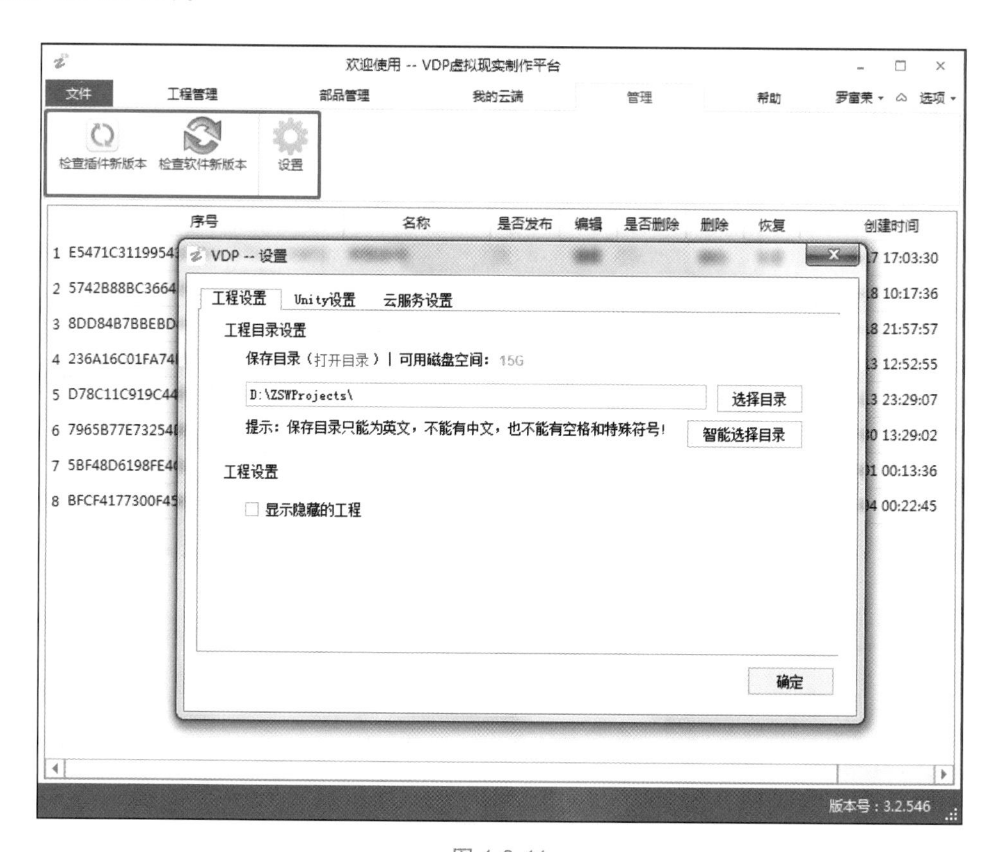

图 1.3-11

（4）VR 编辑器

1）在工程管理面板中，点击“DEMO”工程中的“编辑”（图 1.3-12）。

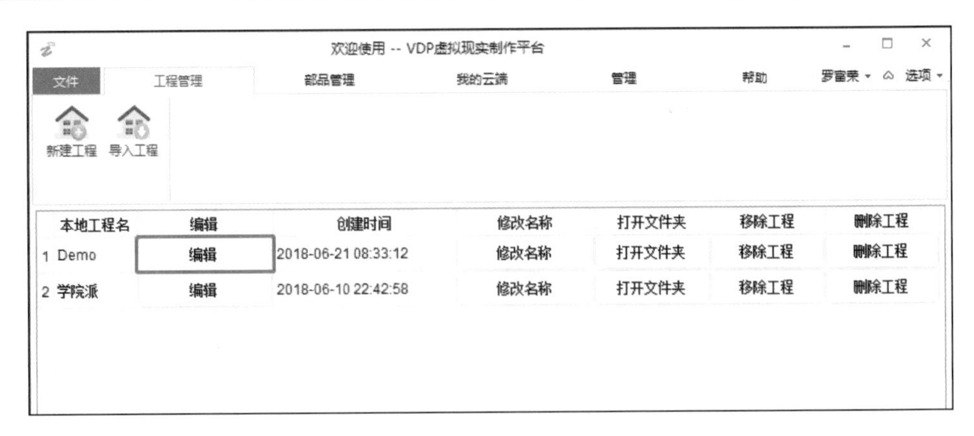

图 1.3-12

2）VDP 虚拟现实设计平台自动加载 VR 编辑器（图 1.3-13）。

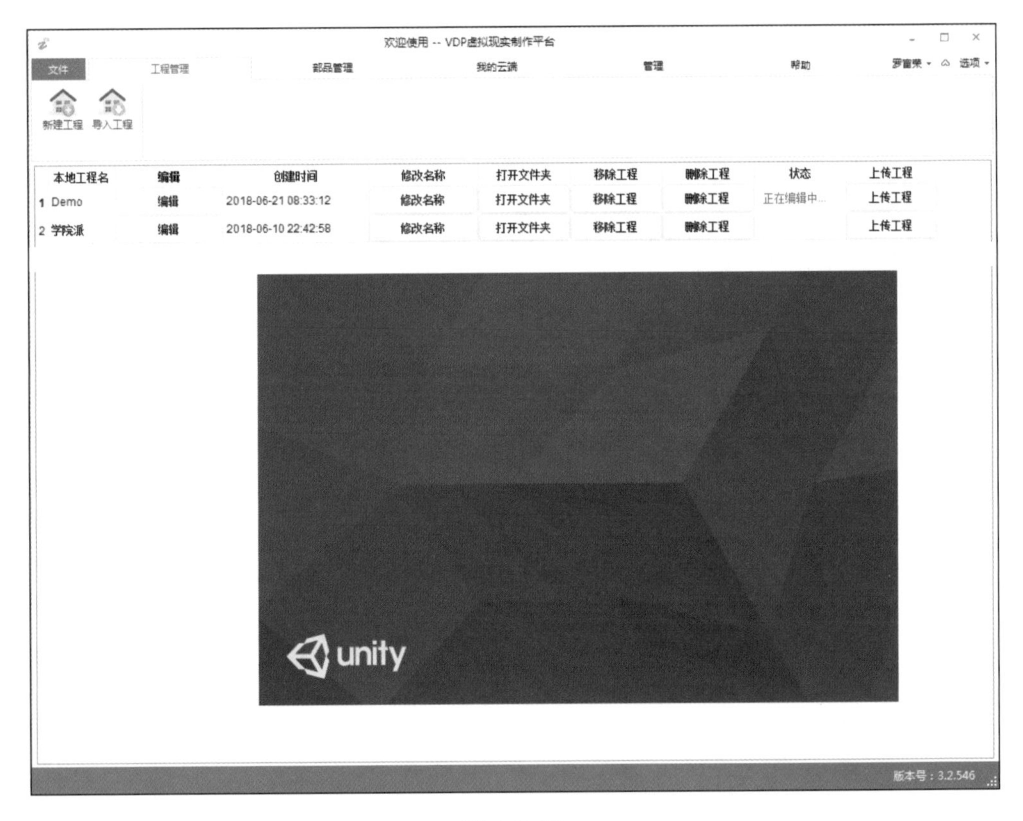

图 1.3-13

3）VR 编辑界面由菜单栏、工具栏、操作视图、工程资源面板、属性面板、项目资源区 6 个部分组成，如图 1.3-14 所示。

4）常用菜单项。常用菜单项有模型、编辑、效果、交互、视图、发布、工具、设置（图 1.3-15 ～图 1.3-17）。

5）工具栏包括常用工具与坐标转换。常用工具栏有视图平移、移动、旋转、缩放、自由变换；坐标转换工具有点坐标、中心坐标、局部坐标、全局坐标 4 种（图 1.3-18）。

图 1.3-14

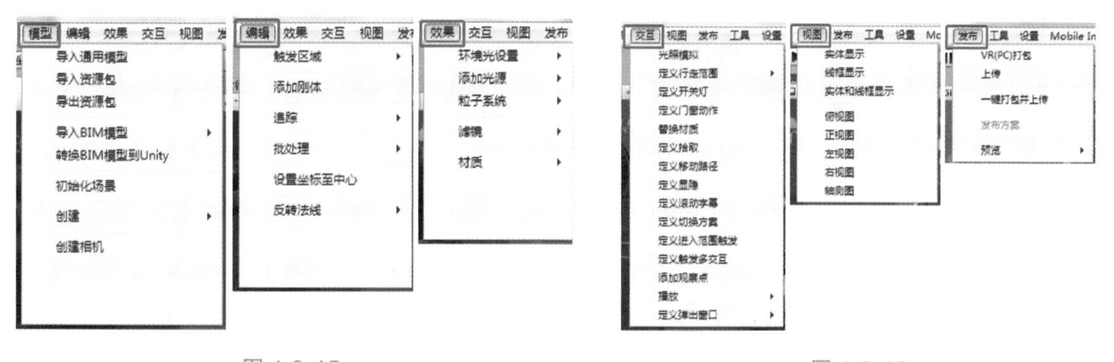

图 1.3-15　　　　图 1.3-16

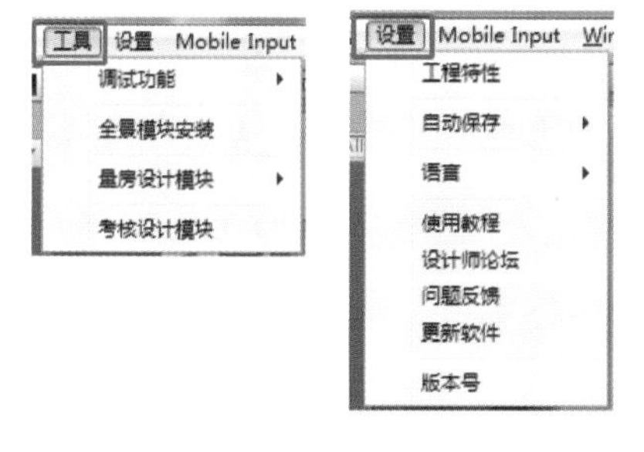

图 1.3-17　　　　图 1.3-18

注：图平移、移动、旋转、缩放、自由变换快捷键分别是 Q、W、E、R、T。

6）工程资源面板默认平行光 1 盏、主相机 1 个。此区域可创建空物体（文件夹）、标准模型、光源、音频、粒子特效，放置导入模型，VDP 交互对象等文件（图 1.3-19）。

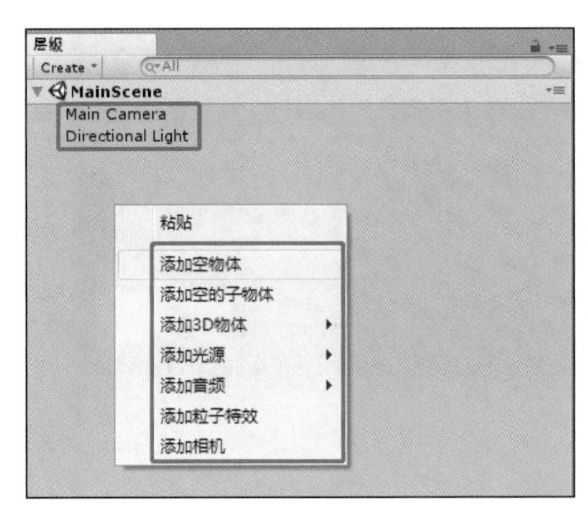

图 1.3-19

7）项目资源区由文件列表与项目资源文件组成。有默认保存文件名 MainScene 与常用素材存放文件夹，可创建、保存模型文件、素材（图片、视频、音频）、材质、脚本、预制体等文件（图 1.3-20、图 1.3-21）。

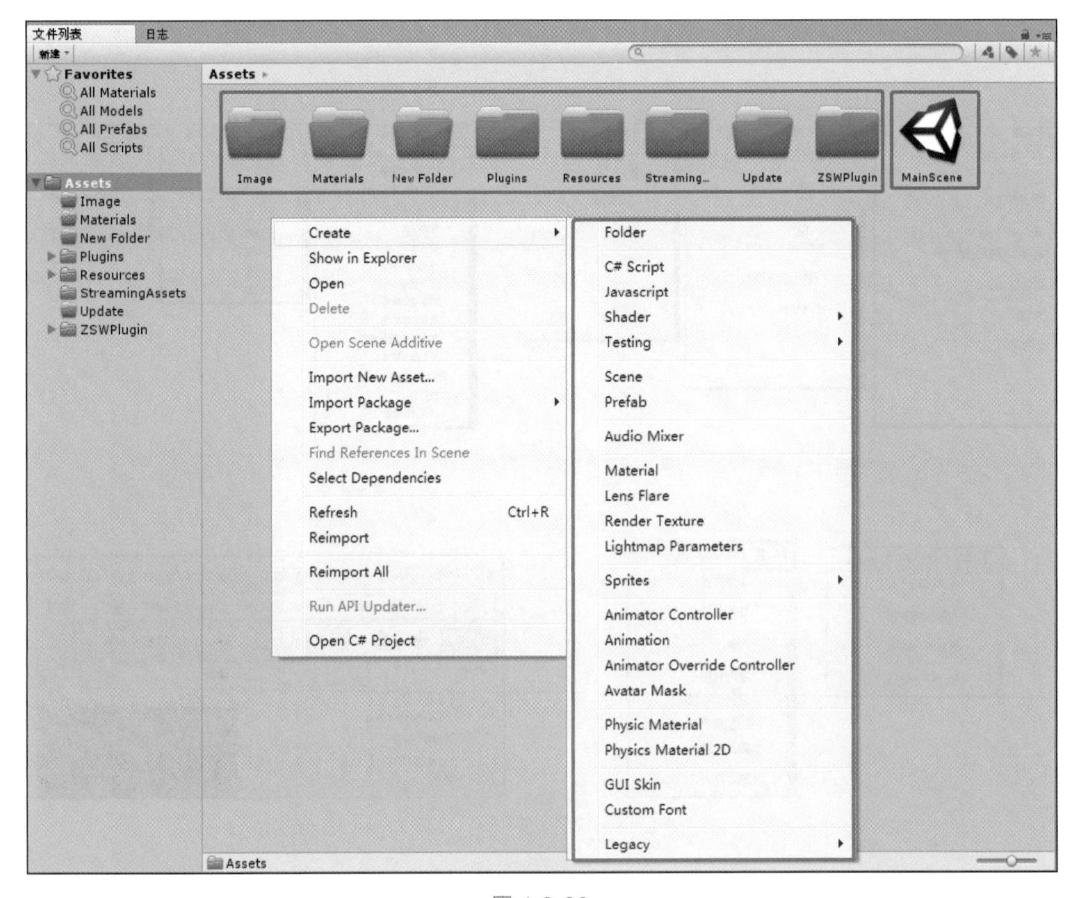

图 1.3-20

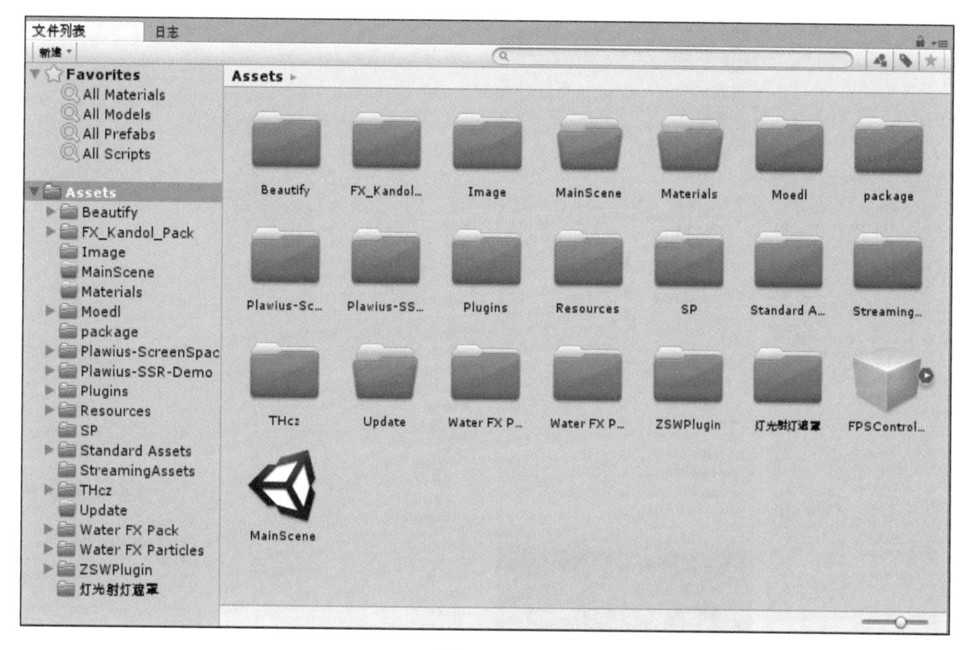

图 1.3-21

8）操作视图是编辑工程所有对象的窗口，由显示模式与操作区域构成（图 1.3-22）。

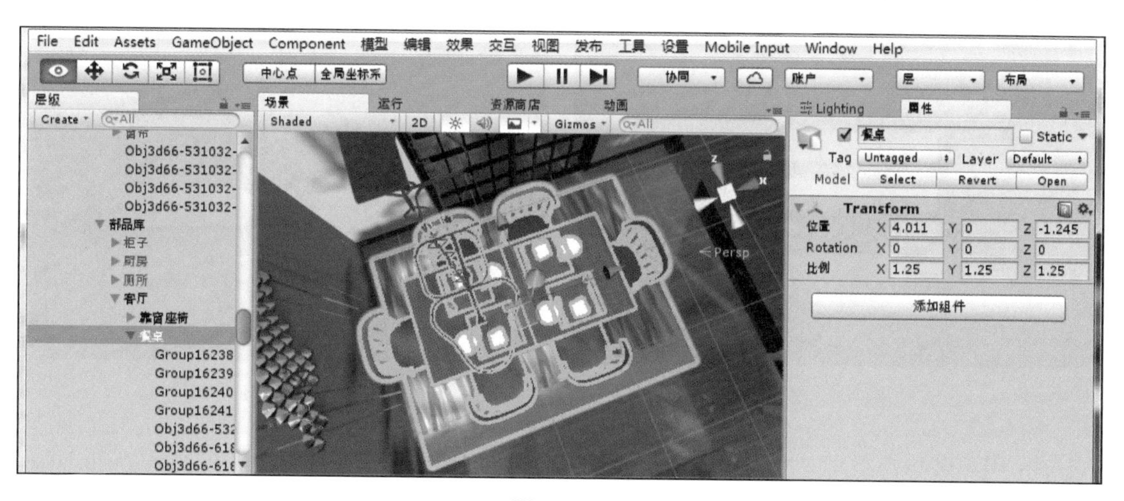

图 1.3-22

9）属性面板是 VDP 最重要的部分，模型、材质、灯光、交互效果都是通过调节属性参数来实现（图 1.3-23）。

10）点击右上角关闭按钮，关闭程序。

1.3.3.2 GLVR 介绍

（1）双击桌面 GLVR 图标。

（2）打开登录界面，输入用户与密码（图 1.3-24），点击“确定”。

（3）登录成功，点击读取方案（图 1.3-25）。

（4）选择左侧“装饰虚拟设计实训案例”，点击“确定”（图 1.3-26）。

（5）预览项目窗口启动，全屏显示（图 1.3-27）。

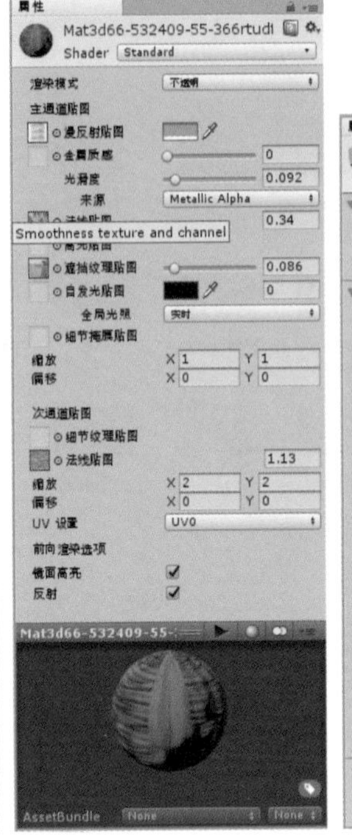

图 1.3-23

图 1.3-24

图 1.3-25

注：用户名与密码同虚拟现实设计平台 VDP 软件的登录账号与密码，可在 http://ardr.izsw.net 网站申请试用账号和密码。

图 1.3-26

图 1.3-27

（6）操作键盘、鼠标控制运行与预览案例（图 1.3-28）。

（7）项目预览完成后，按键盘 ESC 退出预览窗口，点击“是”返回登录界面（图 1.3-29）。

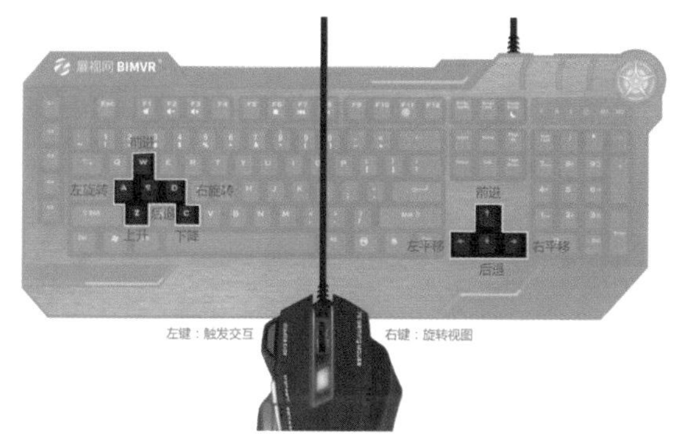

图 1.3-28

图 1.3-29

注：GLVR 程序关闭快捷键“Alt+F4”。

第 2 章

模型导入

学习目标

1. 掌握 VDP 虚拟现实设计平台创建工程项目、模型导入、资源包导入 / 导出的步骤；

2. 熟练使用 VDP 项目资源区、工程资源面板中文件夹、层级的创建，模型文件归档、模型添加删除、复制、移动、隐藏、重命名等操作；

3. 熟练使用视图平移、移动、旋转、缩放、自由变换等操作功能；

4. 熟练使用 VDP 虚拟现实设计平台对模型进行初始化处理、模型浏览与编辑操作、工程文件的保存及资源包导出操作及应用；

5. 了解 VDP 虚拟现实设计平台与其他建模软件对接的流程及步骤。

2.1 任务说明

（1）通过本章节的学习，完成一居室所有模型文件在 VDP 中的导入操作、工程保存。

（2）在学习过程中，熟练掌握 VDP 导入通用模型命令，项目资源区与工程资源面板中文件夹、层级创建，模型文件的归档、模型删除、复制、移动、隐藏、重命名，初始化场景处理及处理后的结构变化、初始水平面创建、初始点柱创建、导出资源包命令、工程拷贝等的基本操作，以及 3D 物体的添加、常用快捷键的功能及使用方法。

（3）本章节学习完成后，能够自主完成模型文件的导入，项目资源区与工程资源面板中文件夹、层级创建，模型文件的归档、删除、复制、移动、隐藏、重命名，工程文件的模型初始化场景处理，初始水平面、初始点柱的创建、资源包导出、工程拷贝、3D 物体的添加等操作方法及步骤，最后完成初始化场景模型的资源包、工程文件夹的作业提交。

2.2 任务分析

在本章节中需要完成一居室的模型导入、初始化处理、工程文件的保存学习。首先，打开 3ds MAX 制作好的模型并在 3ds MAX 中导出工程文件；然后，在 VDP 中完成导入、初始化处理、工程文件的保存操作，其主要步骤如下：

（1）3ds MAX 软件中导出“*.fbx”文件；

（2）新建工程；

（3）模型导入操作；

（4）场景初始化处理；

（5）资源包导出；

（6）工程文件保存与拷贝。

2.3　任务实施

VDP 虚拟现实设计平台是一套基于现有成熟业务软件和自主研发软件结合的整体 VR 设计解决方案，支持多专业、多格式数据集成，完美支持 .obj/.fbx/.3ds/.skp/.zsw/.igms 等格式的模型文件导入，包含通用建模软件（3ds MAX、Revit、草图大师、MagiCAD 等）及广联达系列建模软件（广联达土建算量软件、广联达钢筋算量软件、广联达三维场地布置软件、BIM5D、广联达模板及脚手架软件等）创建的模型，通过在 VDP 虚拟现实设计平台编辑，输出 VR、AR、全景等展示效果，如图 2.3-1 所示。

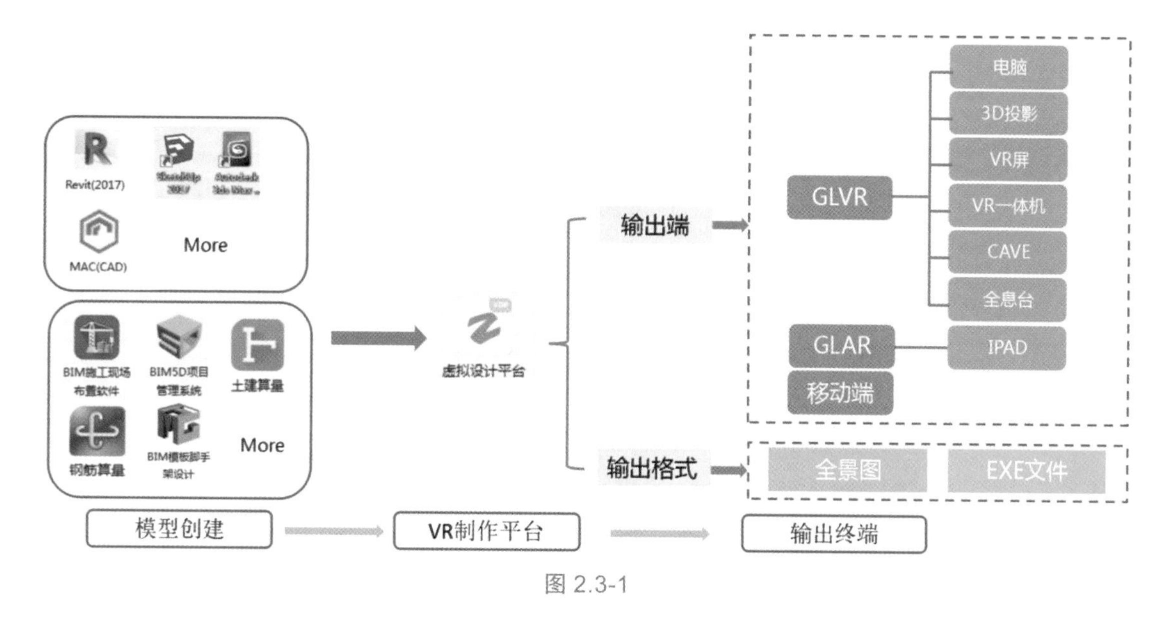

图 2.3-1

（1）广联达系列软件（如 GCL、GGJ、GTJ、GQI、三维场布、BIM5D、Magicad 等）直接导出为 *.igms 格式，导出操作在原软件执行；

（2）通用建模软件 Revit、Magicad 导出为 *.zsw 格式，导出操作通过 Revit 插件导出；

（3）草图大师 Sketchup 导出为 *.skp 格式；

（4）3ds MAX 导出以上所有格式文件；

（5）所有建模软件均可导出 *.fbx 格式，具体导出方式见“2.3.1 模型导入”中由 3ds MAX 导出 *.fbx 格式操作。

2.3.1　模型导入

下载文件为“一居室 .max”格式的工程文件，为了更加方便地在 VDP 中进行后续的编辑和设计，需要在 3ds MAX 软件中导出通用格式“*.fbx”。导出文件时，建议地面（楼板、地板、踢脚、过门石）、墙体（含门、窗、窗帘、背景墙）、顶面（含楼板、造型、灯具）、门厅（含家具及配饰）、客餐厅（含家具及配饰）、卧室（含家具及配饰）、

模型导入

卫生间（含家具及配饰）、厨房（含家具及配饰）分别导出。在 VDP 导入操作时，先新建工程，再把所有的“*.fbx”文件导入到 VDP 中进行调整编辑，具体步骤如下。

2.3.1.1 3ds Max 模型导出

（1）双击下载完成的“一居室 .max”文件，在 3ds Max 软件打开工程文件，在场景视图中选择地面所有模型，点击“文件菜单→导出→导出选定对象”命令，如图 2.3-2 所示。

（2）先在桌面新建“地面”文件夹，在弹出对话框中，选择“地面”为保存位置。在文件名输入框中输入“地面”，选择保存文件类型为“Autodesk (*.FBX)”格式，点击保存，如图 2.3-3 所示。

图 2.3-2

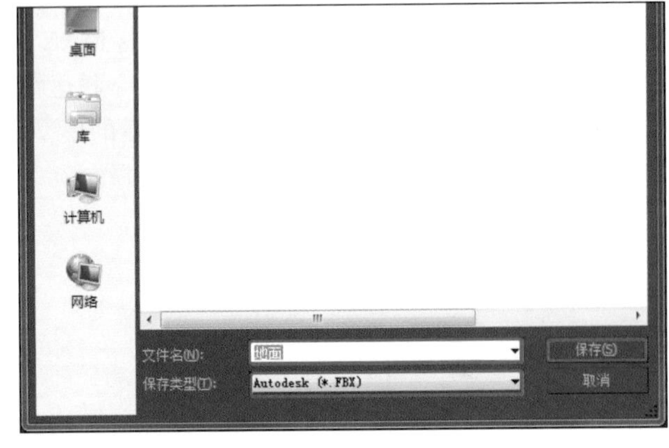

图 2.3-3

注：保存位置可根据个人习惯来选择。

（3）在导出窗口中，点开摄影机、灯光、嵌入的媒体折叠菜单，去掉摄影机、灯光复选框中的对勾，勾选嵌入的媒体复选框，点击确认，完成导出，如图 2.3-4 所示。

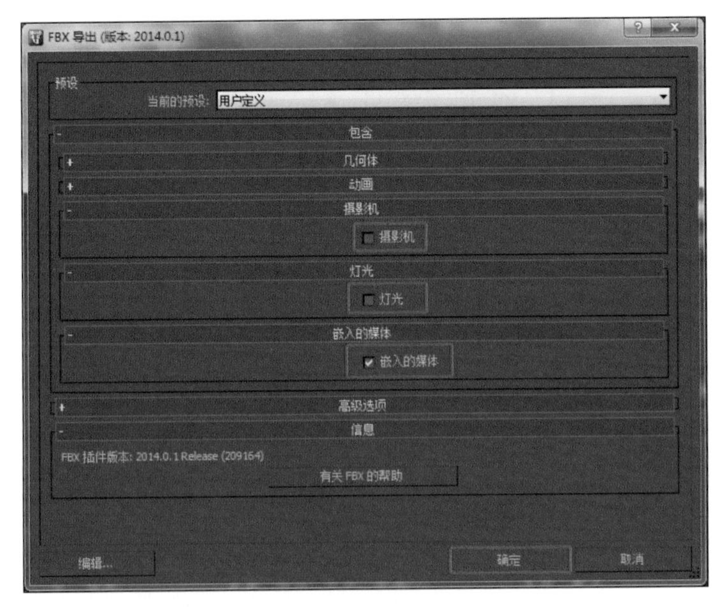

图 2.3-4

注：如出现警告和错误提示面板。点击确认即可。

（4）依次选中墙体（含门、窗、窗帘、背景墙）、顶面（含灯具）、门厅（含家具及配饰）、客餐厅（含家具及配饰）、卧室（含家具及配饰）、卫生间（含家具及配饰）、厨房（含家具及配饰），分别导出模型文件为墙体 .fbx、顶面 .fbx、门厅 .fbx、客餐厅 .fbx、卧室 .fbx、卫生间 .fbx、厨房 .fbx。

2.3.1.2 模型导入

（1）启动 VDP 虚拟现实设计平台。

（2）在“工程管理”面板下点击“新建工程”，在弹出对话框中输入工程名称“一居室方案”，点击“OK”完成工程创建，如图 2.3-5 所示。

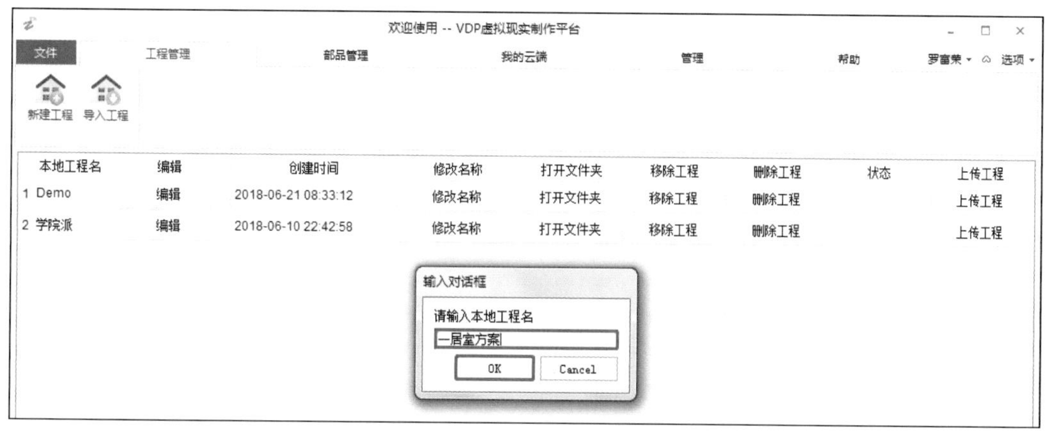

图 2.3-5

（3）模型导入。模型导入按照地面（楼板、地板、踢脚、过门石）、墙体（含门、窗、窗帘、背景墙）、顶面（含楼板、造型、灯具）、门厅（含家具及配饰）、客餐厅（含家具及配饰）、卧室（含家具及配饰）、卫生间（含家具及配饰）、厨房（含家具及配饰）逐一导入。下面以“地面”模型为例，讲解模型导入操作步骤。

1）选择“模型菜单→导入通用模型”命令，如图 2.3-6 所示。

2）在弹出对话框中，点击桌面，选择地面 \ 地面 .fbx，点击 Import，导入模型，如图 2.3-7 所示。

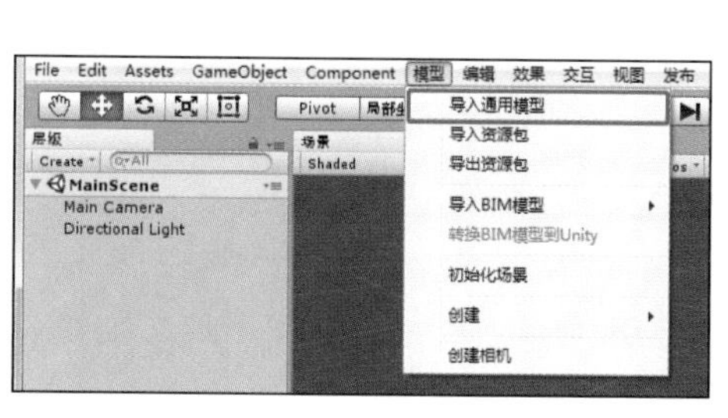

图 2.3-6

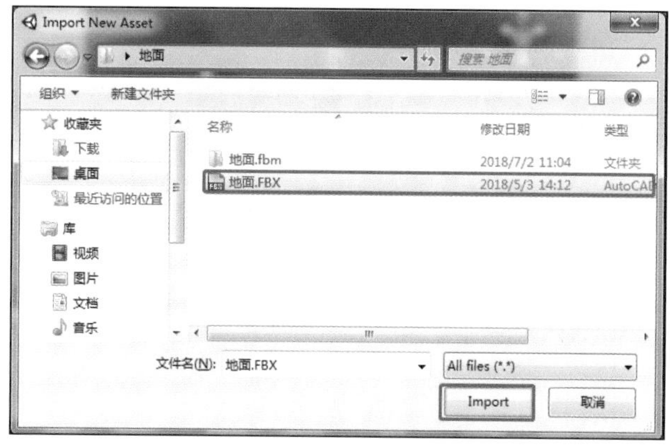

图 2.3-7

3）在项目资源区 Assets 中，显示“地面”模型文件与“地面 .fbm”素材文件夹，如图 2.3-8 所示。

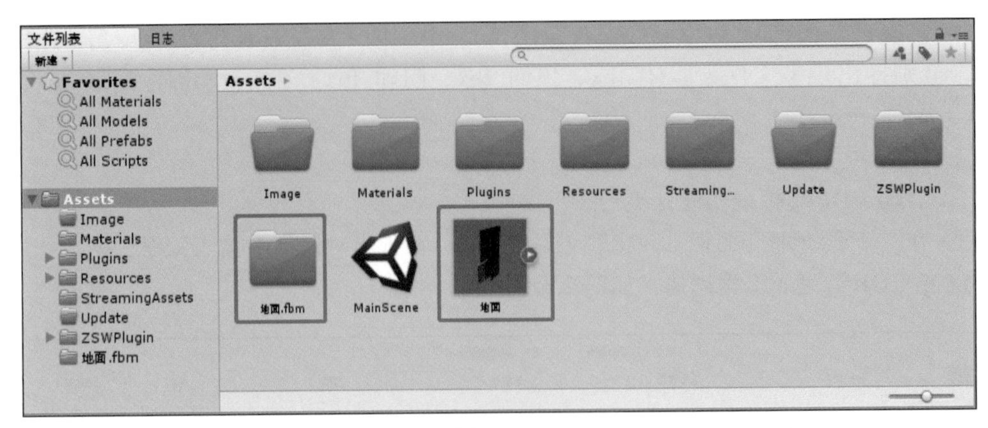

图 2.3-8

注：“地面 .fbm”素材文件夹为贴图素材，如图 2.3-9 所示。

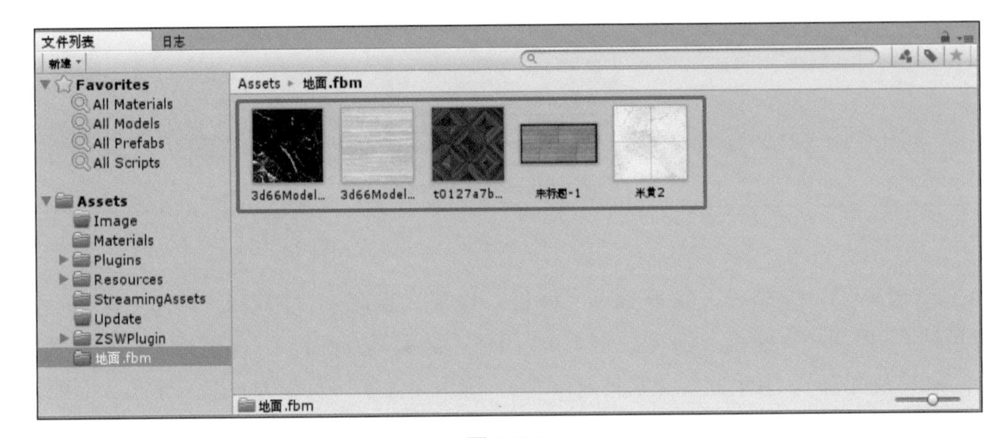

图 2.3-9

4）在项目资源区 Assets 空白处单击鼠标右键选择“Create → Folder”命令，如图 2.3-10 所示。

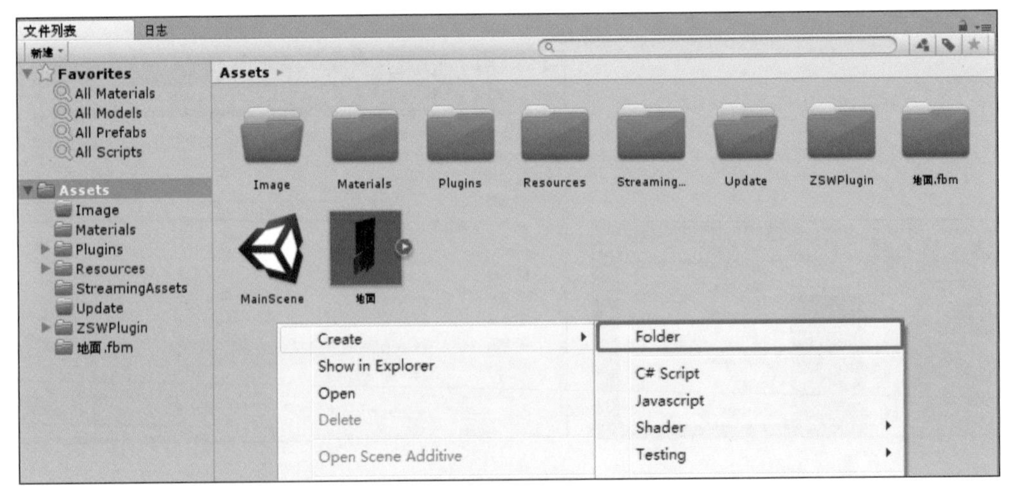

图 2.3-10

5）修改“新建的文件夹”为“Model”，如图 2.3-11 所示。

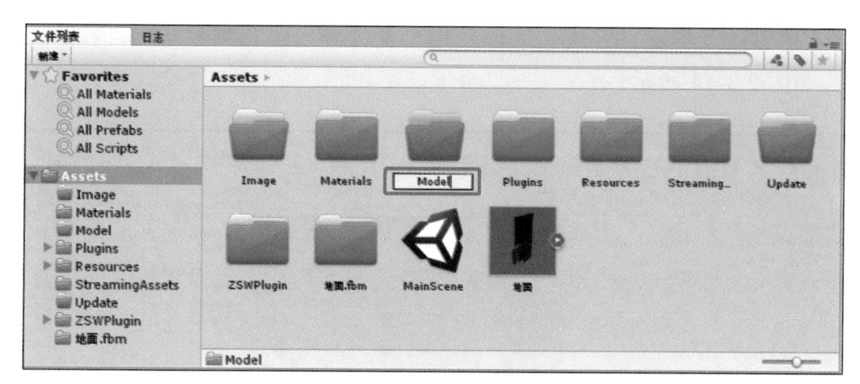

图 2.3-11

注：重命名快捷键为“F2”。

6）按住键盘上的 Ctrl 键，点击选中“地面”“地面 .fbm”，拖拽至“Model”文件夹内。效果如图 2.3-12 所示。

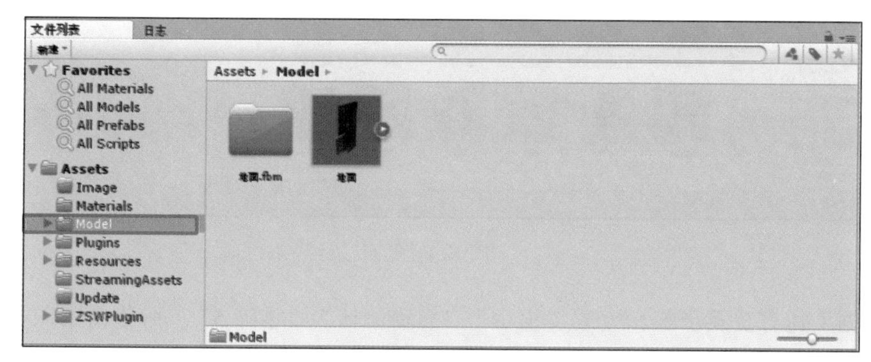

图 2.3-12

7）选中“地面”模型文件，从项目资源区 Assets\Model 中拖拽到工程资源面板“层级”空白处，如图 2.3-13 所示。

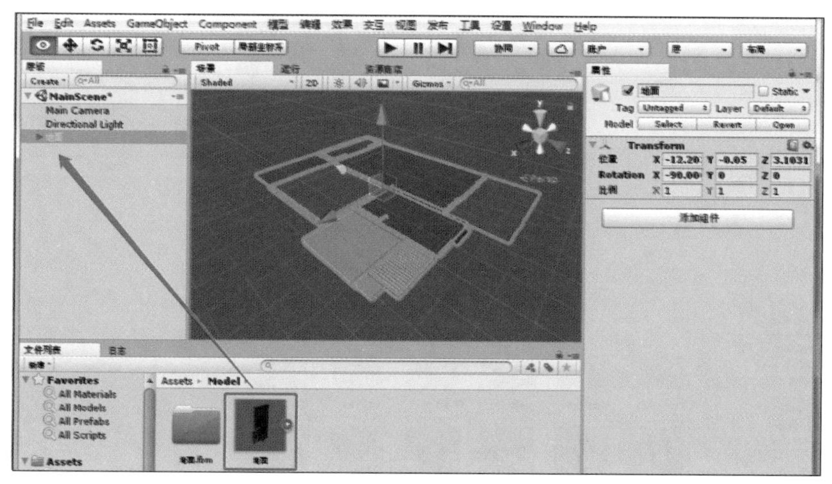

图 2.3-13

注：在工程资源面板中，鼠标左键双击“地面”或选中“地面”按“F”键，可在场景视图中最大化显示模型文件；按“Alt+ 鼠标左键”，视图旋转；按鼠标中键，视图缩放。

8）根据上述方法及步骤，完成“墙体”模型文件导入、归档、从项目资源区拖拽至工程资源面板中，如图 2.3-14 所示。

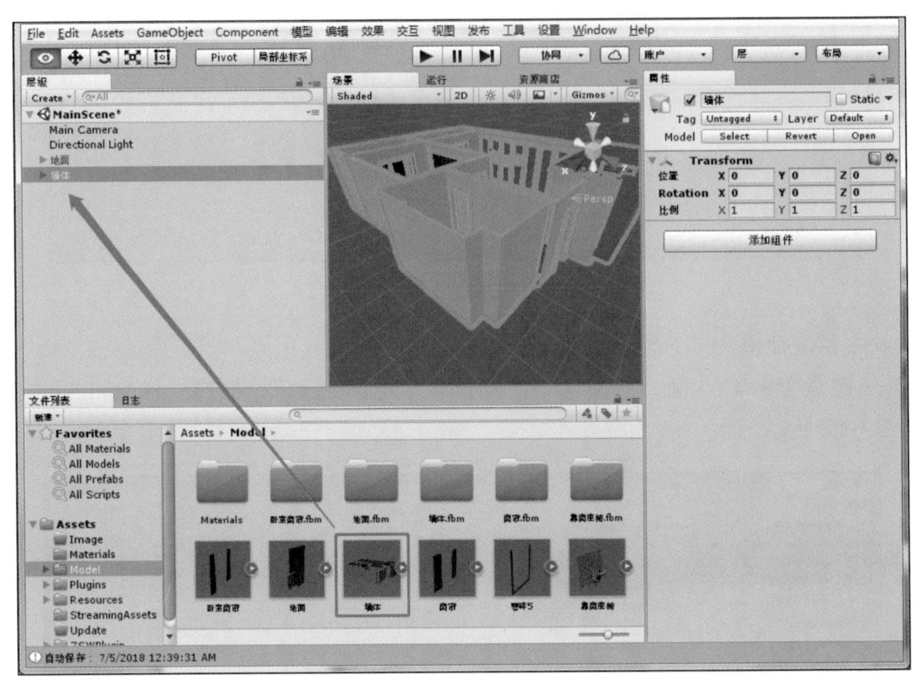

图 2.3-14

9）根据上述方法及步骤，完成“窗帘”“靠窗座椅”“零碎 5”“卧室窗帘”模型文件导入、归档、从项目资源区拖拽至工程资源面板中，如图 2.3-15 所示。。

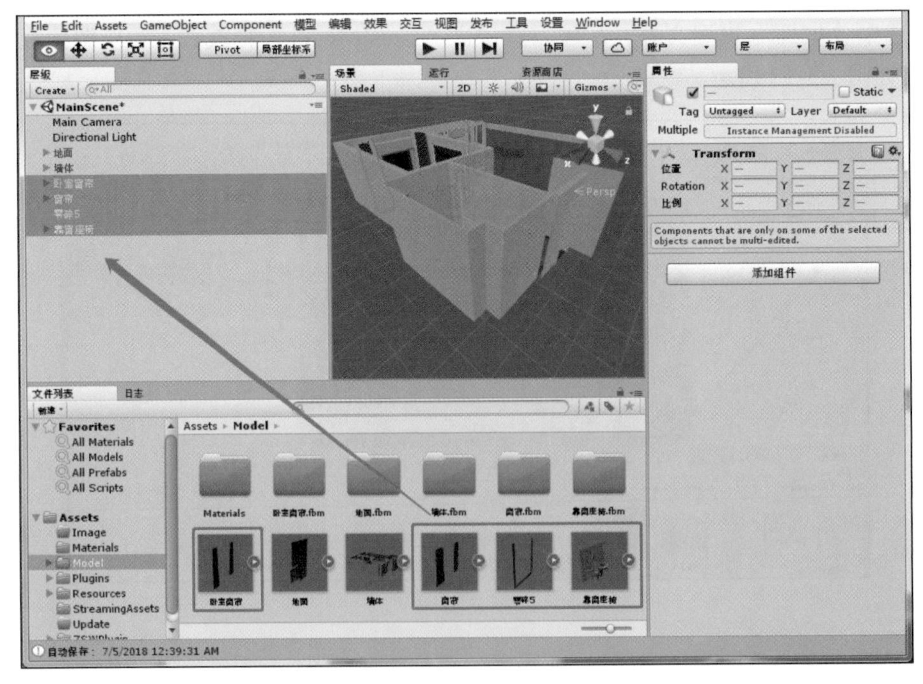

图 2.3-15

10）在工程资源面板中，选择“窗帘”“靠窗座椅”“零碎 5”“卧室窗帘”模型文件，左键拖拽至“墙体”层级上，如图 2.3-16 所示。

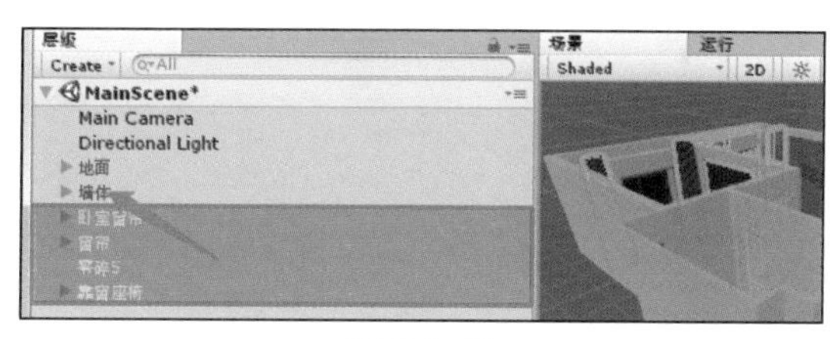

图 2.3-16

11）在场景视图中，选中“阳台家具”模型，点击键盘上的“Delete”命令，如图 2.3-17 所示。在弹对话框中，点击“Continue”确认删除模型文件，如图 2.3-18 所示。

图 2.3-17

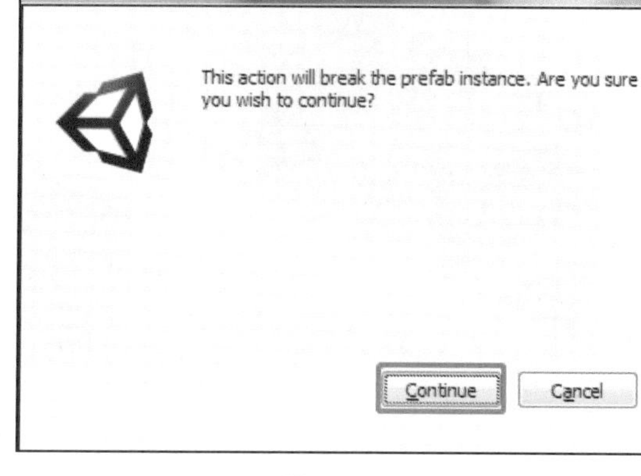

图 2.3-18

（4）在场景视图中，选择“客厅纱帘”模型，如图 2.3-19 所示。

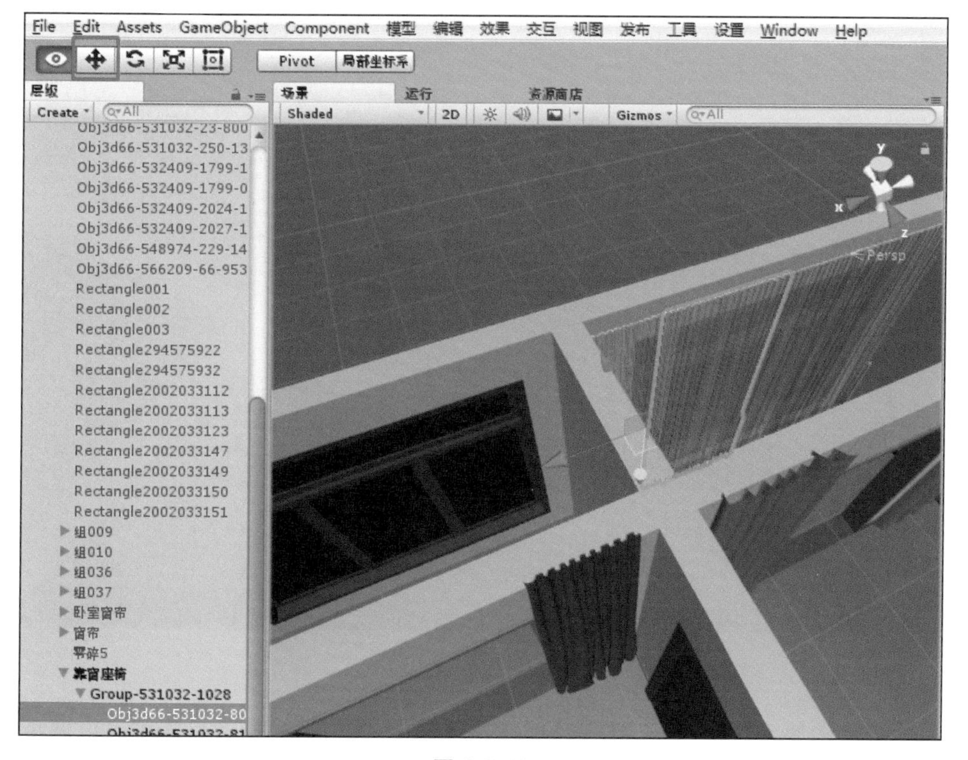

图 2.3-19

（5）选择移动工具，沿 X 轴移动至卧室阳台，如图 2.3-20 所示。

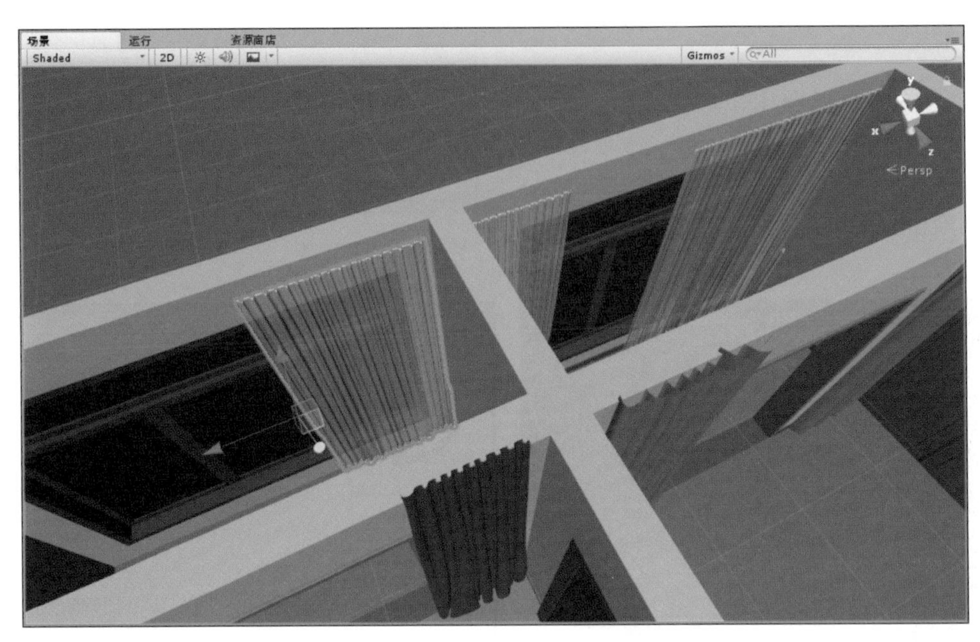

图 2.3-20

（6）按相同的操作步骤，将另一个纱窗模型移动到卧室阳台位置，如图 2.3-21 所示。

图 2.3-21

（7）重复模型导入操作，完成所有顶面的模型导入、归档，从项目资源区拖拽至工程资源面板中，完成顶面与灯具层级归档操作，如图 2.3-22、图 2.3-23 所示。

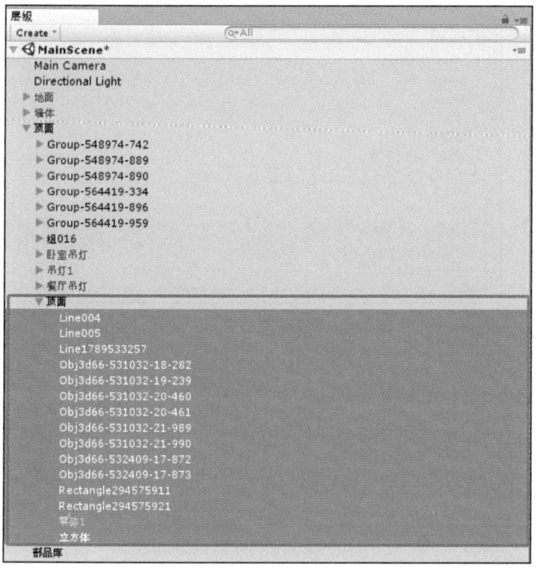

图 2.3-22

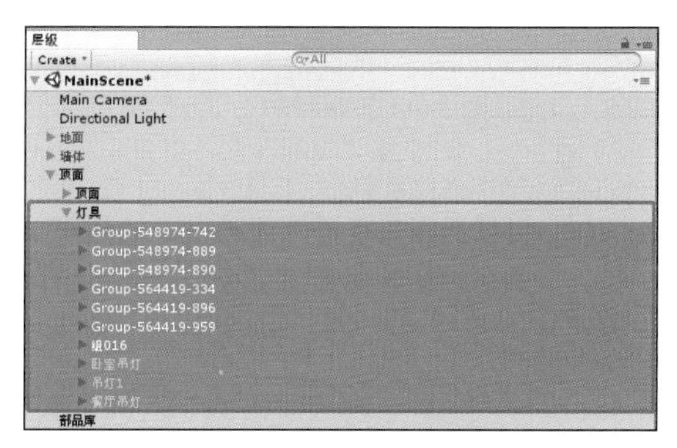

图 2.3-23

（8）在工程资源面板空白处右键，选择“添加空物体”命令。右键重命名或按 F2 键，将空物体命名为“部品库”，如图 2.3-24、图 2.3-25 所示。

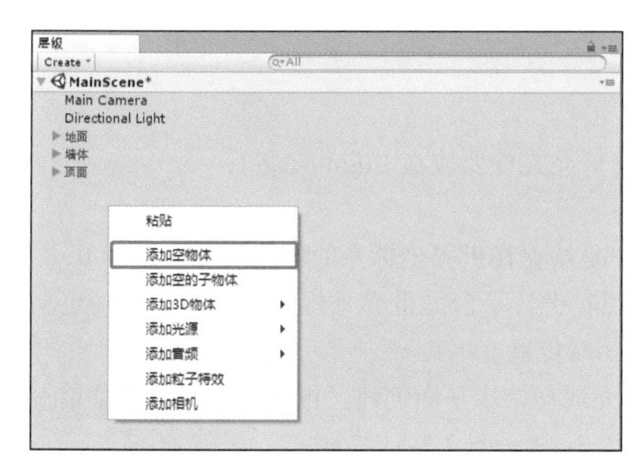

图 2.3-24

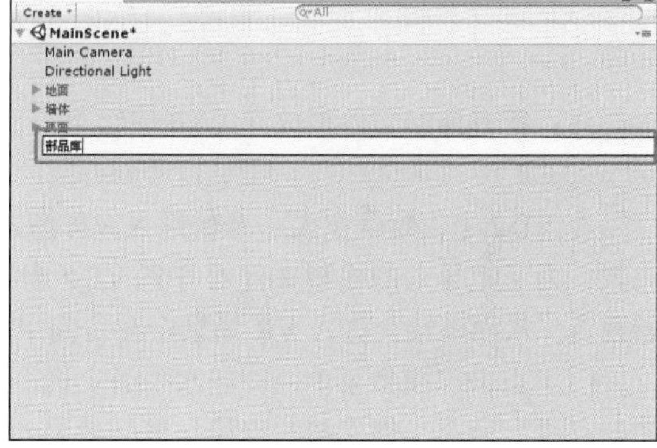

图 2.3-25

2.3.2　场景初始化

因不同软件所创建的模型有所差异，模型在创建过程中也没有完全按照统一的规范进行建模，为了在 VDP 中制作的场景有一个好的 VR 体验，需要对模型文件进行初始化场景处理及初始水平面、初始点柱的创建，操作步骤如下。

2.3.2.1　模型处理

（1）选中工程资源面板中“顶面”层级，点击“模型菜单→初始化场景”命令，如图 2.3-26 所示。

（2）模型初始化处理后，在工程资源面板中会自动创建 WholeHouse 文件夹，子层级为 Style 与 Room1，Style 子层级有 Wall、Light，如图 2.3-27 所示。

图 2.3-26

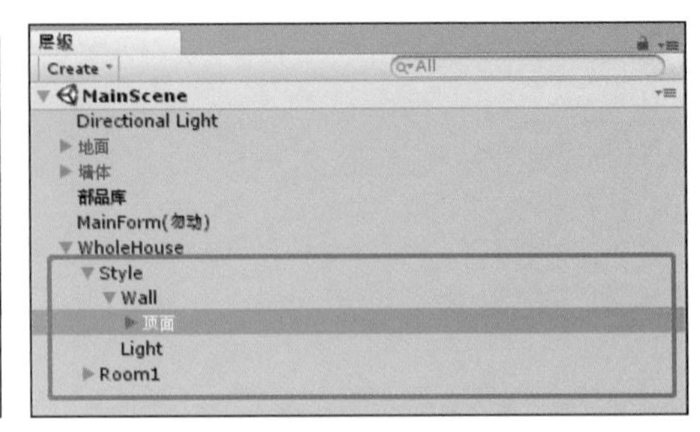

图 2.3-27

注：可以选择工程资源面板中“墙体”“地面”中任何一个层级进行场景初始化。

（3）选中的初始化顶面层级会自动添加在 Wall 层级下。手动将“墙体”“地面”“部品库”拖拽到 Wall 层级下，完成初始化处理，如图 2.3-28 所示。

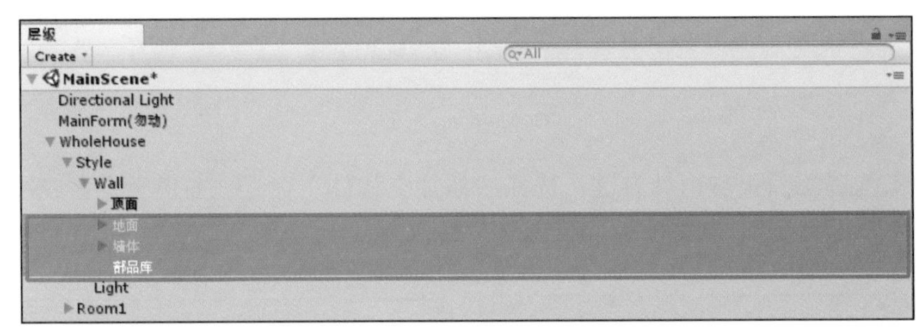

图 2.3-28

注：所有模型文件须放在 Wall 层级下，所有灯光文件要放在 Light 层级下。

2.3.2.2 创建初始水平面与初始点柱

在 VDP 中，默认主人一开始进入 VR 场景中是站立在世界坐标系的原点（x, z, y: 0, 0, 0）位置。为了把导入的模型文件对齐到 VDP 虚拟现实设计平台的世界坐标系原点上，以确定初始视点，从而确定人进入 VR 场景中在房间中的相对位置。

（1）点击“模型菜单→初始水平面”命令，完成初始水平面创建。再次点击“模型菜单→初始点柱”命令，创建初始点柱。最终效果如图 2.3-29 ～图 2.3-31 所示。

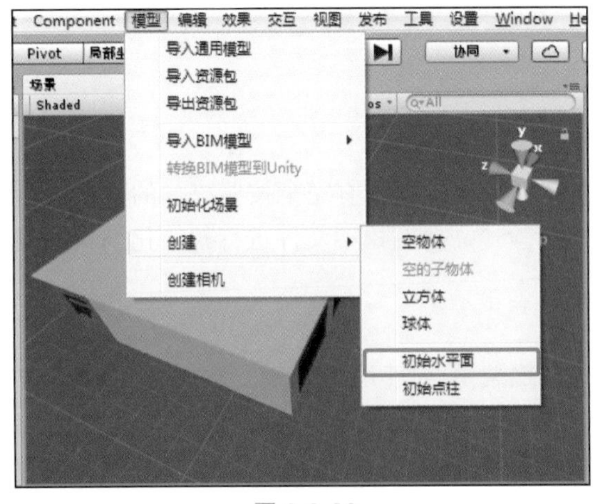

图 2.3-29

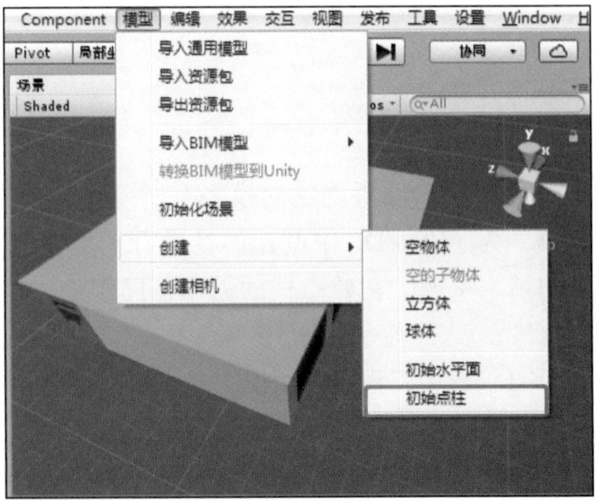

图 2.3-30

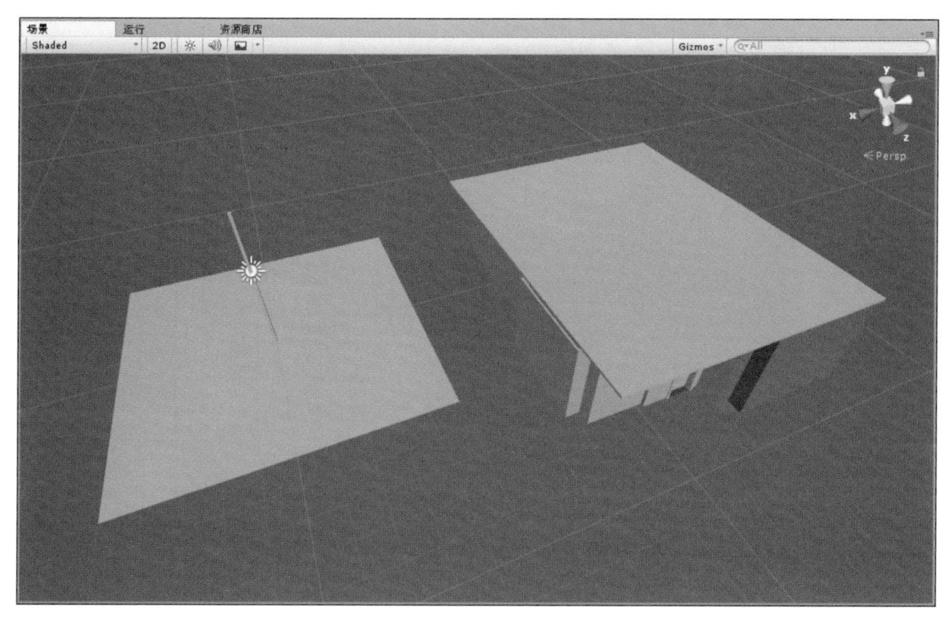

图 2.3-31

注：① VDP 中默认视高为 1.5m。

② 按下鼠标中键可平移视图；按下 Alt+ 鼠标左键为旋转视图；往前滚鼠标中键放大视图，往后滚鼠标中键缩小视图，如图 2.3-32 所示。

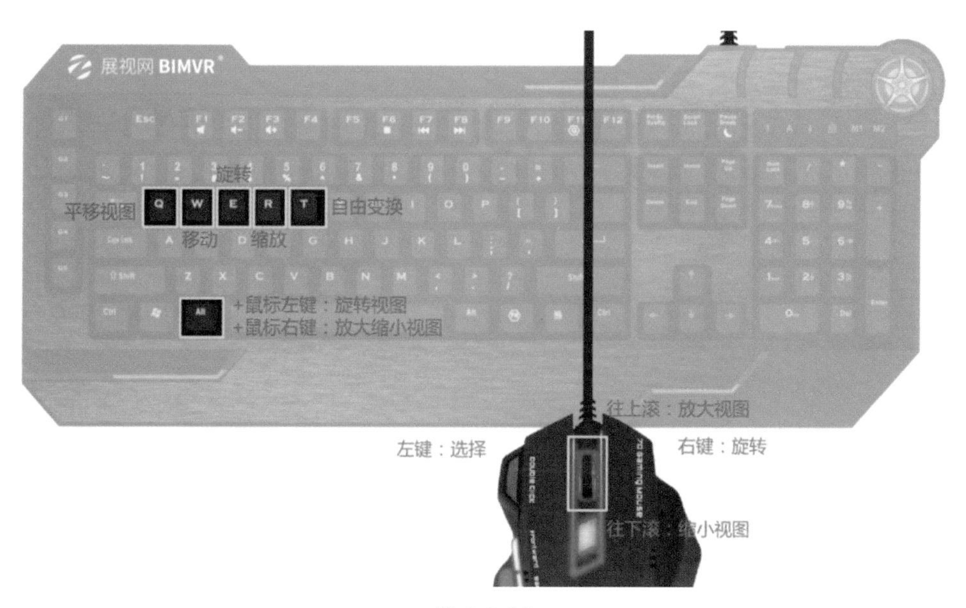

图 2.3-32

（2）因还需继续导入部品库（家具），场景视图中模型与初始水平面、初始点柱暂不做位置移动处理。可直接跳至第三章第三节工程协作中“模型校正”部分阅读。

（3）在右侧属性栏中，去掉显示 / 隐藏复选勾。隐藏水平面与点柱，如图 2.3-33 所示。

（4）左键选择工程资源面板中“Directional light（平行光）”，拖拽至 Light 层级中，完成灯光归档，如图 2.3-34 所示。

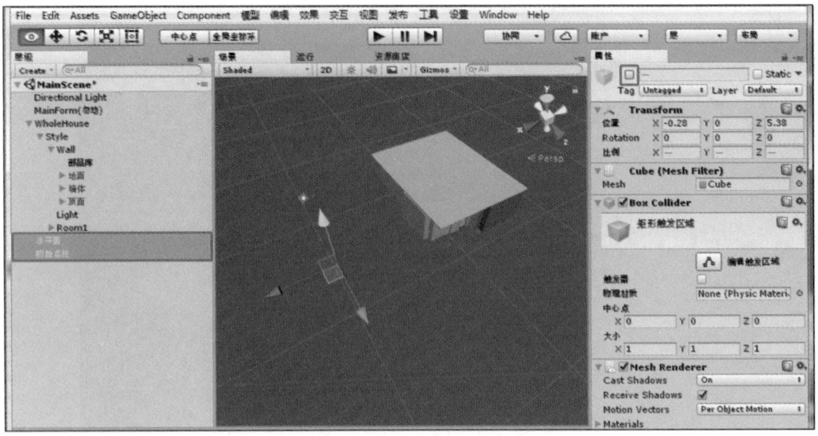

图 2.3-33

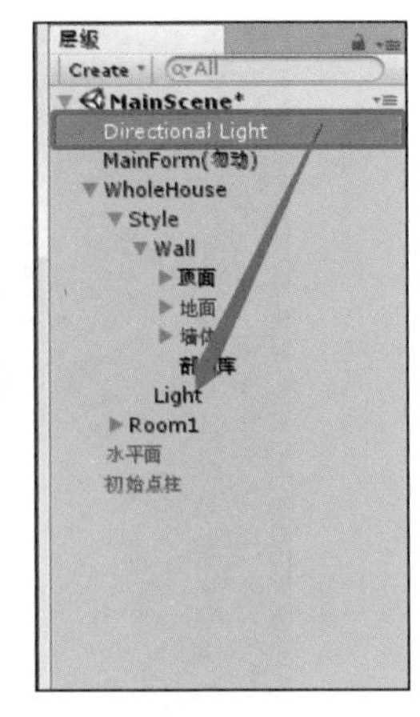

图 2.3-34

2.3.3 工程保存

在工作的过程中，往往不能一次就完成工程项目的所有内容，而是需要对工程文件进行多次编辑和修改，这时需要对模型文件进行保存、导出或拷贝操作，步骤如下。

2.3.3.1 工程导出

（1）打开项目资源区 Assets\Update 文件夹。

（2）把工程资源面板中“Style”拖拽至项目资源区 Assets\Update 中，转变成预制体，如图 2.3-35 所示。

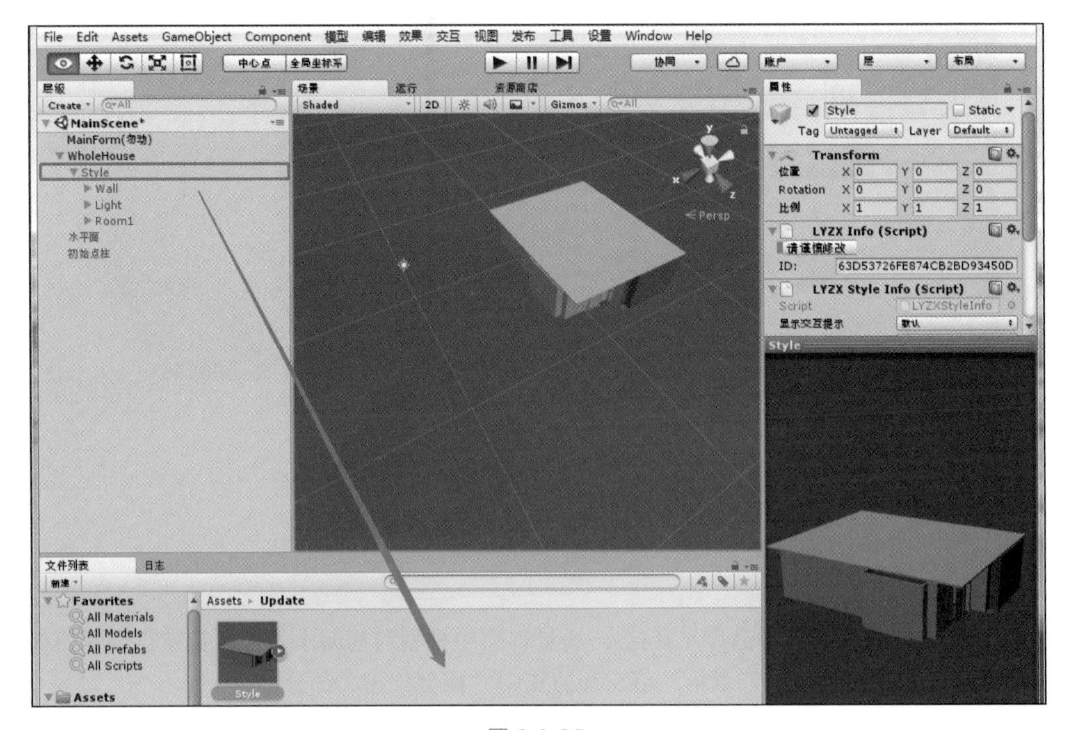

图 2.3-35

（3）选中工程资源面板中 Style，单击“模型菜单→导出资源包”命令，如图 2.3-36

所示。

（4）在弹出浮动窗口上，在列表中浏览所编辑过的模型、材质、贴图。选择 Export 导出资源包，如图 2.3-37 所示。

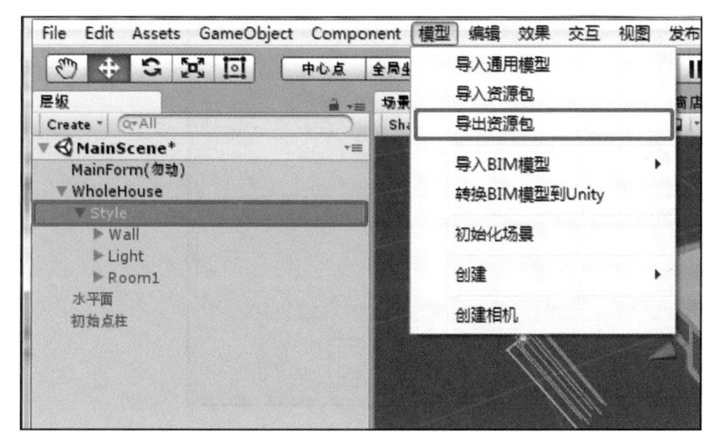

图 2.3-36

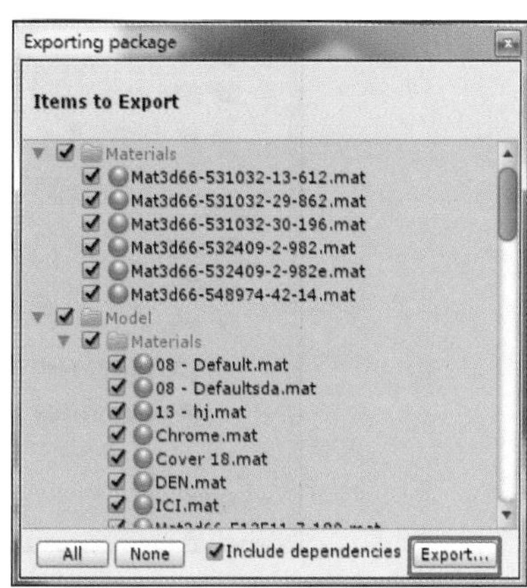

图 2.3-37

（5）选择保存路径，命名为“一居室方案资源包－材质前”，点击保存完成文件导出操作，如图 2.3-38 所示。

图 2.3-38

2.3.3.2　工程保存

使用快捷键“Ctrl+S”保存文件命令进行工程文件的保存，在弹出保存对话框中，选择默认的“MainScene”，点击保存，如图 2.3-39 所示。

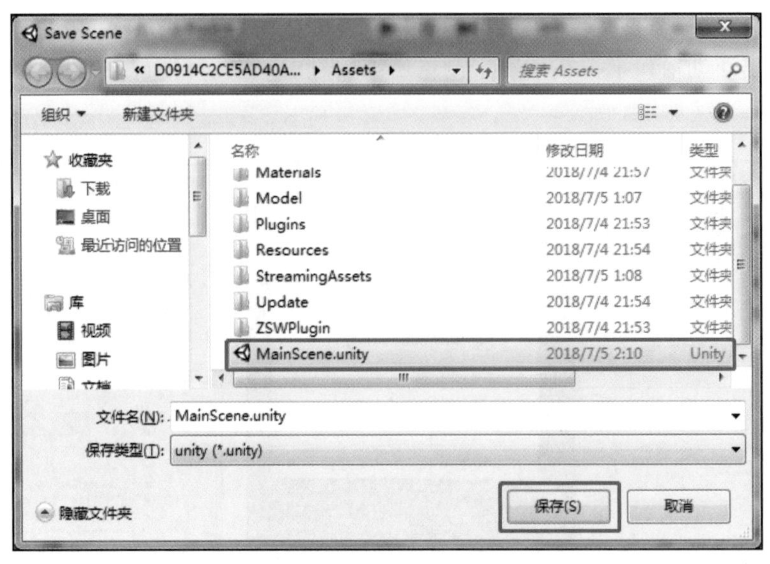

图 2.3-39

注：保存路径必须为默认路径，不可更改。在工程制作的过程中，为了防止其他事故导致工程文件丢失，要养成随时保存工程文件的良好习惯。

2.3.3.3 工程拷贝

（1）在 VDP 虚拟现实设计平台中，单击“打开文件夹”按钮，如图 2.3-40 所示。

图 2.3-40

（2）在弹出项目保存文件夹上方，点击地址栏内点击第 2 层级文件名，如图 2.3-41 所示。

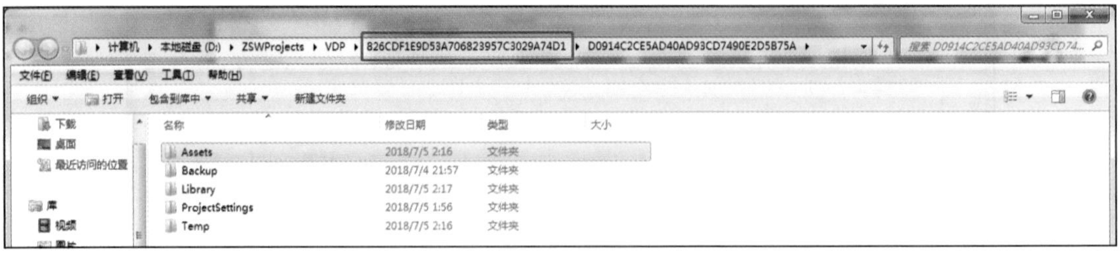

图 2.3-41

（3）选中文件夹，右键“复制”。打开 U 盘，右键“粘贴”，完成工程文件的拷贝，如图 2.3-42 所示。

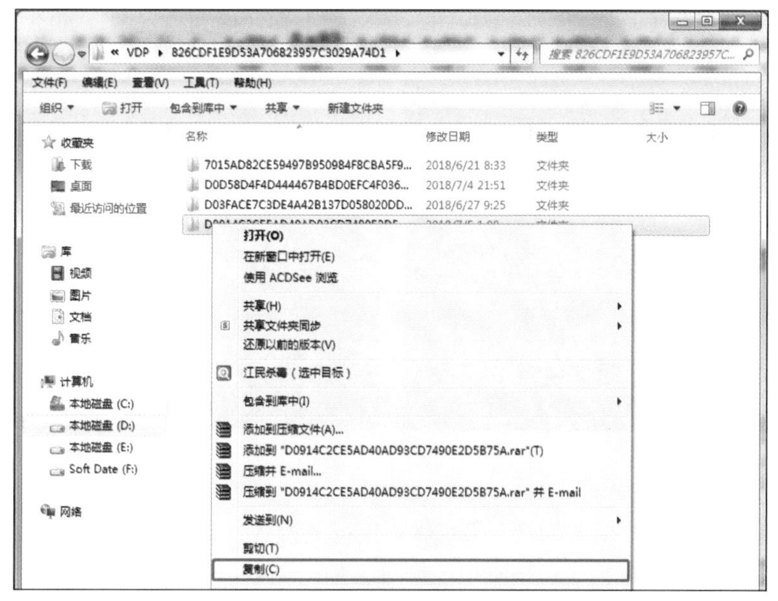

图 2.3-42

注：复制快捷键为 Ctrl + C，粘贴快捷键为 Ctrl + V。

2.4　知识拓展

因为 VDP 支持目前市场上大部分软件的模型导入，而建模过程中可能因为操作失误导致模型效果不太理想，从而在 VDP 中可能会出现模型的丢失、少面、漏光等情况，需要添加模型来解决。本案例顶面漏光，我们编写添加立方体来解决此问题，操作步骤如下。

（1）选择工程资源面板“Style\Wall\ 顶面”层级，右键选择“添加 3D 物体”→“立方体”命令，如图 2.4-1 所示。完成立方体创建，如图 2.4-2 所示。

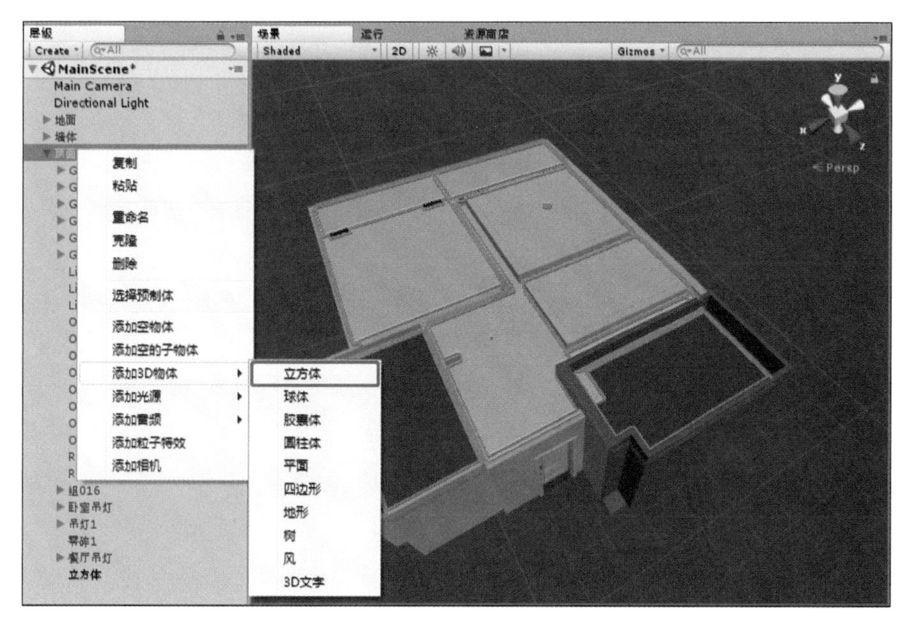

图 2.4-1

（2）选择自由变换工具，点击场景视图，将坐标 Y 轴切换到顶视图，如图 2.4-3 所示。

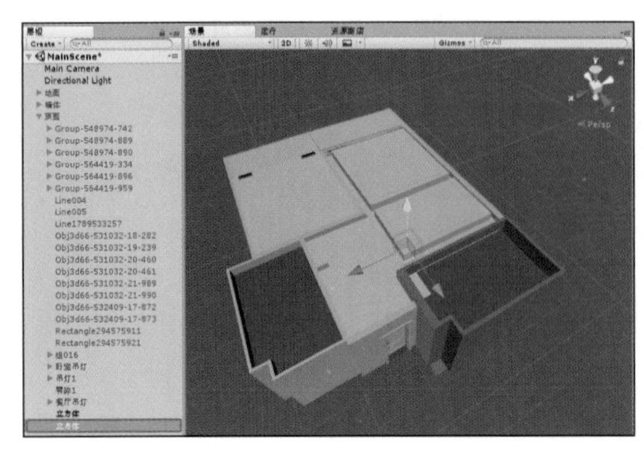

图 2.4-2

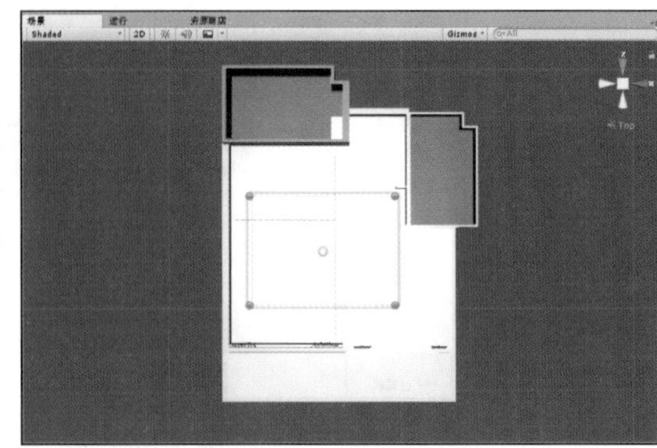

图 2.4-3

（3）点击 Top 轴测图模式切换至 Top 正顶视图模式，选中“立方体”的边或点，沿 X 或 Y 轴拉伸立方体，边界完整遮盖场景模型即可，如图 2.4-4 所示。

（4）选中“立方体”的上、下边或点，沿 Y 轴拉伸立方体，调整边界如图 2.4-5 所示。

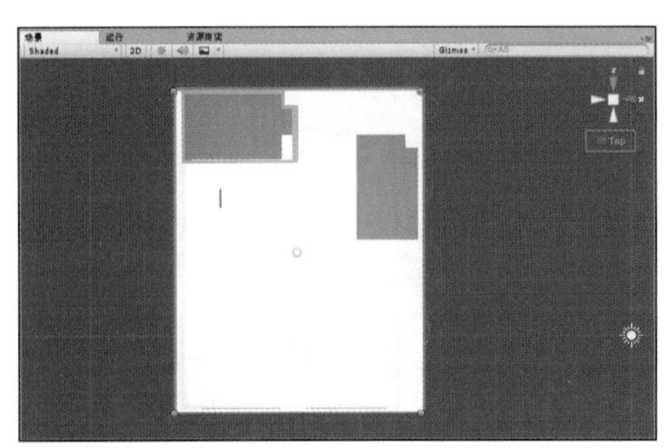

图 2.4-4

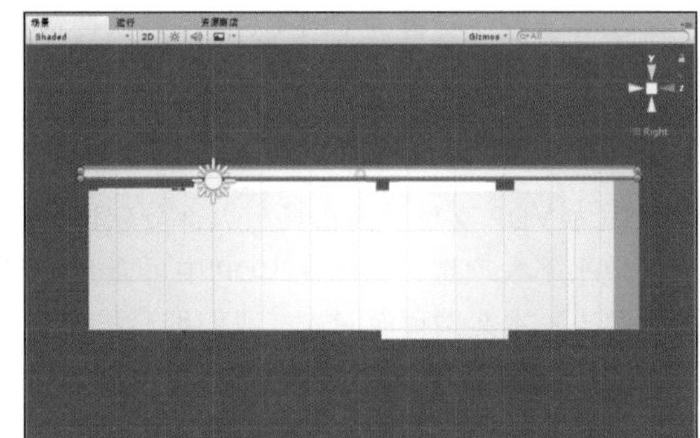

图 2.4-5

第3章 效果优化

学习目标

1. 熟悉装饰工程项目中地面、墙面、顶面等硬装材质的参数调节；
2. 了解装饰工程项目中软装部分材质的参数调节；
3. 掌握VDP虚拟现实设计平台主要光源、辅助光源的添加及调节；
4. 了解反射探头范围及放置要求；
5. 掌握工程协作步骤，培养团队合作能力；
6. 掌握相机特效的添加与调整。

3.1 任务说明

（1）通过本章节的学习，完成一居室材质调节、灯光布置、相机及特效添加、部品库工程协作。

（2）在本章的学习过程中，掌握材质面板的各项参数，熟练应用“三个贴图（漫反射、法线、自发光贴图），两个参数（金属质感、光滑度）”的方法调整地面、墙面、顶面、部品库材质。熟悉真实世界的材质和软件属性面板参数的对应关系，掌握工程协作过程中部品库文件的导入、导出、编辑等的基本操作。理解室内装饰设计中材质表现的基础认知。

（3）在本章的学习过程中，掌握四个主要光源（太阳光、点光源、聚光灯、面光源）和两个辅助光源（反射探头、灯光探测器组）的基本操作。熟练应用不同环境中照明设计所相对应的光源及其参数调整。理解各光源之间的参数差异。理解室内装饰设计中灯光表现的基础认知。

（4）本章节学习完成后，能够自主完成工程地面、墙面、顶面中各种材质效果的调整，工程协作，资源包导出、导入，相机与滤镜特效的添加，光源的添加与调整等操作。最后完成效果优化后的资源包、工程文件的作业提交。

3.2 任务分析

本章节需要完成工程地面、墙面、顶面中各种材质效果的调整，资源包导出、导入，部品库工程协作，相机与滤镜特效的添加，光源的添加与调整等操作。其主要步骤为：

（1）工程导入；

（2）地面、墙面、顶面材质的设计调整；

（3）部品库工程协作；

（4）相机及相机特效添加；

（5）四个主要光源、两个辅助光源的设计。

3.3 任务实施

3.3.1 工程导入

在日常设计工作的过程中，经常会出现分工协作，更换不同的设备，进行编辑、修改等。VDP 中的工程导入实现了不同设备彼此之间工程的继续编辑和修改，其步骤如下：

（1）双击虚拟现实设计平台 VDP，运行程序。进入 VDP 虚拟现实设计平台，点击“导入工程”按钮，如图 3.3-1 所示。

图 3.3-1

（2）找到上一章节拷贝的文件夹，选中文件夹后点击“选择文件夹”导入工程，如图 3.3-2 所示。

图 3.3-2

（3）在弹出对话框中输入“一居室材质灯光”，点击“OK”，如图 3.3-3 所示。

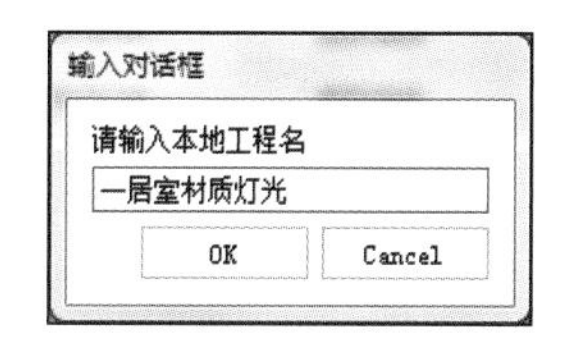

图 3.3-3

（4）在“一居室材质灯光”工程行中点击编辑按钮，启动 VR 编辑器，如图 3.3-4 所示。

欢迎使用 -- VDP虚拟现实制作平台

文件　工程管理　部品管理　我的云端　管理　帮助　罗富荣　选项

新建工程　导入工程

	本地工程名	编辑	创建时间	修改名称	打开文件夹	移除工程	删除工程	状态	上传工程
1	一居室材质灯光	编辑	2018-07-05 02:39:53	修改名称	打开文件夹	移除工程	删除工程		上传工程
2	一居室方案	编辑	2018-07-04 21:53:49	修改名称	打开文件夹	移除工程	删除工程		上传工程
3	Demo	编辑	2018-06-21 08:33:12	修改名称	打开文件夹	移除工程	删除工程		上传工程
4	学院派	编辑	2018-06-10 22:42:58	修改名称	打开文件夹	移除工程	删除工程		上传工程

图 3.3-4

（5）工程导入完成，如图 3.3-5 所示。

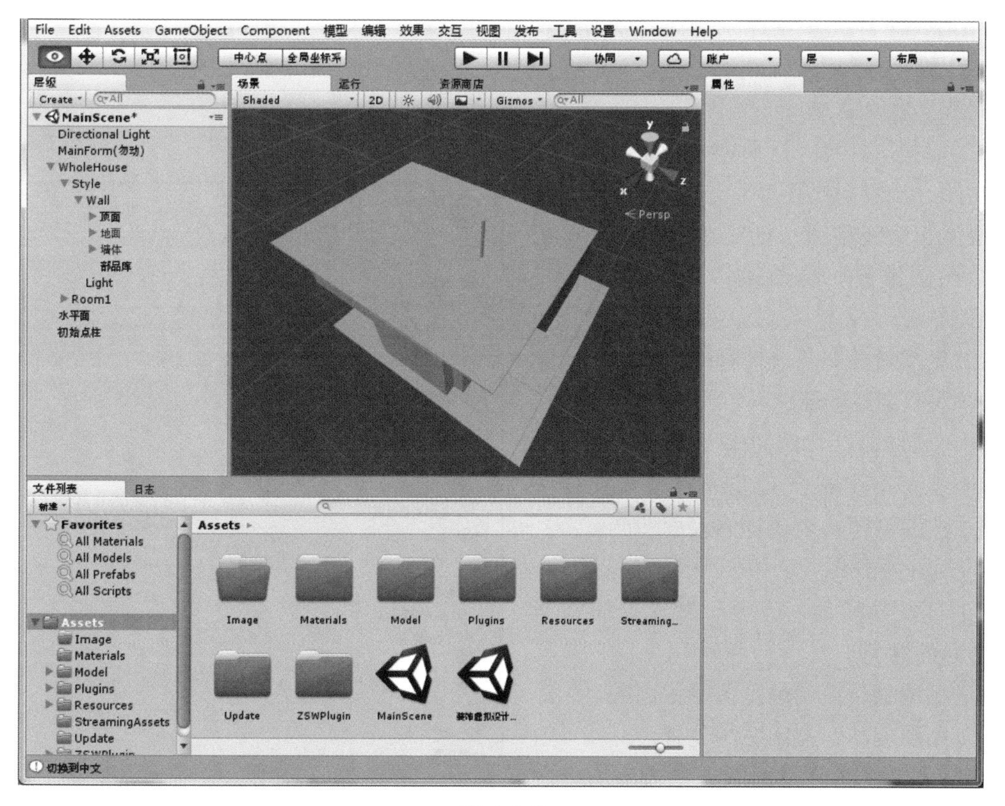

图 3.3-5

3.3.2 材质参数说明

在设计方案中，材质的透明度、色彩、纹理（图案）、光泽度、凹凸细节对方案起决定性作用。透明度决定了空间的通透性、采光。材质的色彩会影响人的心理、空间大小；材质纹理（图案）直接决定了设计主题与视觉效果；光泽度能给人粗糙还是光滑、反射多还是少的感觉；凹凸细节的深浅是由法线贴图的参数来控制。

材质效果主要通过调节“三个贴图”和“两个参数”来实现，所谓的“三个贴图”就是指物体的纹理（图案）、表面的凹凸细节、自身发光的纹理（图案）。“两个参数”就是指金属质感的强弱、光滑度大小。具体如下。

（1）渲染模式：渲染模式包含不透明、镂空、隐现、透明四种，如图 3.3-6 所示。

材质调节

图 3.3-6

1）不透明：渲染模式中的默认选项，适用于所有不透明的物体，如石头、混凝土、木头等；

2）镂空：指透明度不是 0%，就是 100%，不存在半透明的区域，如破布、树叶等；

3）隐现：与透明的区别为高光反射会随着透明度而消失，如物体隐去等；

4）透明：适用于像玻璃一样的半透明物体，高光反射不会随着透明而消失，一般玻璃材质会调节为透明模式。

（2）材质参数：材质参数主要包括漫反射贴图、漫反射贴图颜色、金属质感、表面光滑度、法线贴图、自发光贴图、自发光颜色、贴图缩放、贴图偏移等，如图 3.3-7 所示。

1）漫反射贴图：表现物体纹理。

2）漫反射贴图颜色：控制物体色彩倾向。

3）金属质感：如不锈钢等物体。

4）表面光滑度：参数越大，反光越强。

5）法线贴图：表现物体表面凹凸。

6）自发光贴图：应用电视机等发光物体。

7）自发光颜色：应用于发光物体添加对应的光的颜色。

8）贴图缩放：调整贴图所占面积。

9）贴图偏移：控制贴图位置。

注：本教材中涉及的所有参数值均为参考值，请根据实际场景进行适当调整。

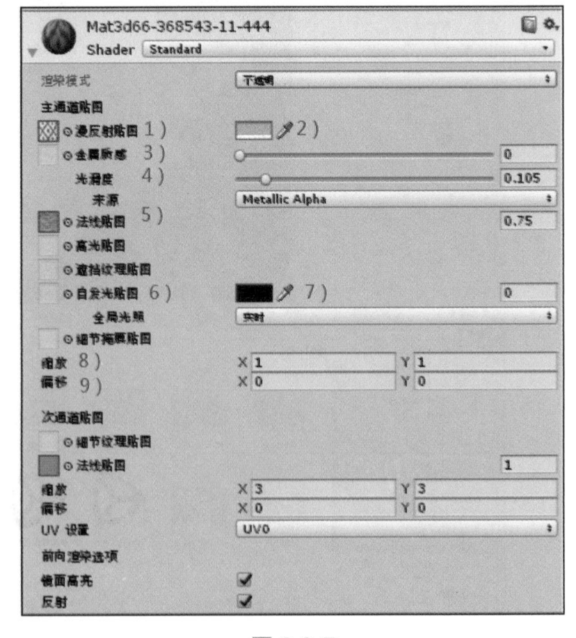

图 3.3-7

3.3.3　地面材质调整

在居住环境设计中，常见的地面类型有木地板、瓷砖、石材、地毯以及过门石、踢脚线等。具体材质调节步骤如下。

3.3.3.1　贴图导入

（1）在工程资源面板中，按住键盘上的 Ctrl 键，单击选中“Style\wall”层级中顶面、墙体、部品库，在右侧属性栏中，去掉“显示 / 隐藏”复选勾，隐藏暂不调整的顶面、墙体及部品库，如图 3.3-8 所示。

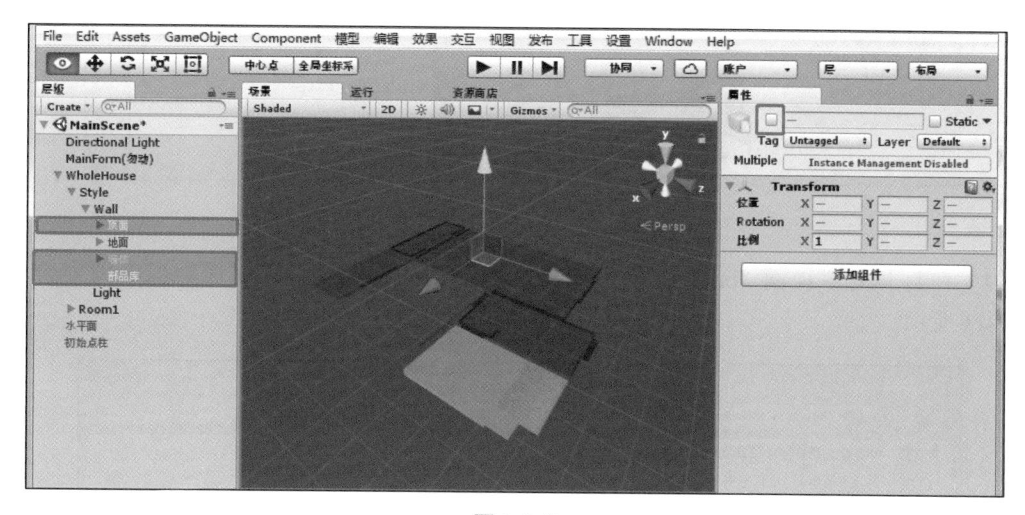

图 3.3-8

（2）打开“一居室方案 \ 贴图 \ 地面贴图”，复制所见贴图文件，如图 3.3-9 所示。

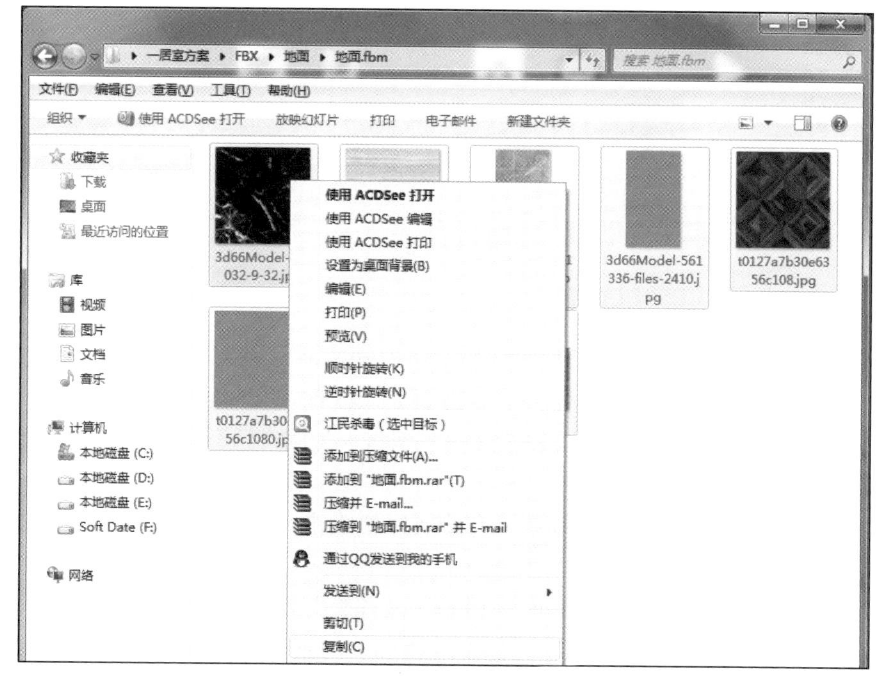

图 3.3-9

（3）在项目资源区 Assets\Model 下选中“地面 .fbm”，右键选择“Show in Explorer”命令，如图 3.3-10 所示。

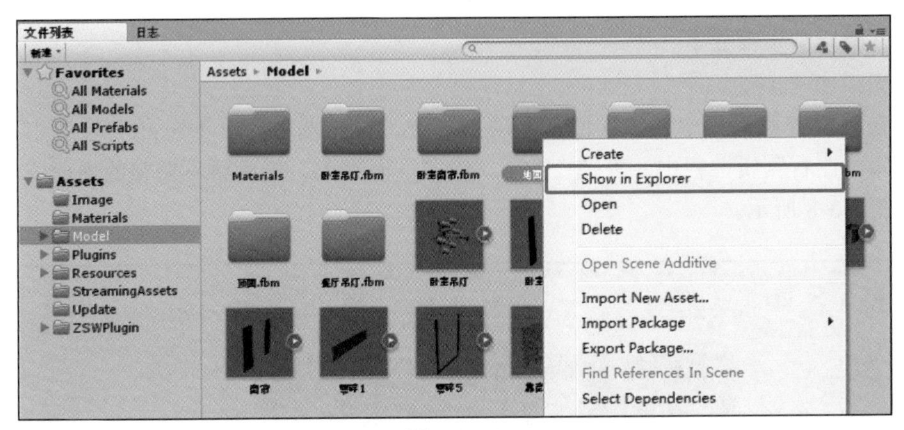

图 3.3-10

（4）在打开的“地面 .fbm”文件夹中粘贴所复制的贴图文件，完成地面贴图导入，如图 3.3-11 所示。

图 3.3-11

3.3.3.2 石材材质调整

石材作为一种高档建筑装饰材料广泛应用于室内外装饰设计、幕墙装饰和公共设施建设。目前，市场上常见的石材主要分为天然石、人造石和大理石。

下面以本案例中的客厅石材地板、过门石（踢脚线）为例讲解石材参数调整。

（1）客厅石材地板材质调整

1）在场景视图中选择客厅石材地板，右侧属性栏点击材质球名称，展开材质属性面板，如图 3.3-12 所示。

2）打项目资源区“Assets\Model\ 地面 .fbm”文件夹，如图 3.3-13 所示。

3）在“Assets/Model/ 地面 .fbm”文件夹内找到石材地板对应贴图文件，拖拽至漫反射贴图与遮挡纹理贴图上，如图 3.3-14 所示。

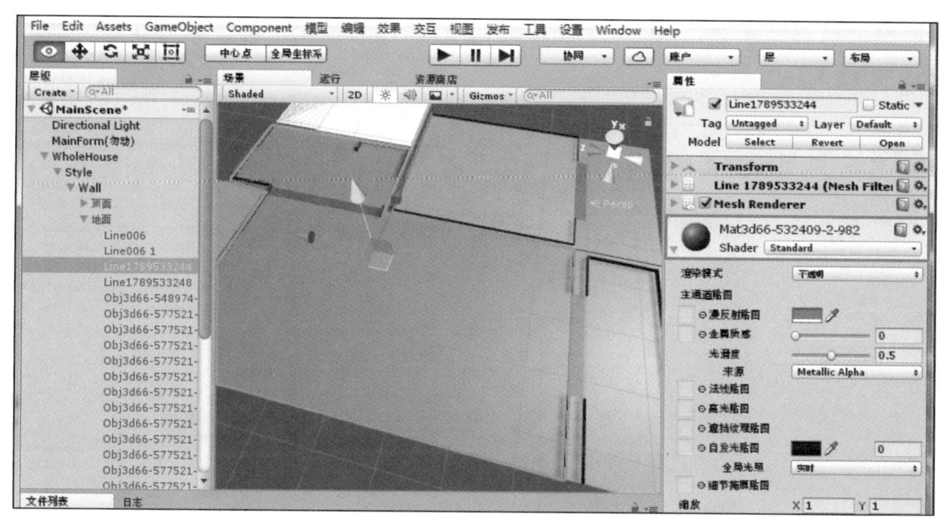

图 3.3-12

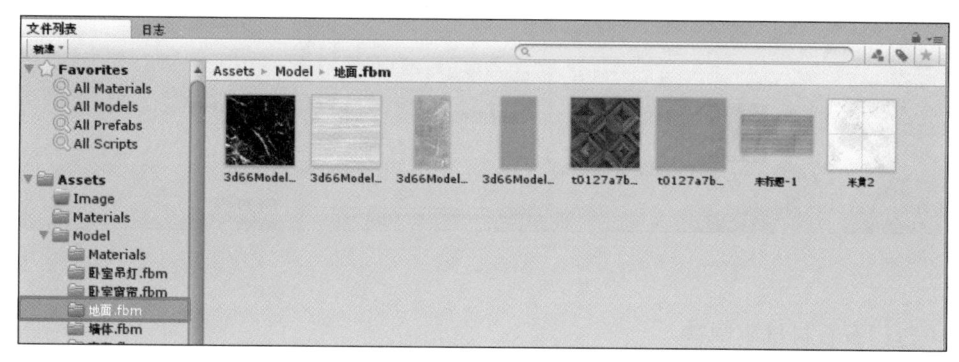

图 3.3-13

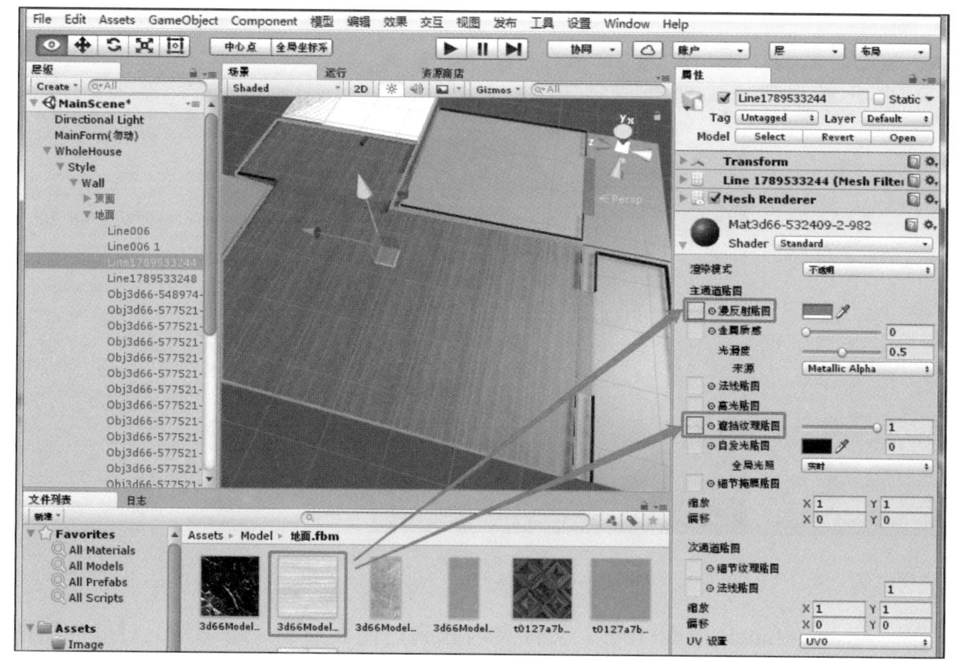

图 3.3-14

4）调整漫反射贴图颜色 RGB 分别为 231、230、205，光滑度参数为 0.96，遮挡纹理贴图为 0.25，如图 3.3-15 所示。

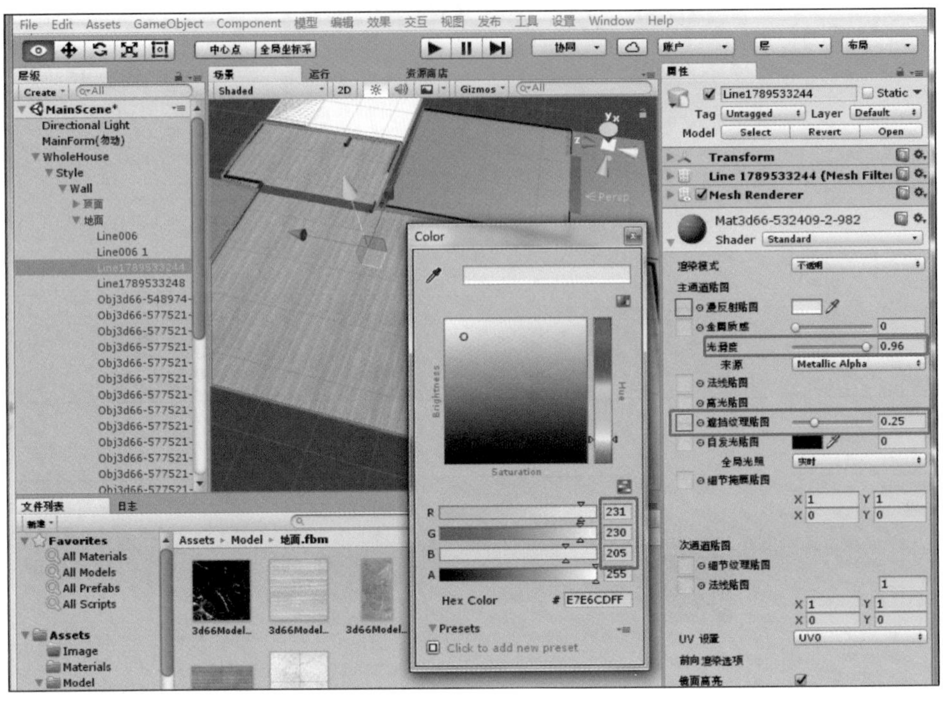

图 3.3-15

（2）过门石石材材质调整

1）在场景视图中选择过门石石材（踢脚线），右侧属性栏点击材质球名称，展开材质属性面板，如图 3.3-16 所示。

图 3.3-16

2）在“Assets/Model/ 地面 .fbm”文件夹内找到过门石石材（踢脚线）对应的贴图文件，拖拽至漫反射贴图与遮挡纹理贴图，如图 3.3-17 所示。

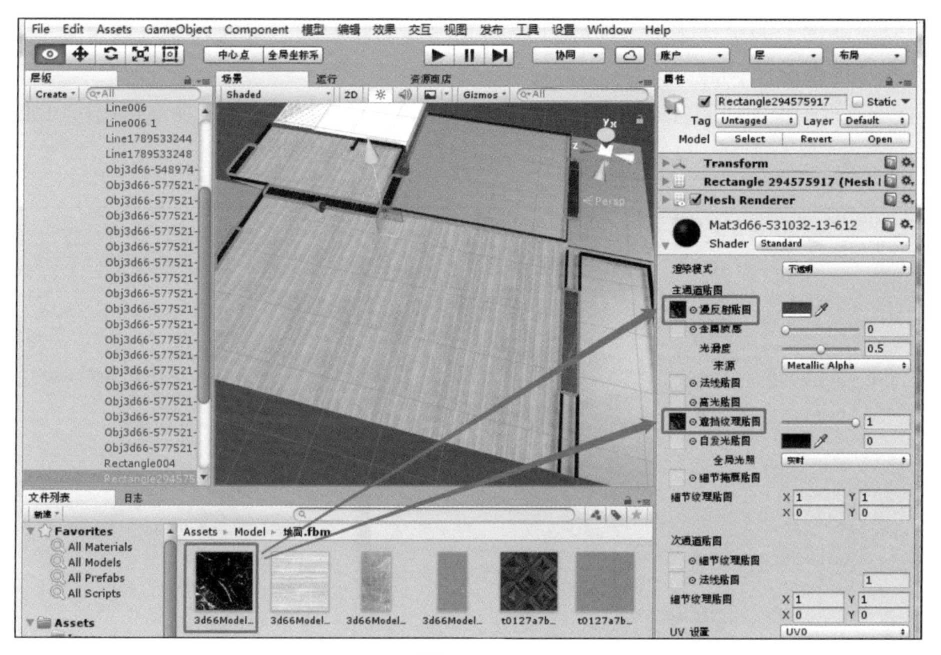

图 3.3-17

3）调整漫反射贴图颜色 RGB 分别为 105、105、105，调整金属质感为 0.02，光滑度参数为 0.98，遮挡纹理贴图为 0.32，如图 3.3-18 所示。

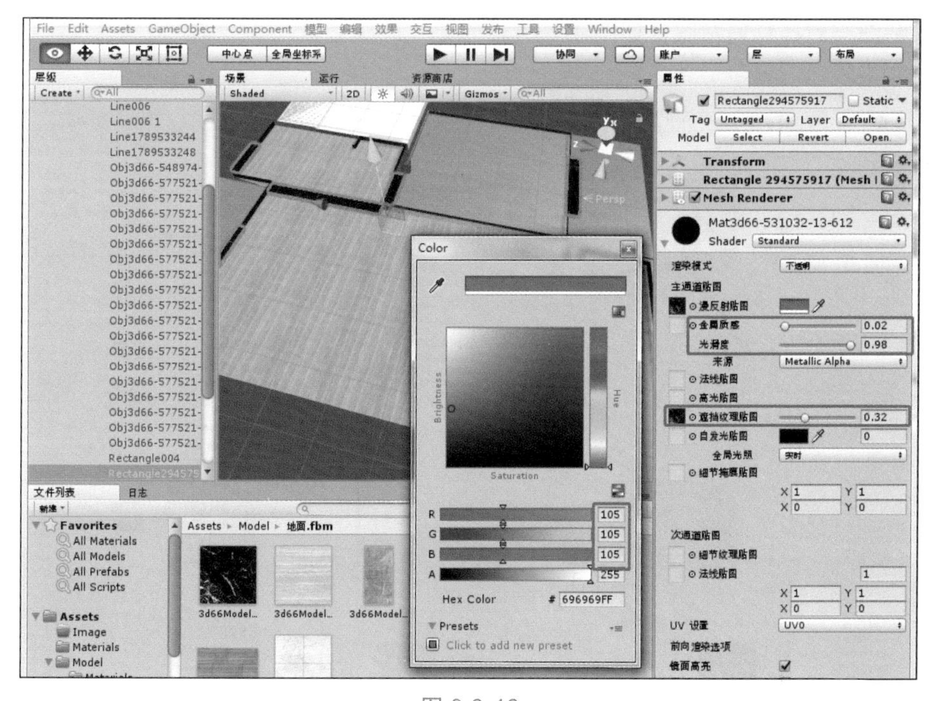

图 3.3-18

3.3.3.3　瓷砖材质调整

在装饰工程项目中，瓷砖起到装饰、美观、保护等功能，瓷砖的色彩丰富、种类繁多，铺贴组合变化多样，可以营造不同的室内装饰效果。

下面以本案例中的厨房地面、卫生间地面、阳台地面为例讲解瓷砖参数调整。

（1）阳台地面材质调整

1）在场景视图中选择阳台地面，右侧属性栏点击材质球名称，展开材质属性面板，如图 3.3-19 所示。

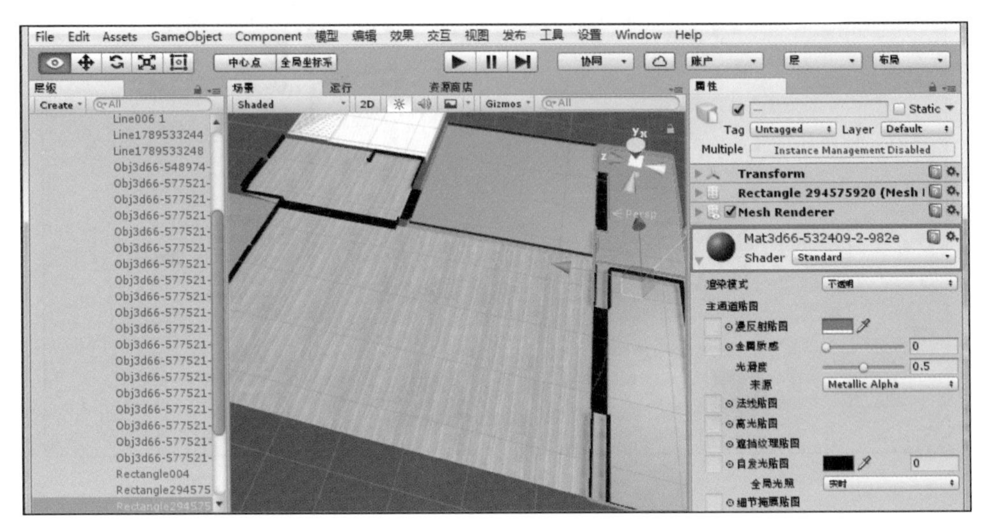

图 3.3-19

2）在“Assets/Model/ 地面 .fbm”文件夹内找到阳台地面对应的贴图文件，将贴图拖拽至漫反射贴图与遮挡纹理贴图，如图 3.3-20 所示。

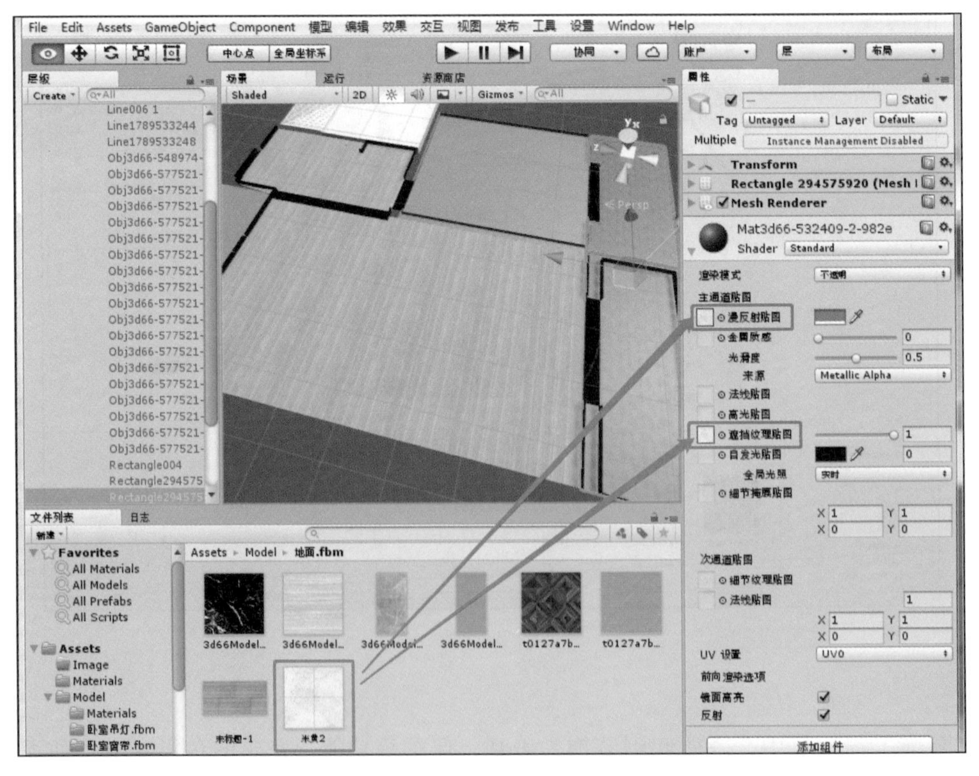

图 3.3-20

3）调整漫反射贴图颜色 RGB 分别为 158、150、138，调整金属质感为 0.1，光滑度参数为 0.855，遮挡纹理贴图为 0.2，如图 3.3-21 所示。

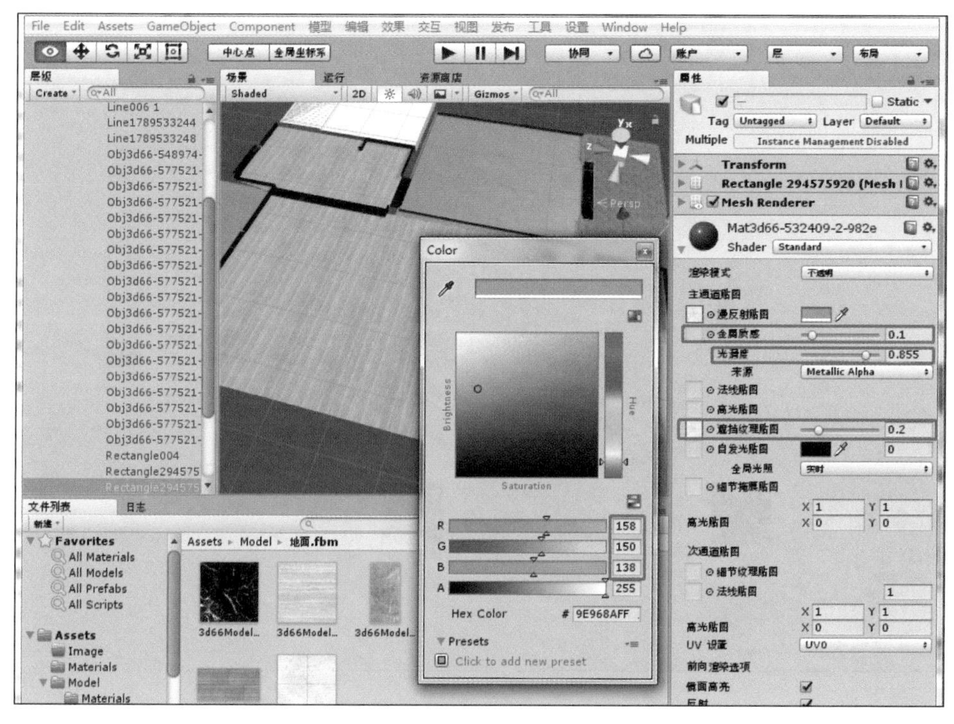

图 3.3-21

（2）卫生间地面材质调整

1）在场景视图中选择卫生间地面，右侧属性栏点击材质球名称，展开材质属性面板，如图 3.3-22 所示。

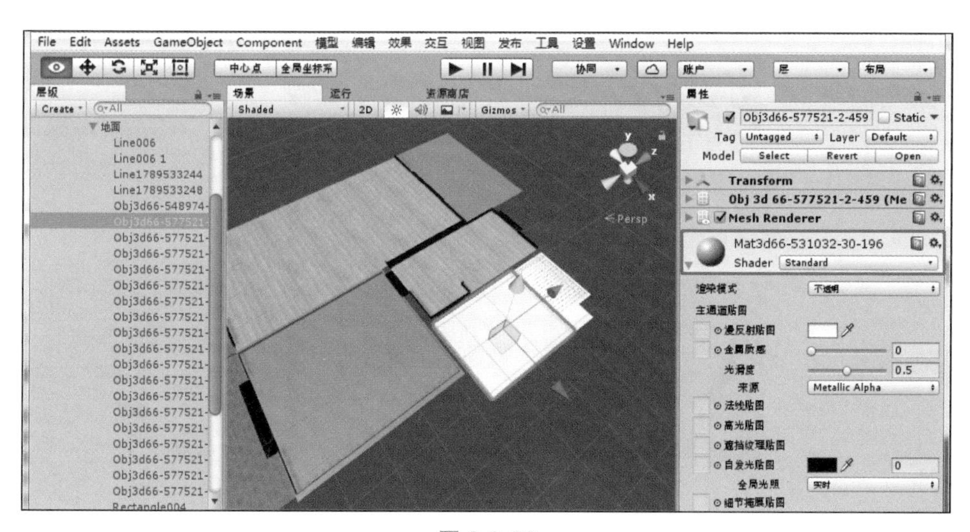

图 3.3-22

2）在“Assets/Model/ 地面 .fbm”文件夹内找到卫生间地面对应的贴图文件，将贴图拖拽至漫反射贴图与遮挡纹理贴图，如图 3.3-23 所示。

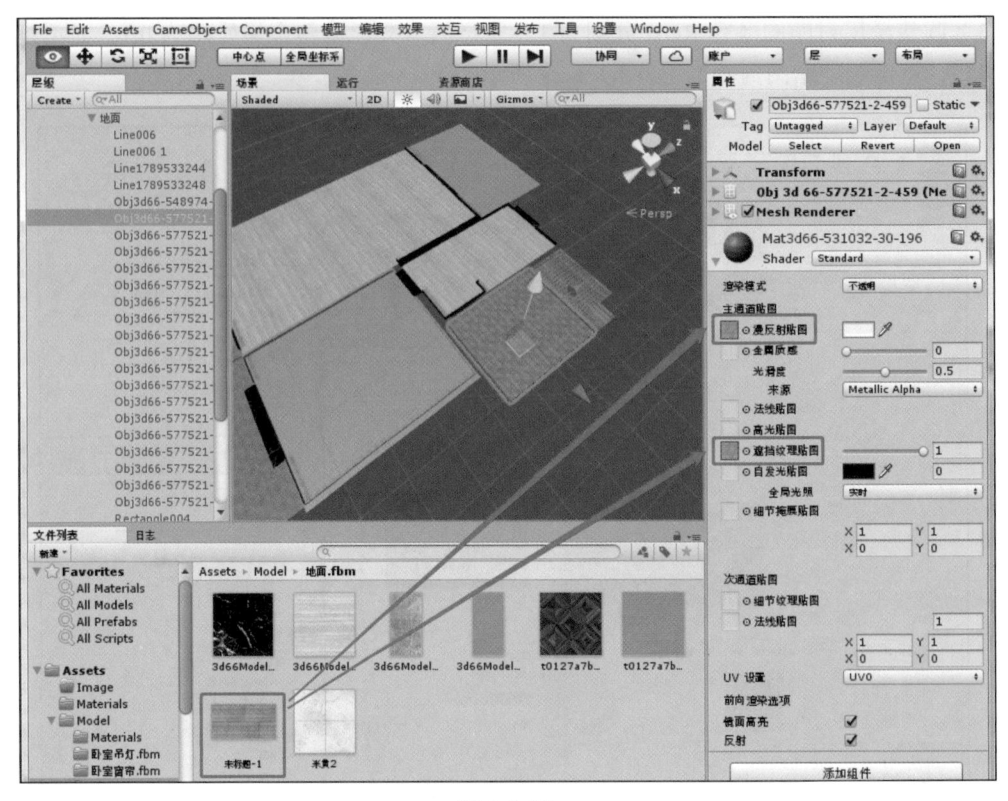

图 3.3-23

3）调整漫反射贴图颜色 RGB 分别为 255、233、197，调整金属质感为 0.06，光滑度参数为 0.87，遮挡纹理贴图为 0.08，如图 3.3-24 所示。

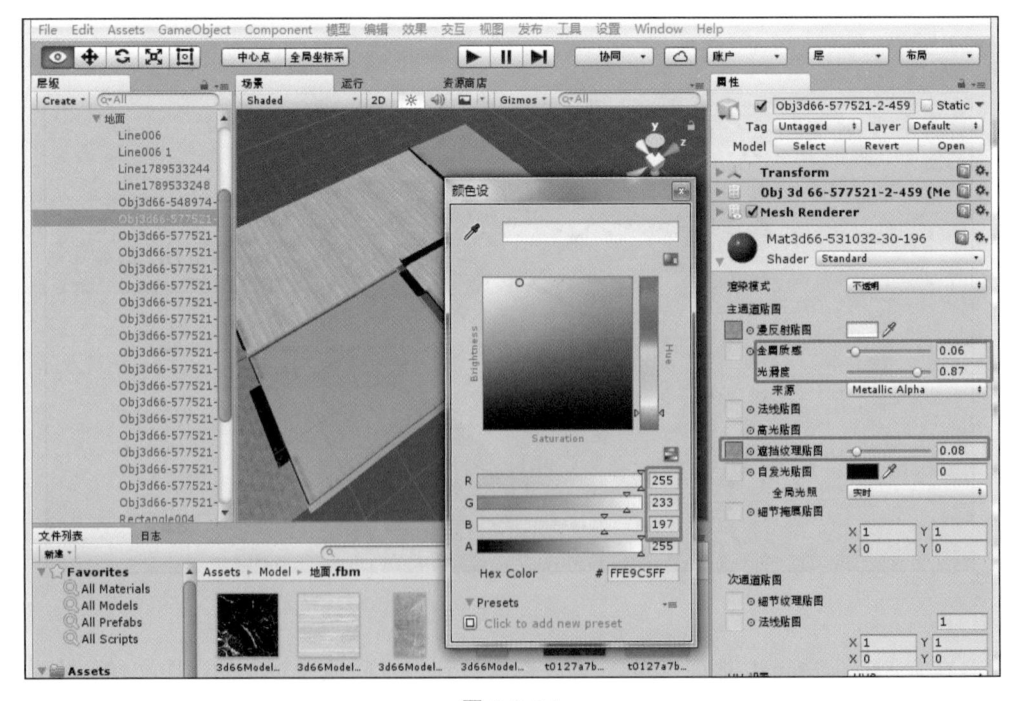

图 3.3-24

（3）厨房地面材质调整

1）在场景视图中选择厨房地面，右侧属性栏点击材质球名称，展开材质属性面板，如图 3.3-25 所示。

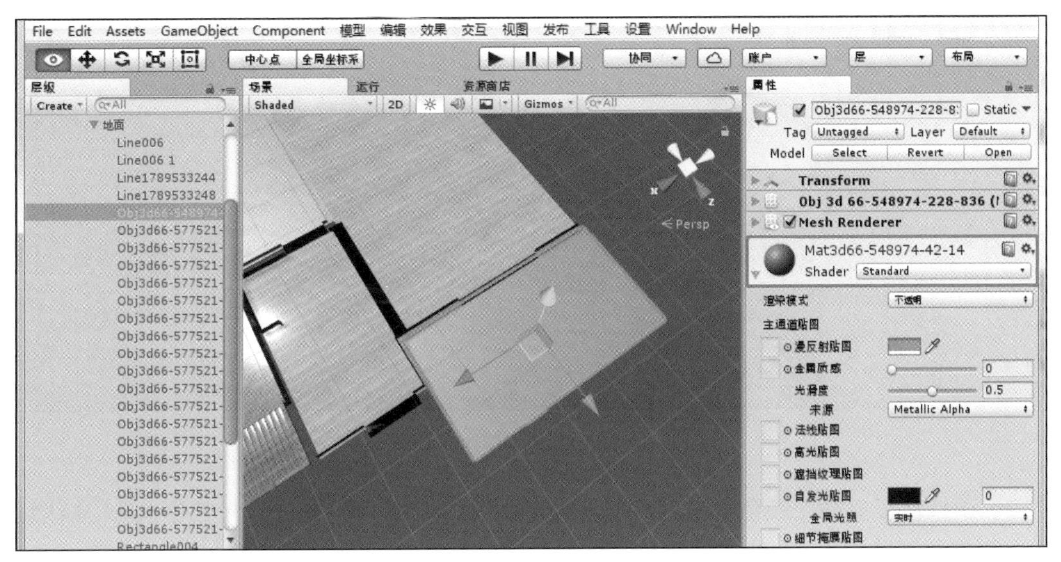

图 3.3-25

2）在“Assets/Model/ 地面 .fbm”文件夹内找到厨房地面对应的贴图文件，将贴图拖拽至漫反射贴图、法线贴图与遮挡纹理贴图，如图 3.3-26 所示。

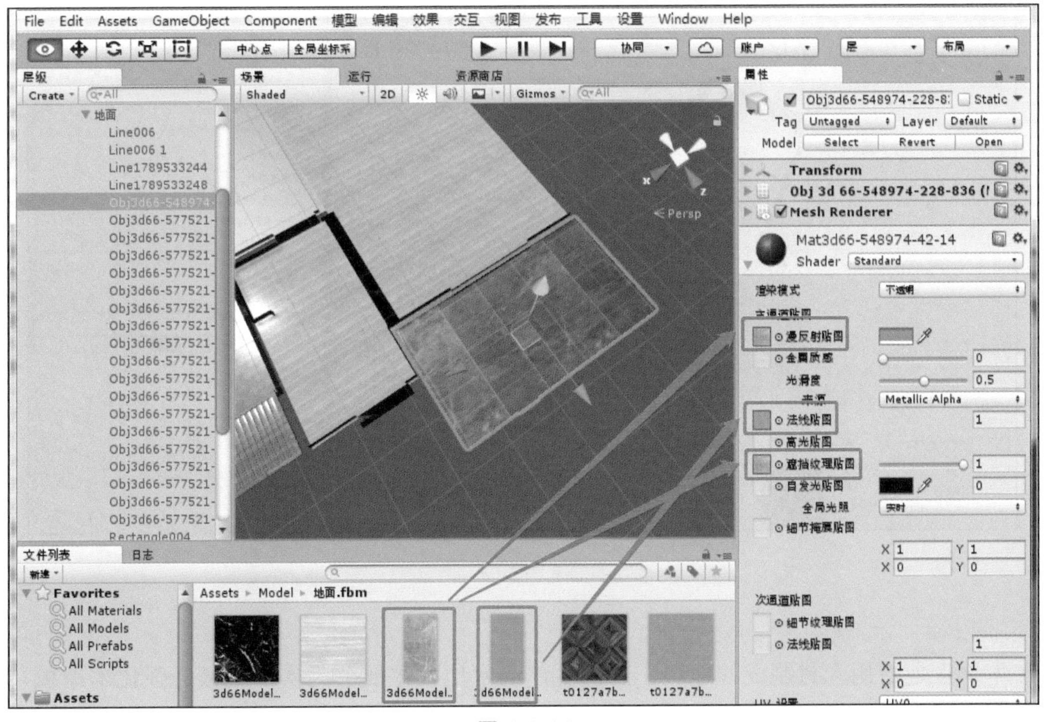

图 3.3-26

注：法线贴图匹配需要点击 Fix Now 确认（图 3.3-27）。

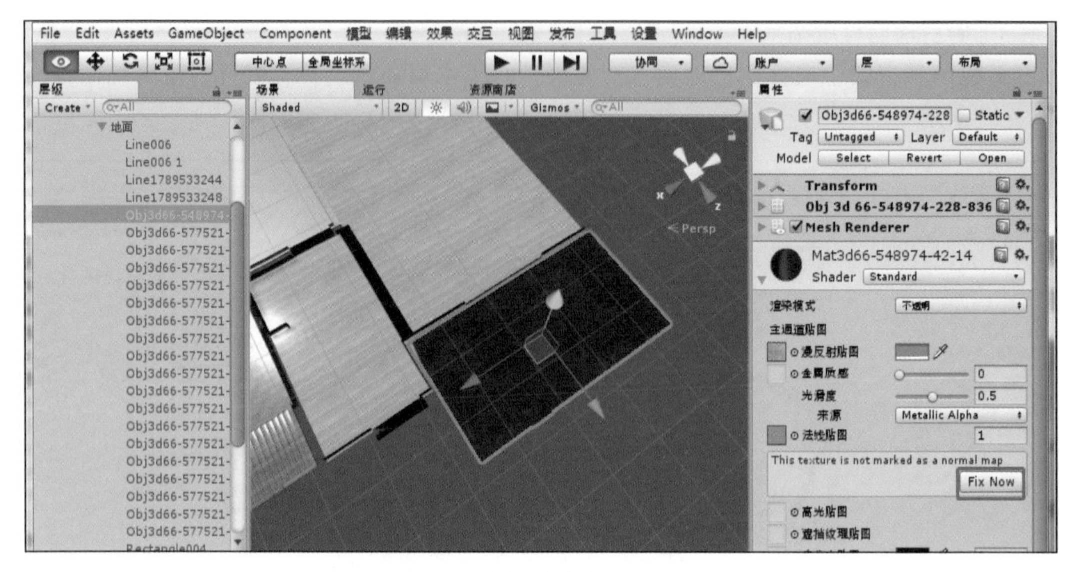

图 3.3-27

3）调整漫反射贴图颜色 RGB 分别为 156、145、145，调整光滑度参数为 0.7，法线贴图为 1、遮挡纹理贴图为 0.075，如图 3.3-28 所示。

图 3.3-28

3.3.3.4 木地板材质调整

木地板是指用木材制成的地板，国内生产的木地板主要分为实木地板、强化木地板、实木复合地板、多层复合地板、竹材地板和软木地板六大类，以及新型的木塑地板。在室内装饰工程项目中，木地板常用于卧室、书房、写字间、练功房、图书馆等场所。下面以案例中的卧室木地板为例来讲解木地板材质调整。

（1）在场景视图中选择卧室地面，右侧属性栏点击材质球名称，展开材质属性面板，如图 3.3-29 所示。

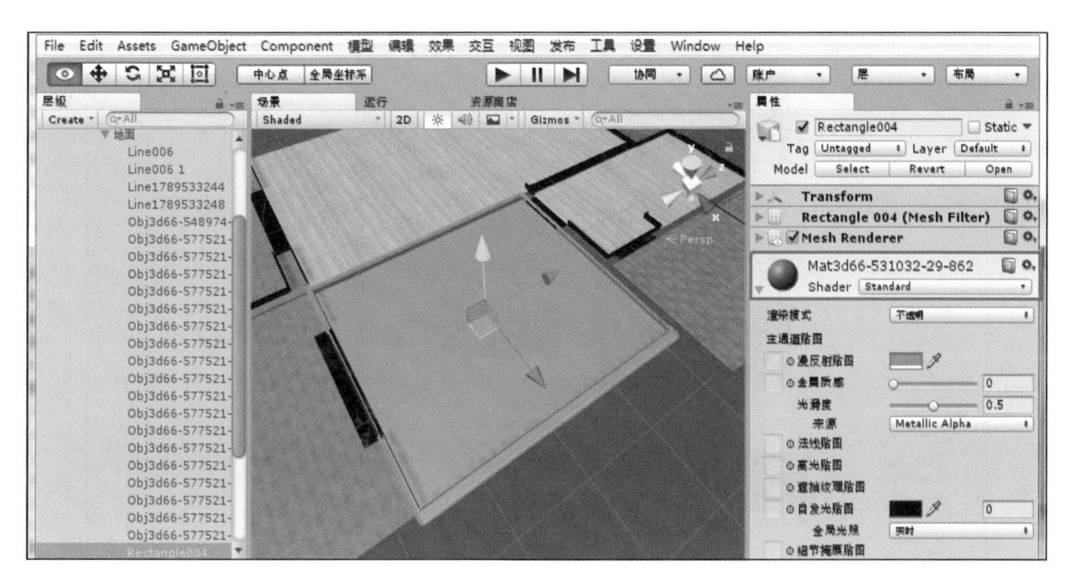

图 3.3-29

（2）在“Assets/Model/ 地面 .fbm”文件夹内找到卧室地面对应的贴图文件，将贴图拖拽至漫反射贴图、法线贴图与遮挡纹理贴图，如图 3.3-30 所示。

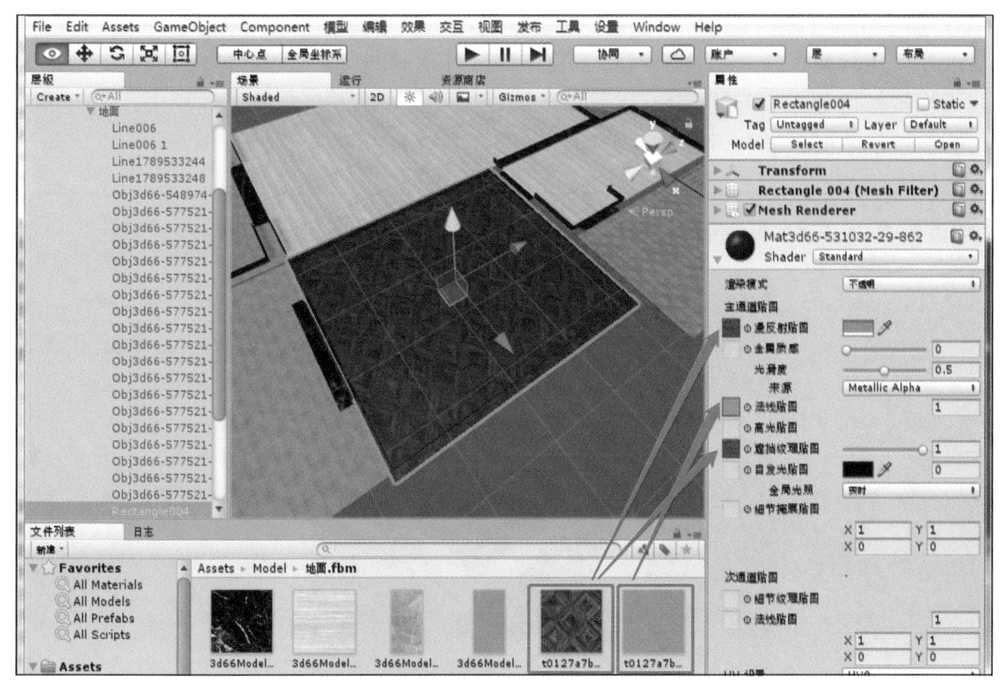

图 3.3-30

（3）调整漫反射贴图颜色 RGB 分别为 77、43、38，调整金属质感为 0.1，光滑度参数为 0.5，法线贴图为 –1、遮挡纹理贴图为 0.2，如图 3.3-31 所示。

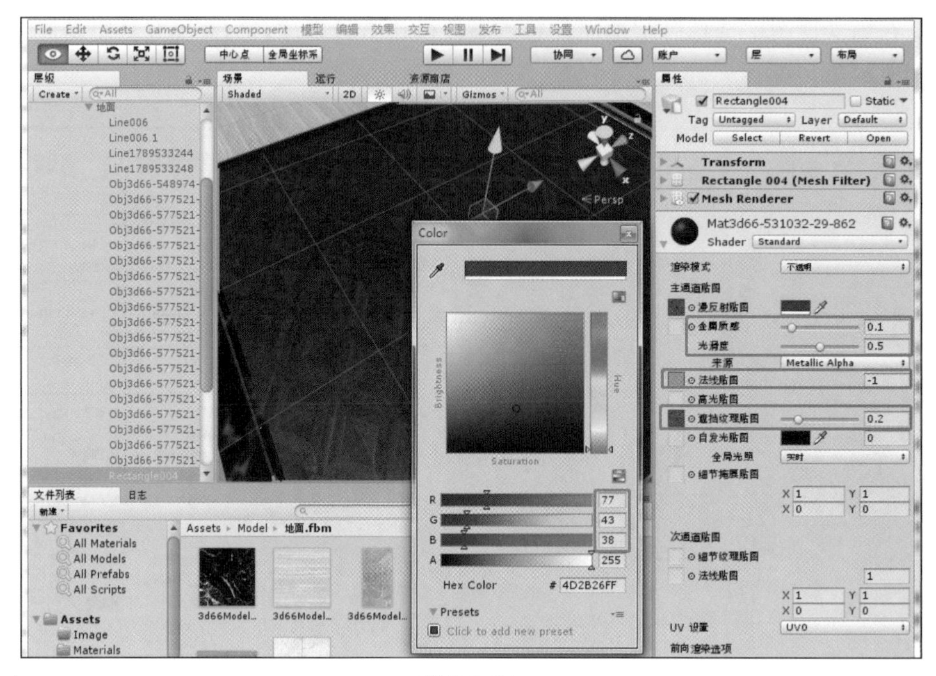

图 3.3-31

3.3.4 墙面材质调整

在实际装修工程中，墙面装饰常用的材料包含涂料类、贴面类、抹灰类等，其中，涂料类包括乳胶漆涂料、水溶性涂料以及多彩涂料等；贴面类包括墙面饰面砖、板材料、墙面壁纸、墙布等；抹灰类包括一般抹灰材料、装饰装修抹灰材料等。具体材质调节如下。

在工程资源面板中，选中“Style\wall”层级中“墙体”，在右侧属性栏中，勾上显示 / 隐藏复选框，显示墙面，准备调整墙面材质，如图 3.3-32 所示。

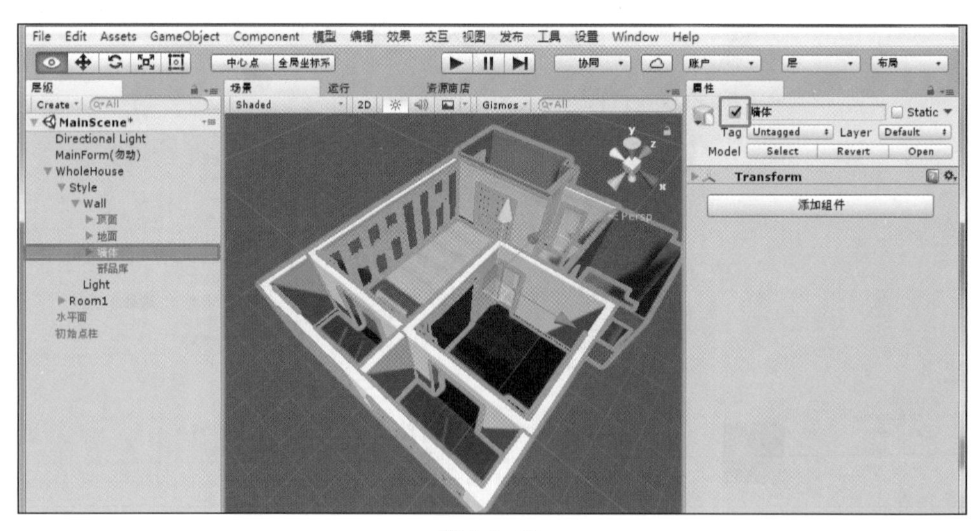

图 3.3-32

3.3.4.1 贴图导入

打开“一居室方案\贴图\墙面贴图”，复制所见贴图文件（图 3.3-33），在项目资源区

“Assets\Model”下选中“墙面 .fbm”，右键选择 Show in Explorer 命令（图 3.3-34），打开贴图所在路径，粘贴所有贴图文件（图 3.3-35），完成墙面贴图导入。

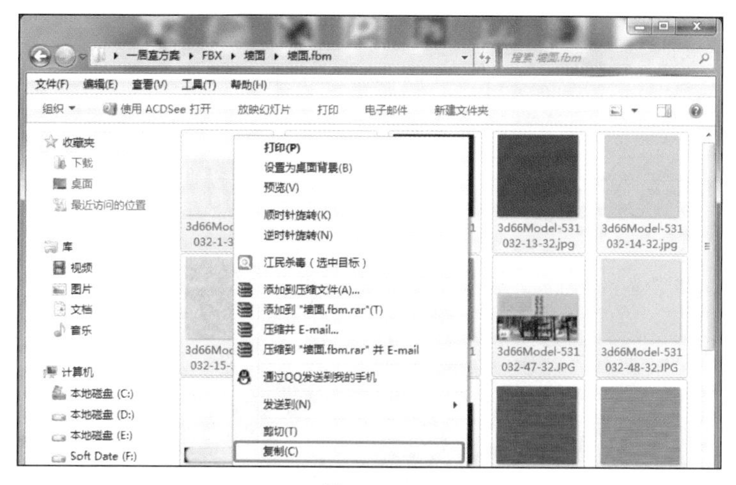

图 3.3-33

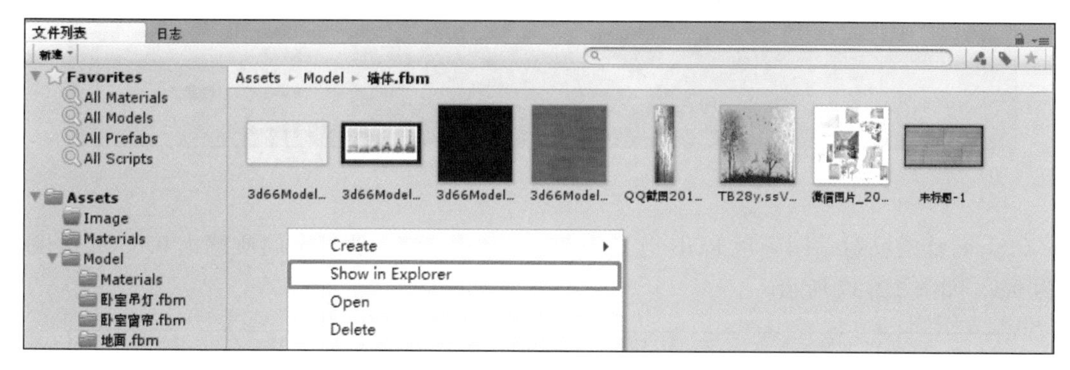

图 3.3-34

图 3.3-35

3.3.4.2 墙面涂料材质

涂料是涂覆在被保护或被装饰的物体表面，并能与被涂物形成牢固附着的连续薄膜，通常是以树脂、或油、或乳液为主，添加或不添加颜料、填料，添加相应助剂，用有机溶剂或水配制而成的黏稠液体。

（1）在场景视图中选择墙面涂料，右侧属性栏点击材质球名称，展开材质属性面板，如图 3.3-36 所示。

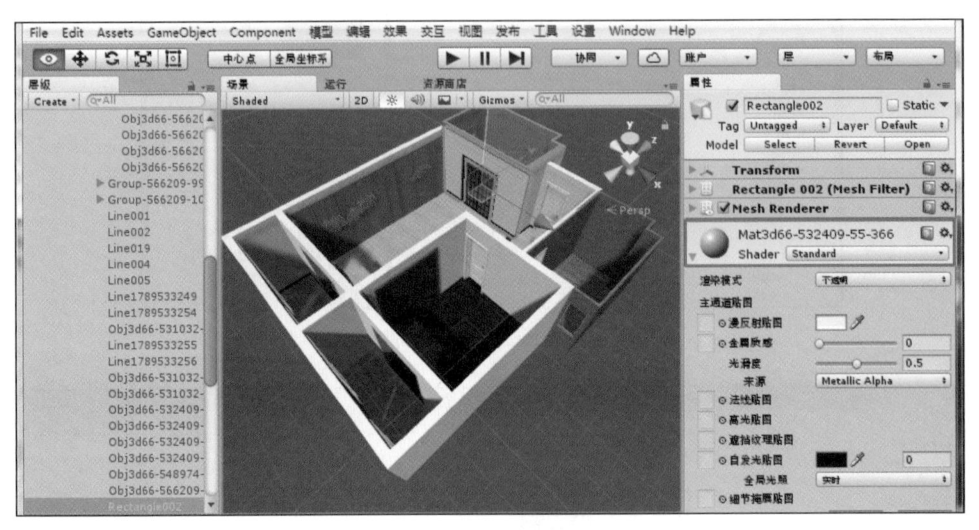

图 3.3-36

（2）调整漫反射贴图颜色 RGB 分别为 255、255、255，调整金属质感为 0.1，光滑度参数为 0.3，如图 3.3-37 所示。

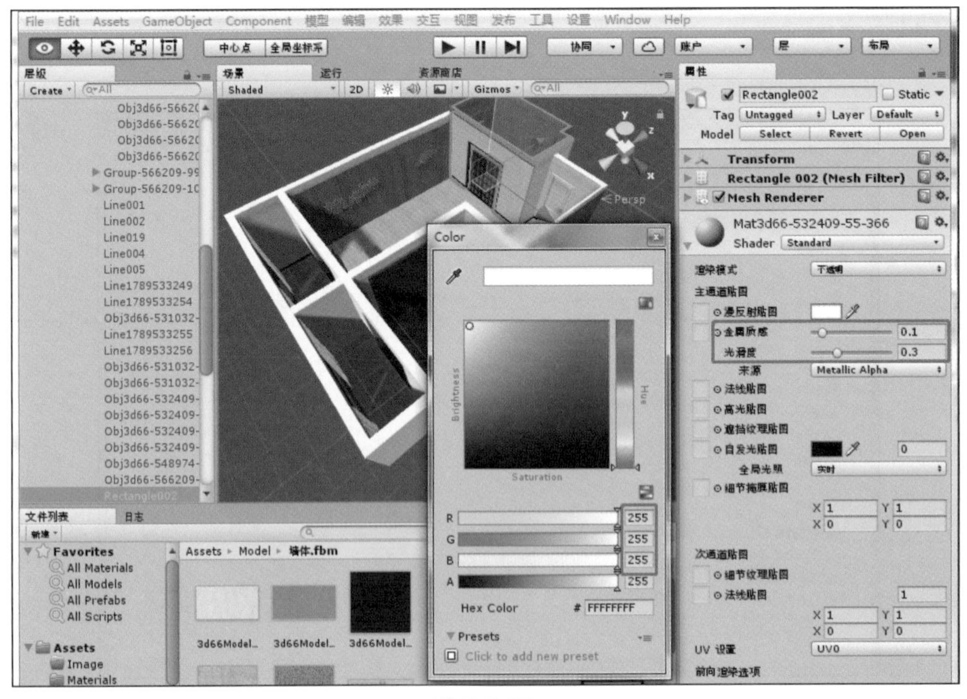

图 3.3-37

3.3.4.3　墙面油漆材质

油漆是一种能牢固覆盖在物体表面，起保护、装饰、标志和其他特殊用途的化学混合物涂料。

（1）在场景视图中选择油漆门（门框），右侧属性栏点击材质球名称，展开材质属性面板，如图 3.3-38 所示。

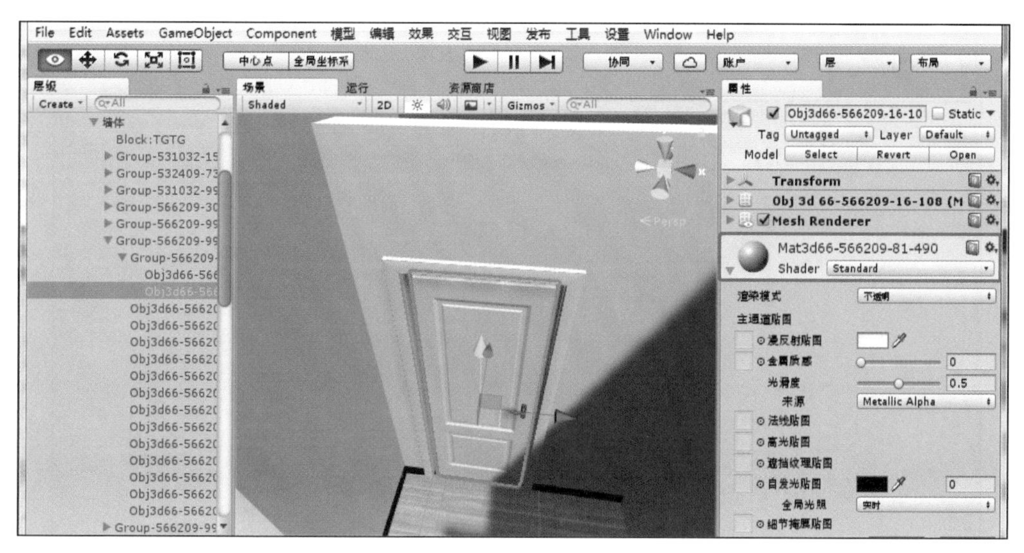

图 3.3-38

（2）调整漫反射贴图颜色 RGB 分别为 234、230、205，调整金属质感为 0.05，光滑度参数为 0.68，如图 3.3-39 所示。

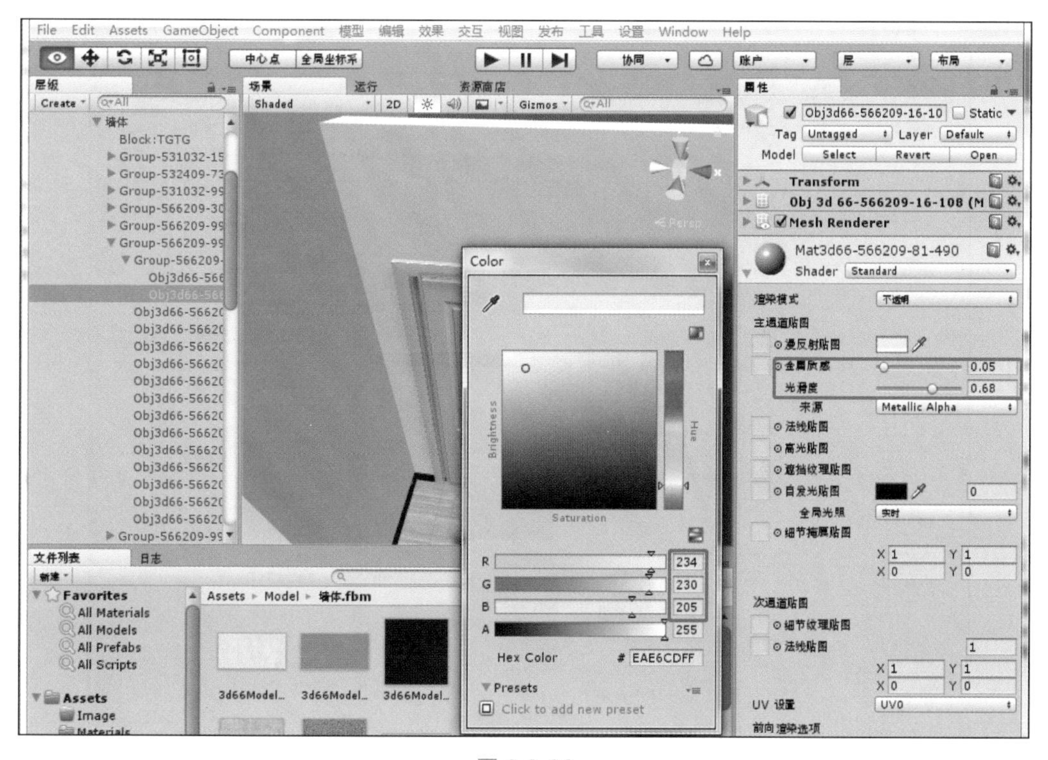

图 3.3-39

3.3.4.4 墙面金属材质

金属是一种具有光泽，富有延展性，容易导电、导热等性质的物质。常用金属有铁、铝、铜、钛、镍、锌、锡、铅、铬、锰等。在室内装饰中，金属材质有门把手、窗框、收边条、装饰品等。

（1）门把手

1）在场景视图中选择门把手，右侧属性栏点击材质球名称，展开材质属性面板，如图 3.3-40 所示。

图 3.3-40

2）调整漫反射贴图颜色 RGB 分别为 0、0、0，调整金属质感为 0.65，光滑度参数为 0.7，如图 3.3-41 所示。

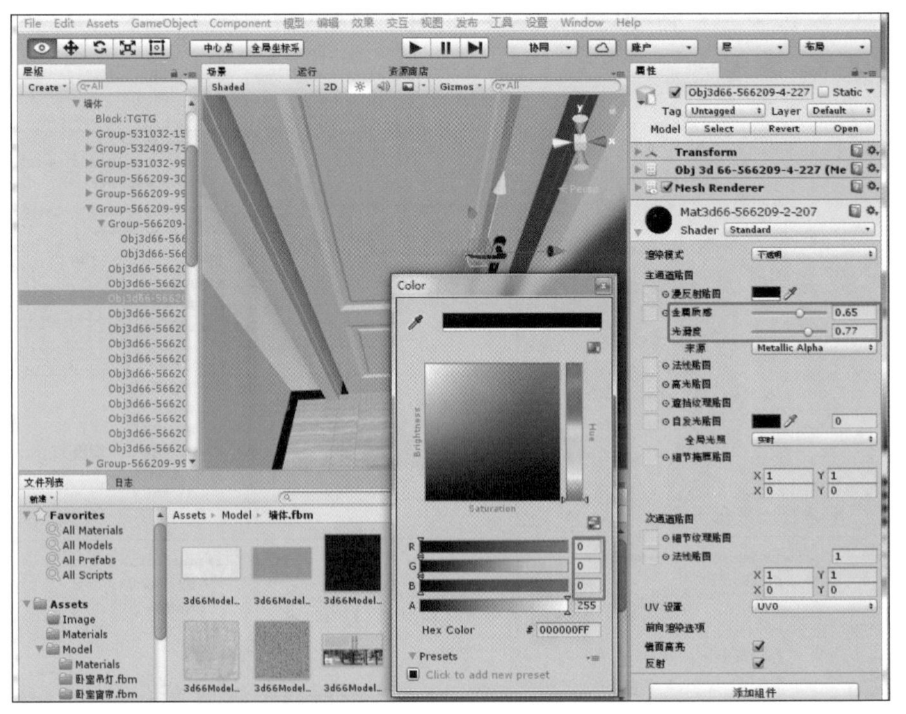

图 3.3-41

（2）窗框

1）在场景视图中选择窗框，右侧属性栏点击材质球名称，展开材质属性面板。

2）调整漫反射贴图颜色 RGB 分别为 50、50、50，调整金属质感为 0.85，光滑度参数为 0.825，如图 3.3-42 所示。

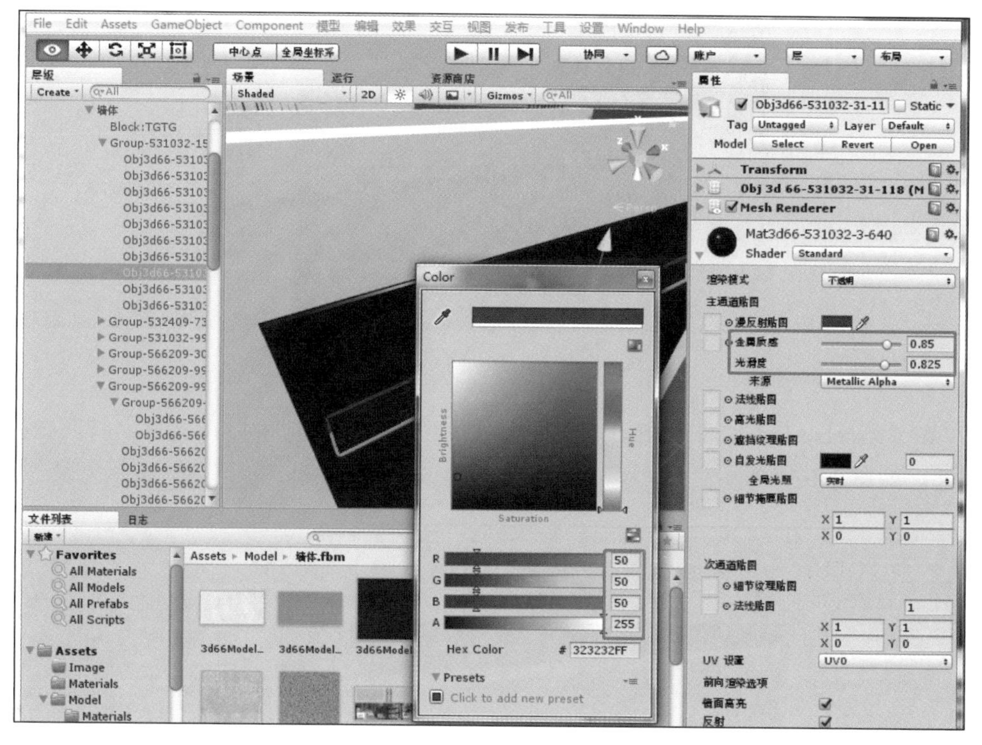

图 3.3-42

（3）收边条

1）打项目资源区“Assets\Model\ 墙面 .fbm”文件夹（图 3.3-43），在场景视图中选择收边条，右侧属性栏点击材质球名称（图 3.3-44），展开材质属性面板。

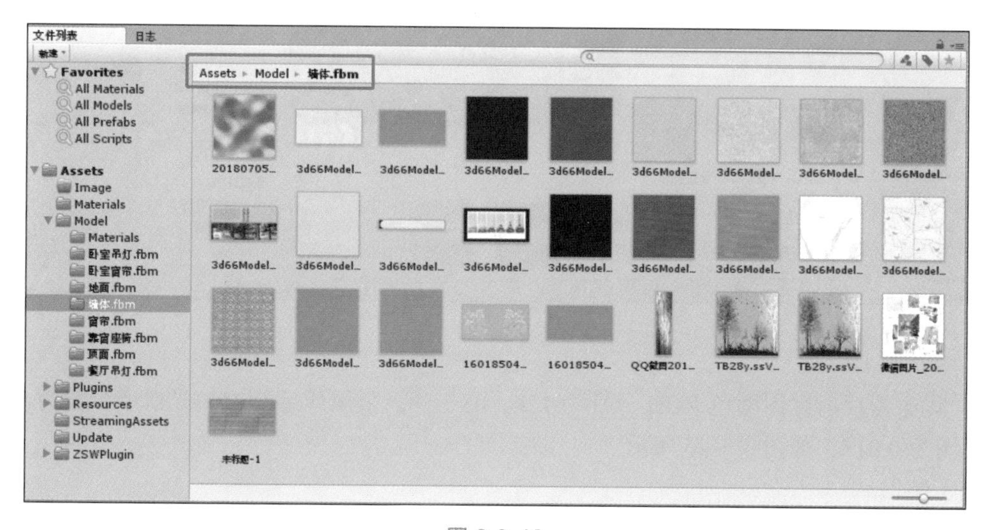

图 3.3-43

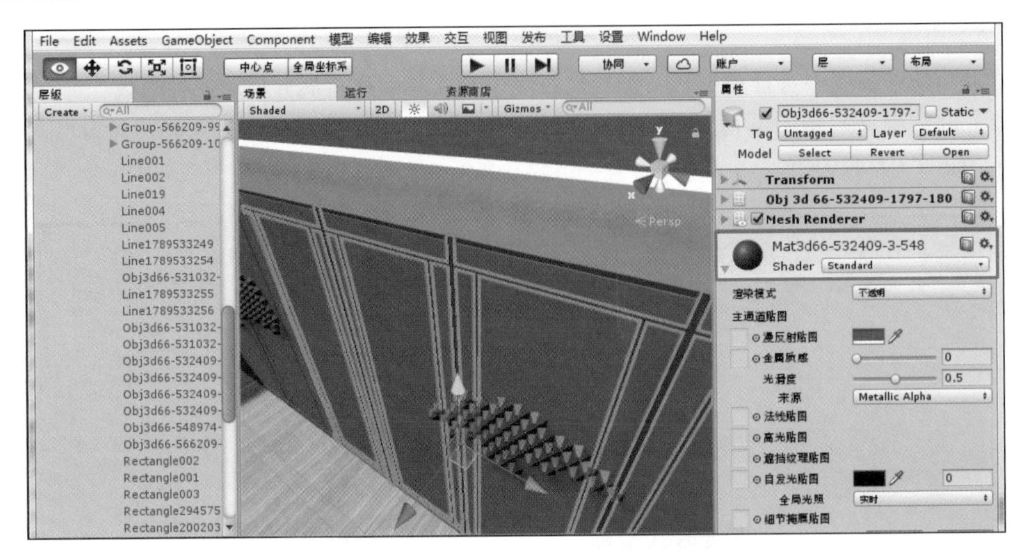

图 3.3-44

2）在“Assets\Model\ 墙体 .fbm”文件夹内找到收边条对应的贴图文件，将贴图拖拽至法线贴图，如图 3.3-45 所示。

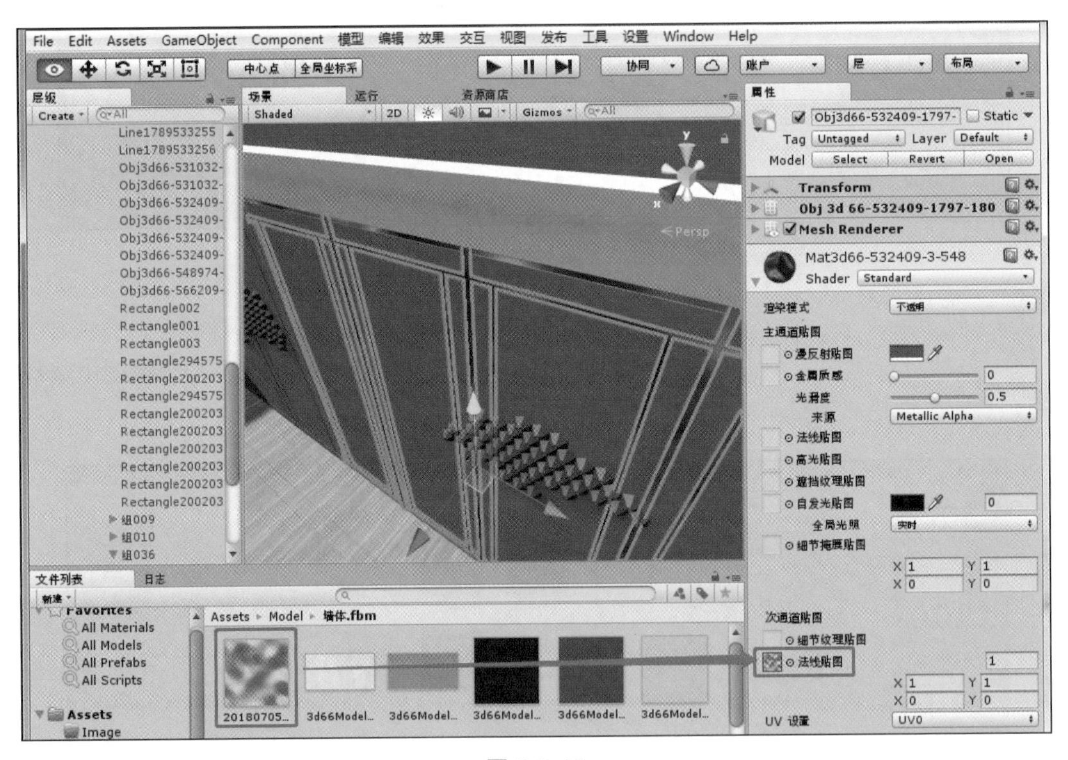

图 3.3-45

3）调整漫反射贴图颜色 RGB 分别为 124、88、58，金属质感 0.94，光滑度参数为 0.965，法线贴图为 0.015，如图 3.3-46 所示。

（4）装饰品

1）在场景视图中选择装饰品，右侧属性栏点击材质球名称，展开材质属性面板。

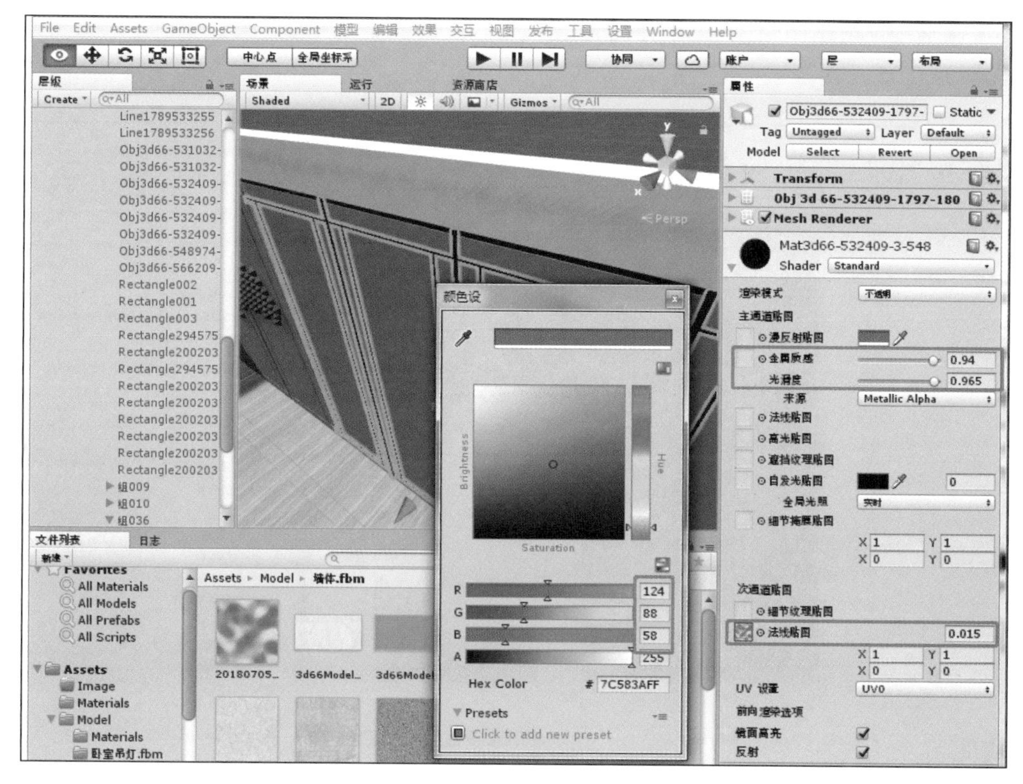

图 3.3-46

2）在“Assets\Model\ 墙体 .fbm”文件夹内找到收边条对应的贴图文件，将贴图拖拽至法线贴图，如图 3.3-47 所示。

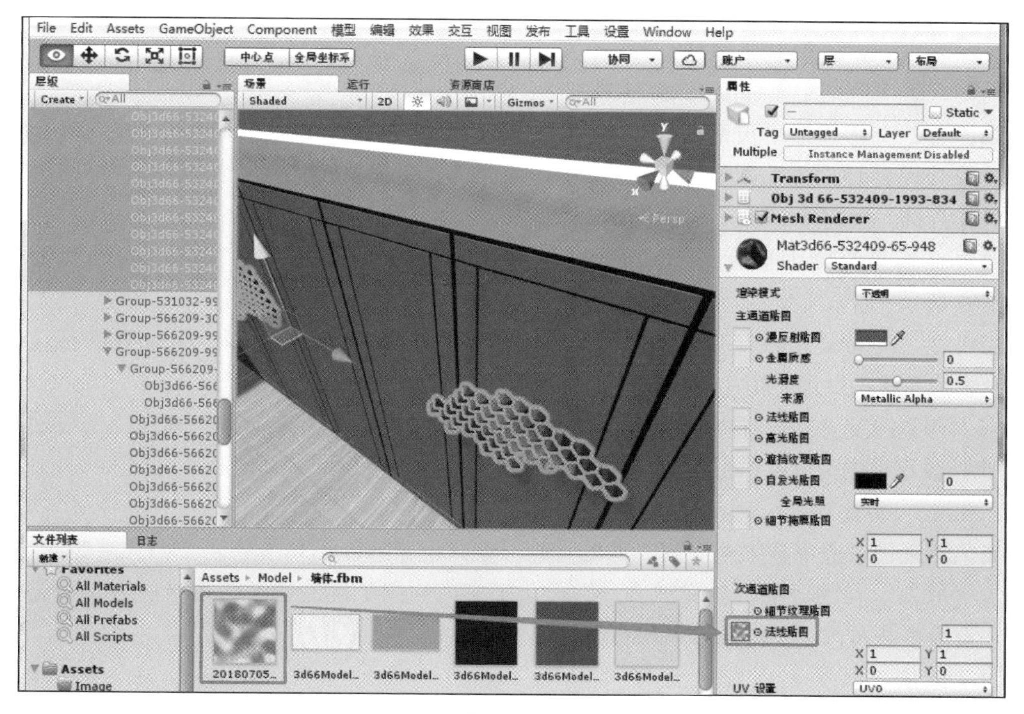

图 3.3-47

3）调整漫反射贴图颜色 RGB 分别为 156、114、80，金属质感为 1，光滑度参数为 0.94，法线贴图为 0.05，如图 3.3-48 所示。

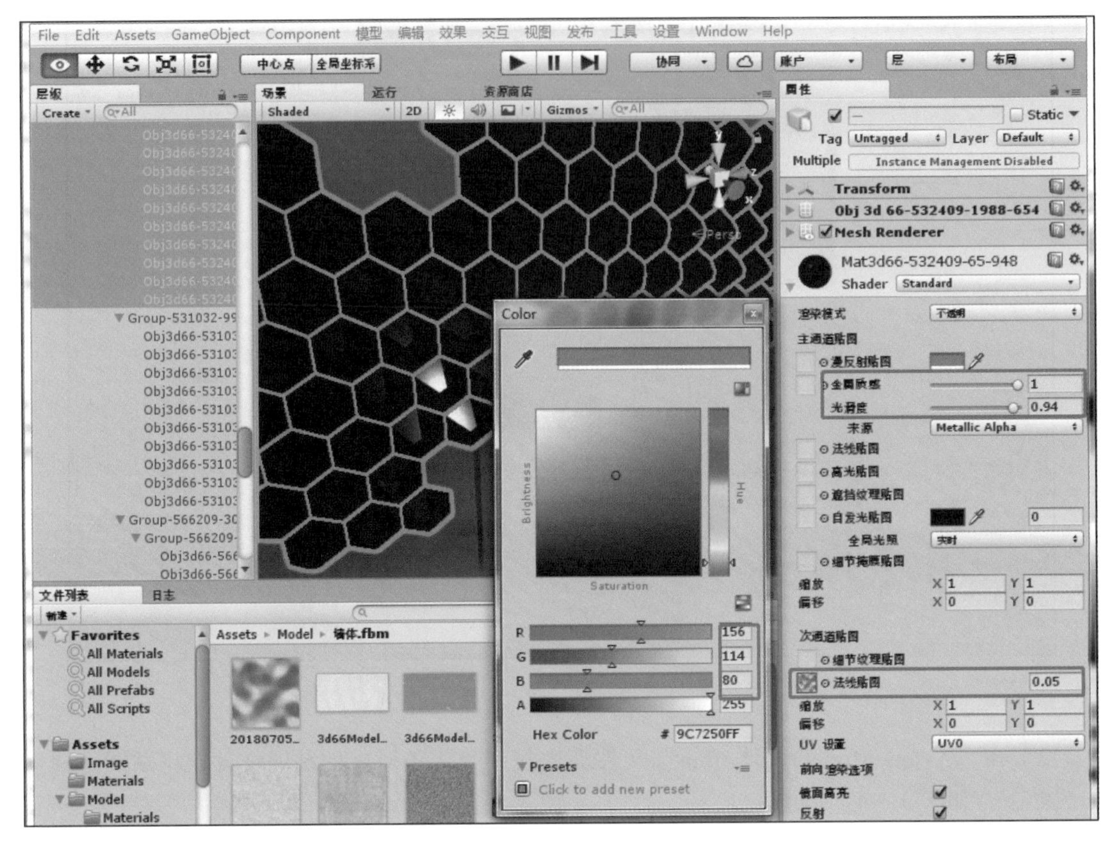

图 3.3-48

3.3.4.5 墙面木饰面材质（垭口）

饰面板，全称装饰单板贴面胶合板，它是将天然木材或科技木刨切成一定厚度的薄片，黏附于胶合板表面，然后热压而成的一种用于室内装修或家具制造的表面材料。饰面板采用的材料有石材、瓷板、金属、木材等。

（1）在场景视图中选择垭口，右侧属性栏点击材质球名称，展开材质属性面板，如图 3.3-49 所示。

（2）在“Assets\Model\ 墙体 .fbm”文件夹内找到哑口对应的贴图文件，将贴图拖拽至漫反射、法线、遮挡纹理贴图（图 3.3-50）。

（3）调整漫反射贴图颜色 RGB 分别为 242、241、228，光滑度参数为 0.82，法线贴图为 0.7，遮挡纹理贴图为 0.2，如图 3.3-51 所示。

3.3.4.6 墙面布艺、壁纸材质

布艺在现代家庭中越来越受到人们的青睐。如果说家庭使用功能的装修为“硬饰”，而布艺作为“软饰”在家居中更独具魅力。它柔化了室内空间生硬的线条，赋予居室一种温馨的格调。室内装饰布艺主要包括纱帘和布帘。

（1）纱帘

1）在场景视图中选择纱帘，右侧属性栏点击材质球名称，展开材质属性面板。

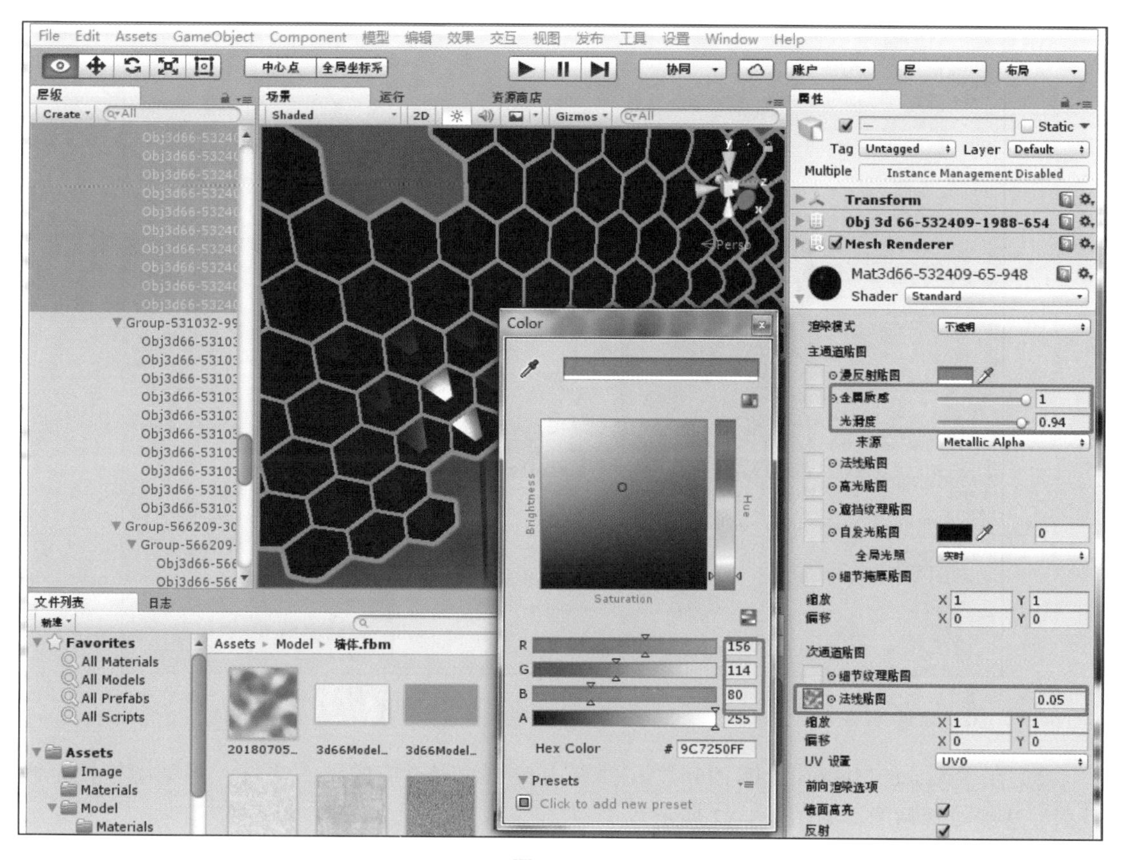
File Edit Assets GameObject Component 模型 编辑 效果 交互 视图 发布 工具 设置 Window Help
中心点
全局坐标系
协同
账户
层
布局
层级
场景
运行
资源商店
属性
Shaded
2D
Gizmos
Color
Tag Untagged Layer Default
Multiple Instance Management Disabled
Transform
Obj 3d 66-532409-1988-654
Mesh Renderer
Mat3d66-532409-65-948
Shader Standard
渲染模式 不透明
主通道贴图
漫反射贴图
金属质感 1
光滑度 0.94
来源 Metallic Alpha
法线贴图
高光贴图
遮挡纹理贴图
自发光贴图 0
全局光照 实时
细节掩膜贴图
缩放 X 1 Y 1
偏移 X 0 Y 0
次通道贴图
细节纹理贴图
法线贴图 0.05
UV 设置 UV0
前向渲染选项
镜面高光
反射
R 156
G 114
B 80
A 255
Hex Color # 9C7250FF
Presets
Click to add new preset
Brightness
Saturation
Hue
文件列表
日志
Favorites
All Materials
All Models
All Prefabs
All Scripts
Assets
Image
Materials
Model
Assets ▸ Model ▸ 墙体.fbm

图 3.3-49

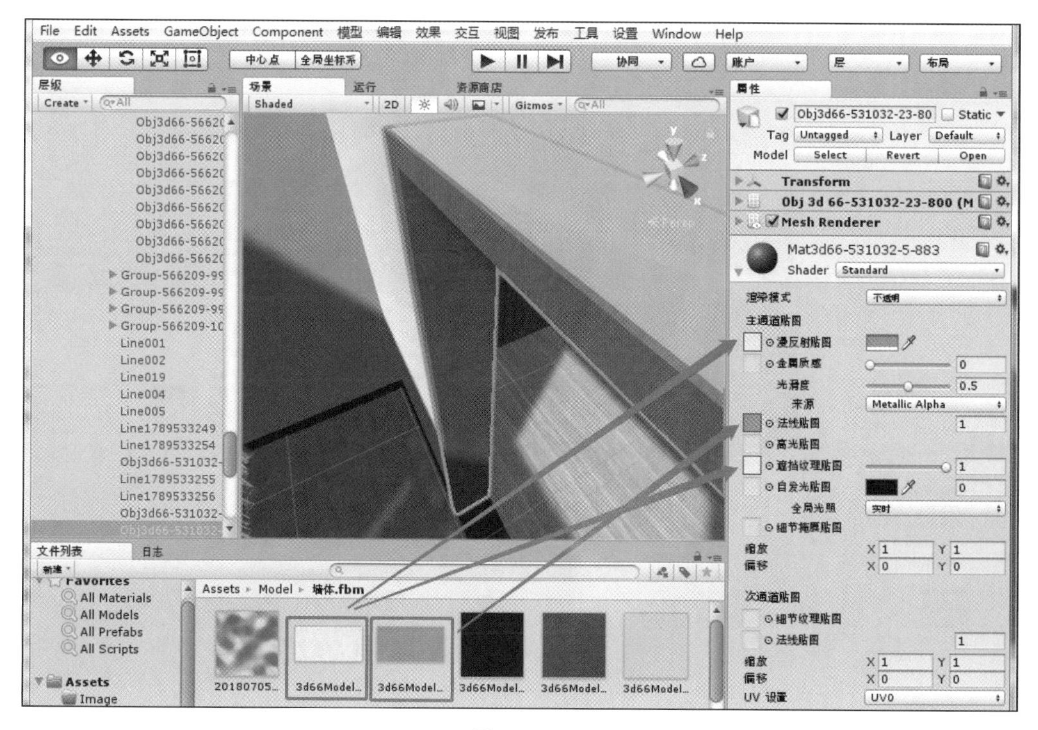
File Edit Assets GameObject Component 模型 编辑 效果 交互 视图 发布 工具 设置 Window Help
Obj3d66-531032-23-80
Static
Tag Untagged Layer Default
Model Select Revert Open
Transform
Mesh Renderer
Mat3d66-531032-5-883
Shader Standard
渲染模式 不透明
主通道贴图
漫反射贴图
金属质感 0
光滑度 0.5
来源 Metallic Alpha
法线贴图 1
高光贴图
遮挡纹理贴图 1
自发光贴图 0
全局光照 实时
细节掩膜贴图
缩放 X 1 Y 1
偏移 X 0 Y 0
次通道贴图
细节纹理贴图
法线贴图 1
UV 设置 UV0
Assets ▸ Model ▸ 墙体.fbm

图 3.3-50

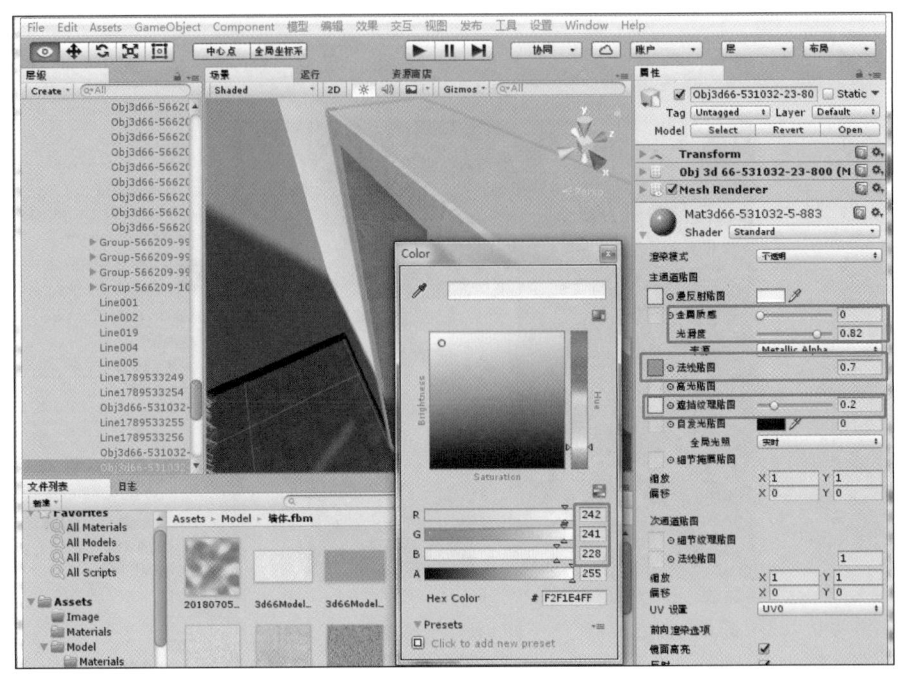

图 3.3-51

2）在“Assets\Model\ 墙体 .fbm”文件夹内找到纱帘对应的贴图文件，将贴图拖拽至漫反射、法线纹理贴图，如图 3.3-52 所示。

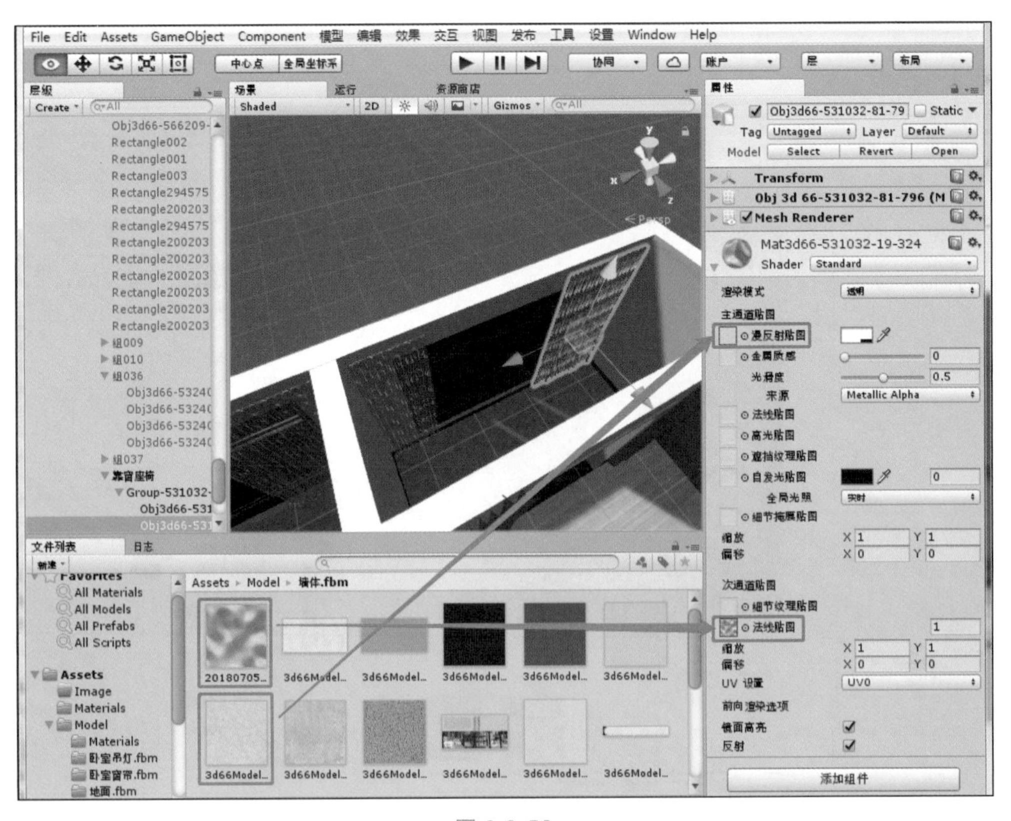

图 3.3-52

3）调整漫反射贴图颜色 RGBA 分别为 201、201、201、208，光滑度参数为 0.08，法线贴图为 0.2，如图 3.3-53 所示。

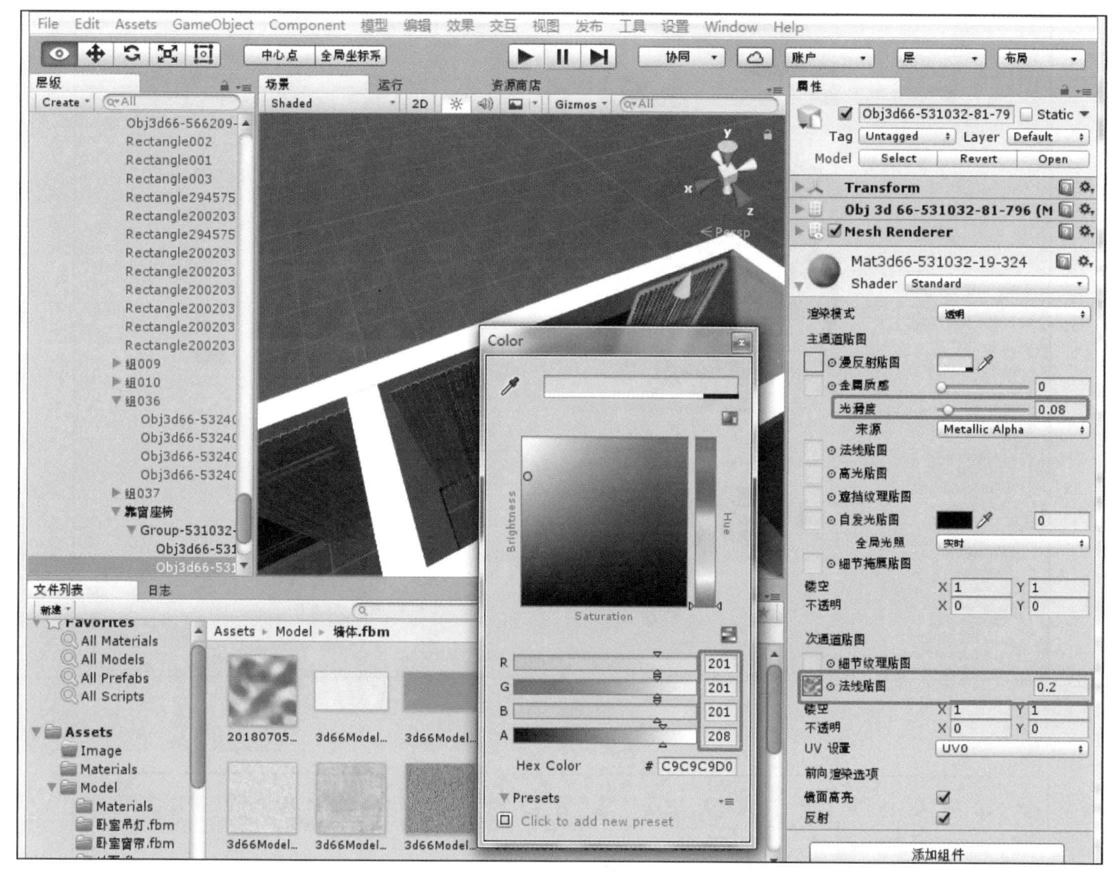

图 3.3-53

（2）布帘

1）在场景视图中选择布帘，右侧属性栏点击材质球名称，展开材质属性面板。

2）在“Assets\Model\ 墙体 .fbm”文件夹内找到布帘对应的贴图文件，将贴图拖拽至漫反射、法线、遮挡纹理贴图（图 3.3-54）。

3）调整漫反射贴图颜色 RGB 分别为 205、221、227，光滑度参数为 0.12，法线贴图为 2.5，次通道法线贴图为 3，如图 3.3-55 所示。

（3）壁纸

壁纸（壁布）是一种室内墙面装饰材料，是通过运用材料、设备与工艺手法，以色彩与图纹设计组合为特征，表现力无限丰富，可便捷满足多样性个性审美要求与时尚需求，因此也被称为墙上的时装，具有艺术与工艺附加值。

1）在场景视图中选择壁纸，右侧属性栏点击材质球名称，展开材质属性面板。

2）在“Assets\Model\ 墙体 .fbm”文件夹内找到壁纸对应的贴图文件，将贴图拖拽至漫反射、法线、遮挡纹理贴图（图 3.3-56）。

3）调整漫反射贴图颜色 RGB 分别为 226、238、240，金属质感为 0.5，光滑度参数为 0.65，法线贴图为 0.1，如图 3.3-57 所示。

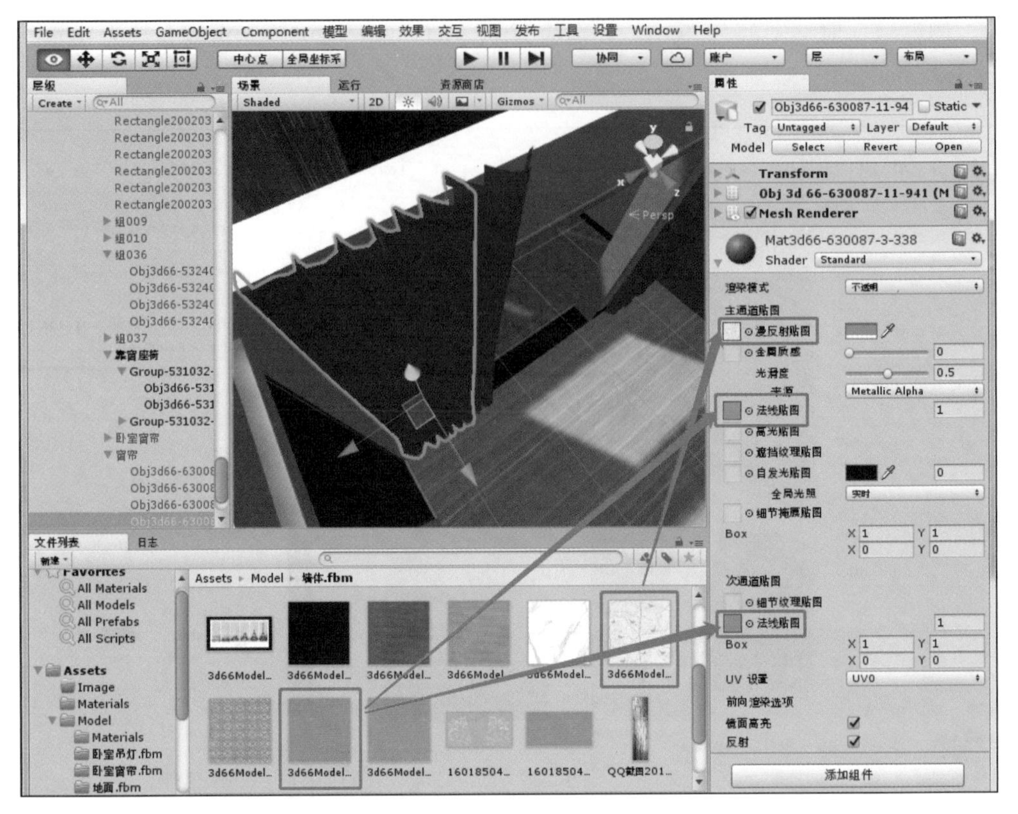

File Edit Assets GameObject Component 模型 编辑 效果 交互 视图 发布 工具 设置 Window Help
中心点 全局坐标系
协同
账户
层
布局
层级
Create
场景
运行
资源商店
Shaded
2D
Gizmos
属性
Obj3d66-630087-11-94
Static
Tag Untagged
Layer Default
Model Select Revert Open
Transform
Obj 3d 66-630087-11-941
Mesh Renderer
Mat3d66-630087-3-338
Shader Standard
渲染模式 不透明
主通道贴图
漫反射贴图
金属质感
光滑度
0.5
来源 Metallic Alpha
法线贴图
高光贴图
遮挡纹理贴图
自发光贴图
全局光照 实时
细节掩膜贴图
次通道贴图
细节纹理贴图
UV 设置 UV0
前向渲染选项
镜面高亮
反射
添加组件
文件列表
日志
Favorites
All Materials
All Models
All Prefabs
All Scripts
Assets
Image
Materials
Model
卧室吊灯.fbm
卧室窗帘.fbm
地面.fbm
Assets ▸ Model ▸ 墙体.fbm

图 3.3-54

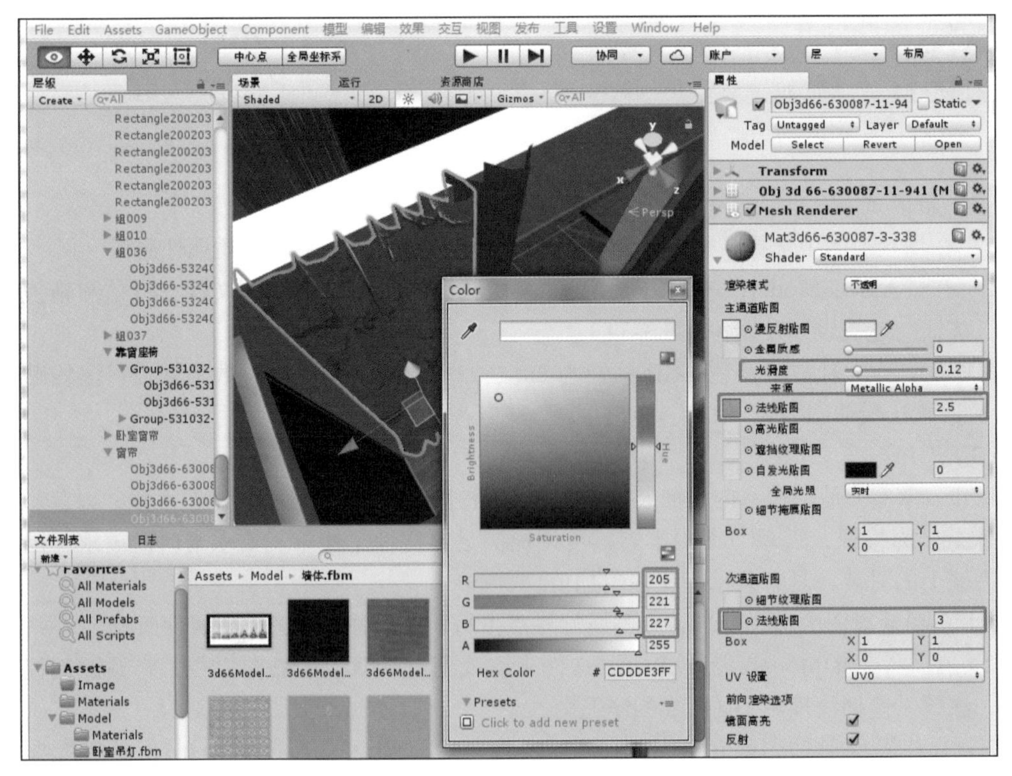

File Edit Assets GameObject Component 模型 编辑 效果 交互 视图 发布 工具 设置 Window Help
Color
Brightness
Saturation
Hue
R 205
G 221
B 227
A 255
Hex Color # CDDDE3FF
Presets
Click to add new preset
光滑度 0.12
法线贴图 2.5
法线贴图 3

图 3.3-55

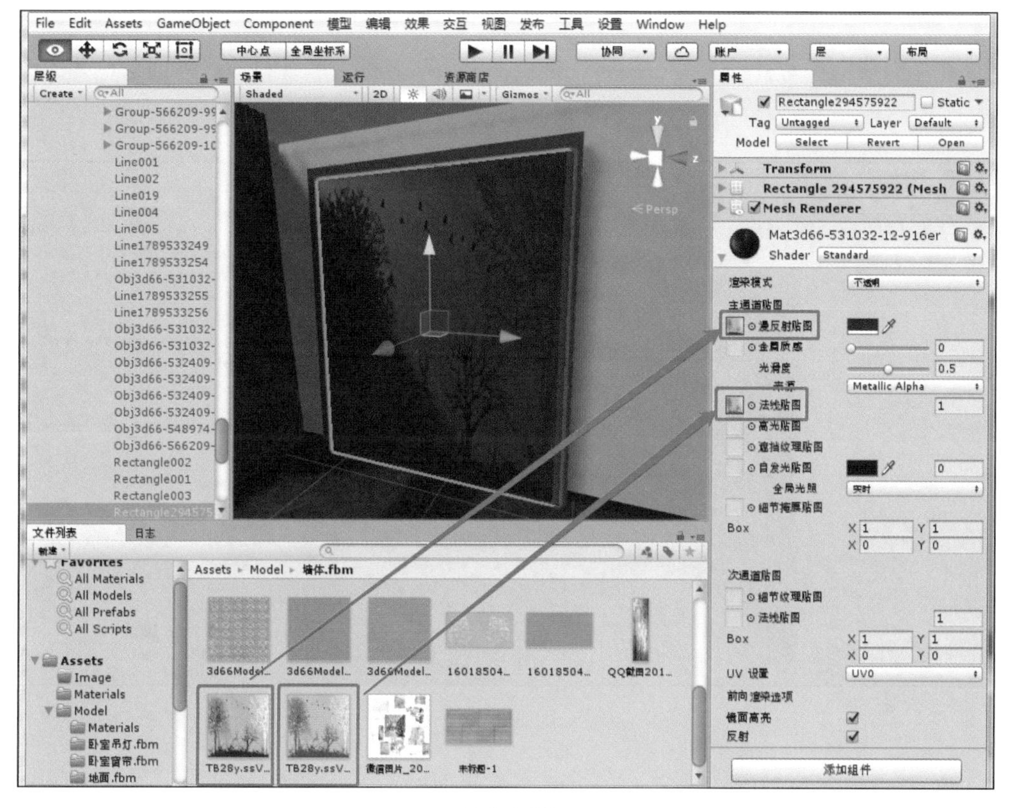
File Edit Assets GameObject Component 模型 编辑 效果 交互 视图 发布 工具 设置 Window Help
中心点 全局坐标系
协同
账户
层
布局
层级
场景
运行
资源商店
属性
Create
Shaded
2D
Gizmos
Persp
Rectangle294575922
Static
Tag Untagged
Layer Default
Model Select Revert Open
Transform
Rectangle 294575922 (Mesh
Mesh Renderer
Mat3d66-531032-12-916er
Shader Standard
渲染模式
主通道贴图
漫反射贴图
金属质感
光滑度
来源
Metallic Alpha
法线贴图
高光贴图
遮挡纹理贴图
自发光贴图
全局光照
细节掩膜贴图
次通道贴图
细节纹理贴图
UV 设置
UV0
前向渲染选项
镜面高亮
反射
添加组件
文件列表
日志
Favorites
All Materials
All Models
All Prefabs
All Scripts
Assets
Image
Materials
Model
卧室吊灯.fbm
卧室窗帘.fbm
地面.fbm
Assets ▸ Model ▸ 墙体.fbm
TB28y.ssV...

图 3.3-56

File Edit Assets GameObject Component 模型 编辑 效果 交互 视图 发布 工具 设置 Window Help
Color
Brightness
Hue
Saturation
R 226
G 238
B 240
A 255
Hex Color # E2EEF0FF
Presets
Click to add new preset
Rectangle294575922
Mat3d66-531032-12-916er
Shader Standard
漫反射贴图
金属质感 0.5
光滑度 0.65
来源 Metallic Alpha
法线贴图 0.1
Assets ▸ Model ▸ 墙体.fbm

图 3.3-57

（4）壁布

1）在场景视图中选择壁布，右侧属性栏点击材质球名称，展开材质属性面板，如图 3.3-58 所示。

图 3.3-58

2）在“Assets\Model\ 墙体 .fbm”文件夹内找到壁布对应的贴图文件，将贴图拖拽至漫反射、法线、遮挡纹理贴图（图 3.3-59）。

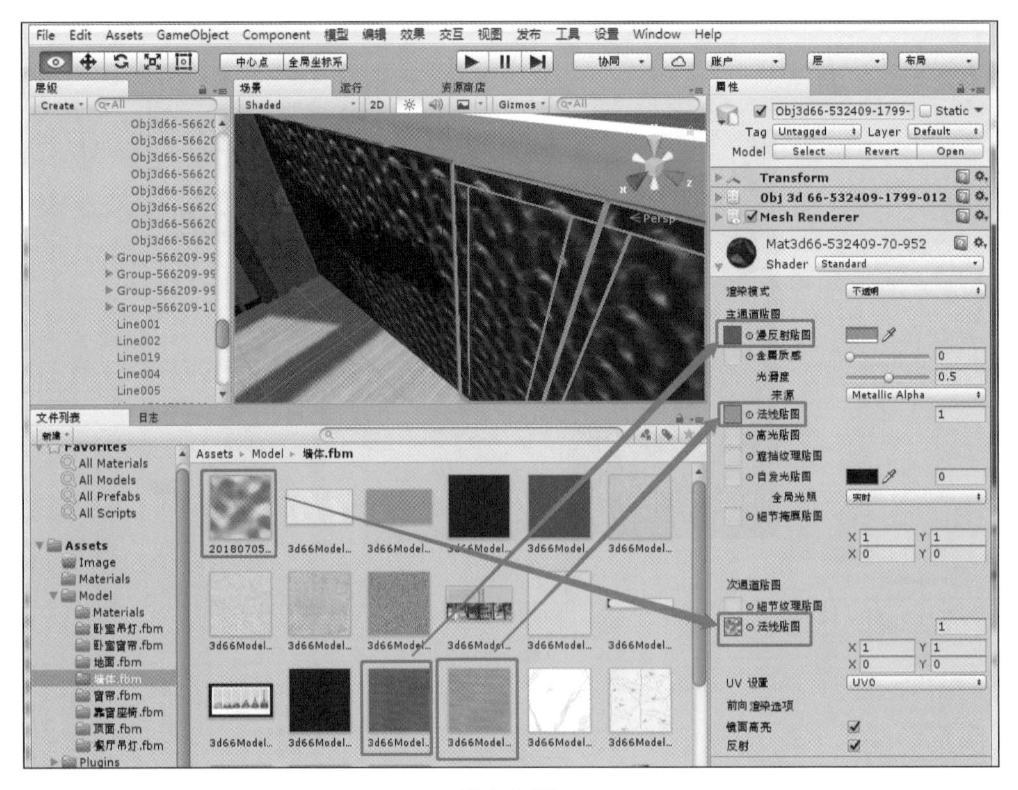

图 3.3-59

3）调整漫反射贴图颜色 RGB 分别为 100、118、98，光滑度参数为 0.075，法线贴图为 2.2，次通道法线贴图为 0.02，如图 3.3-60 所示。

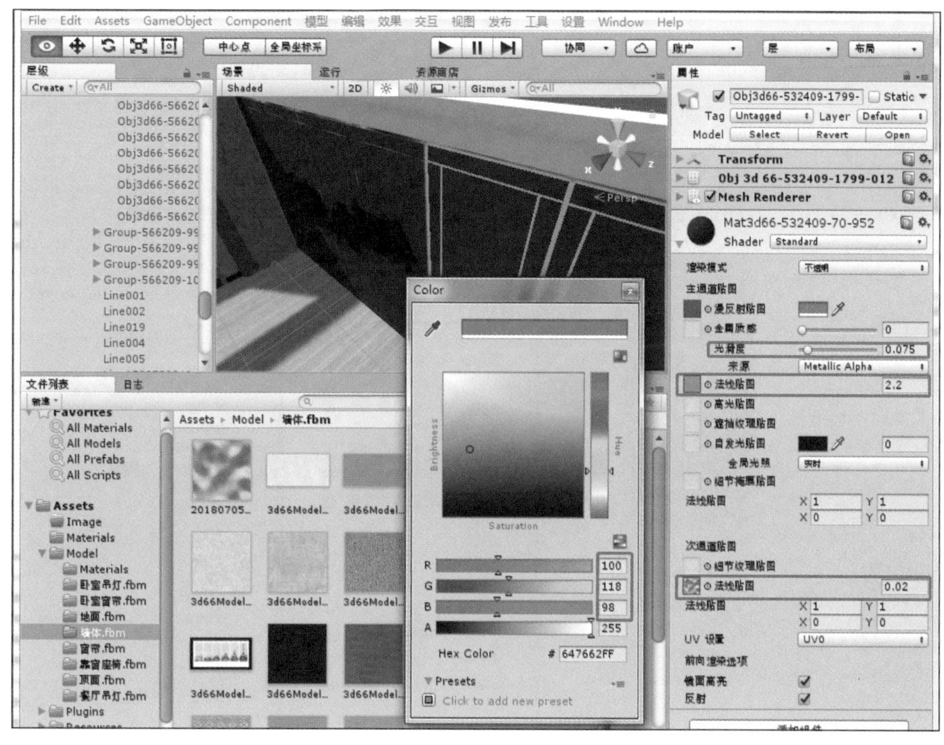

图 3.3-60

3.3.4.7　墙面透明材质

墙面透明材质有窗玻璃、门玻璃、雕花镜。

（1）窗玻璃

1）在场景视图中选择窗玻璃，右侧属性栏点击材质球名称，展开材质属性面板，如图 3.3-61 所示。

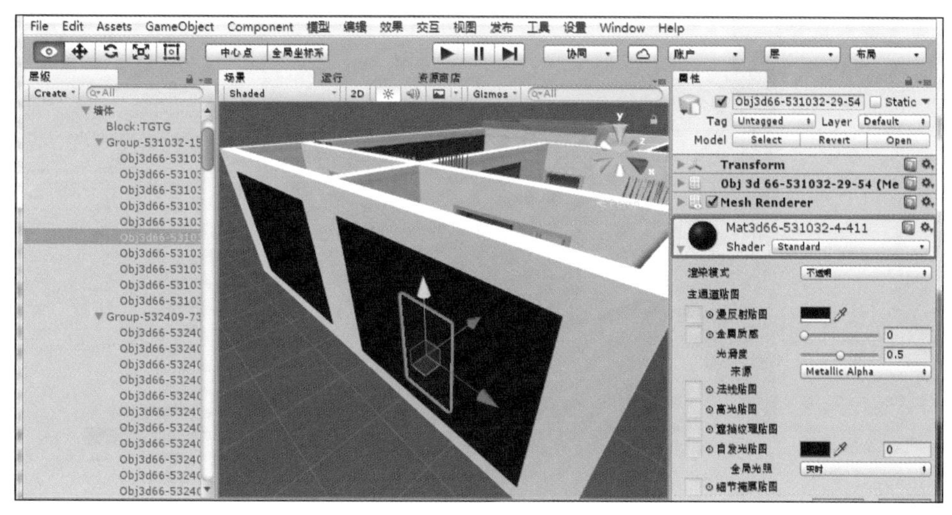

图 3.3-61

2）调整漫反射贴图颜色 RGBA 分别为 255、255、255、0，调整金属质感为 0.2，光滑度参数为 0.95，如图 3.3-62 所示。

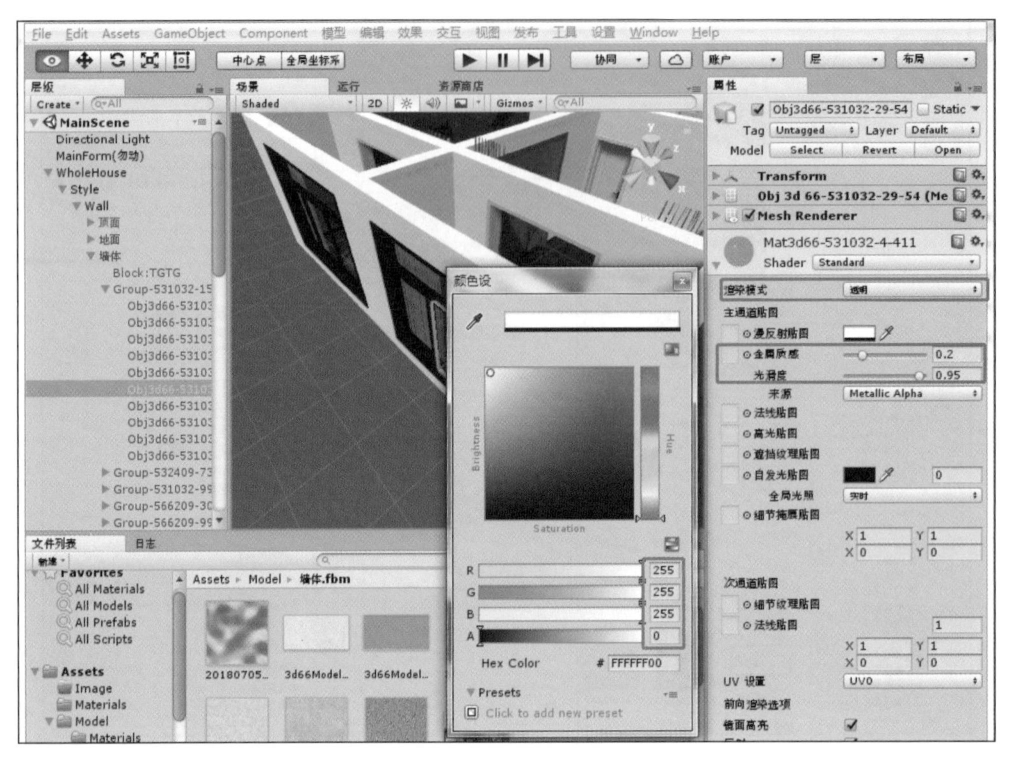

图 3.3-62

（2）门玻璃

1）在场景视图中选择门玻璃，右侧属性栏点击材质球名称，展开材质属性面板，如图 3.3-63 所示。

图 3.3-63

2）调整漫反射贴图颜色 RGBA 分别为 159、203、183、36，调整金属质感为 0.5，光滑度参数为 0.95，如图 3.3-64 所示。

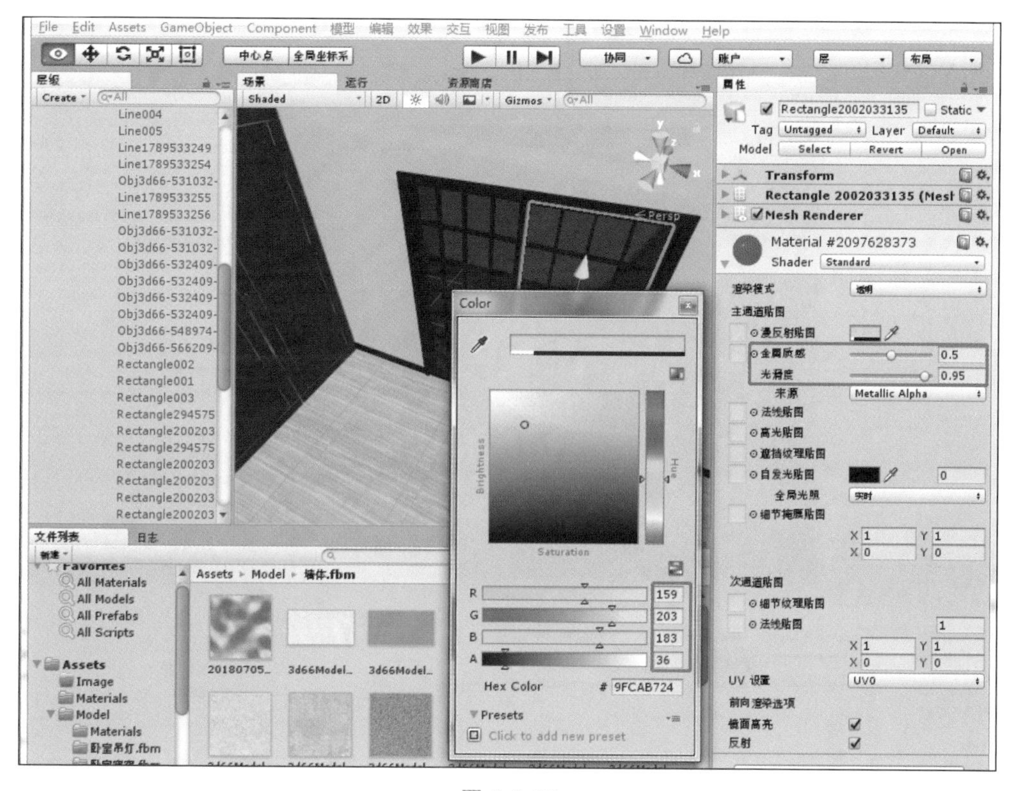

图 3.3-64

（3）雕花镜

1）在场景视图中选择背景墙雕花镜，右侧属性栏点击材质球名称，展开材质属性面板，如图 3.3-65 所示。

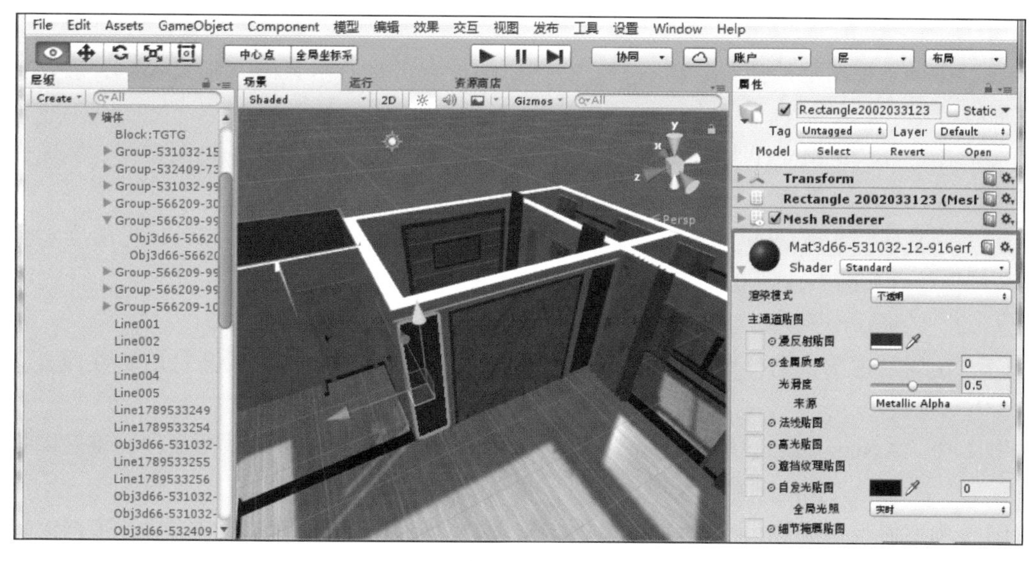

图 3.3-65

2）在“Assets\Model\ 墙体 .fbm”文件夹内找到雕花镜对应的贴图文件，将贴图拖拽至漫反射纹理贴图（图 3.3-66）。

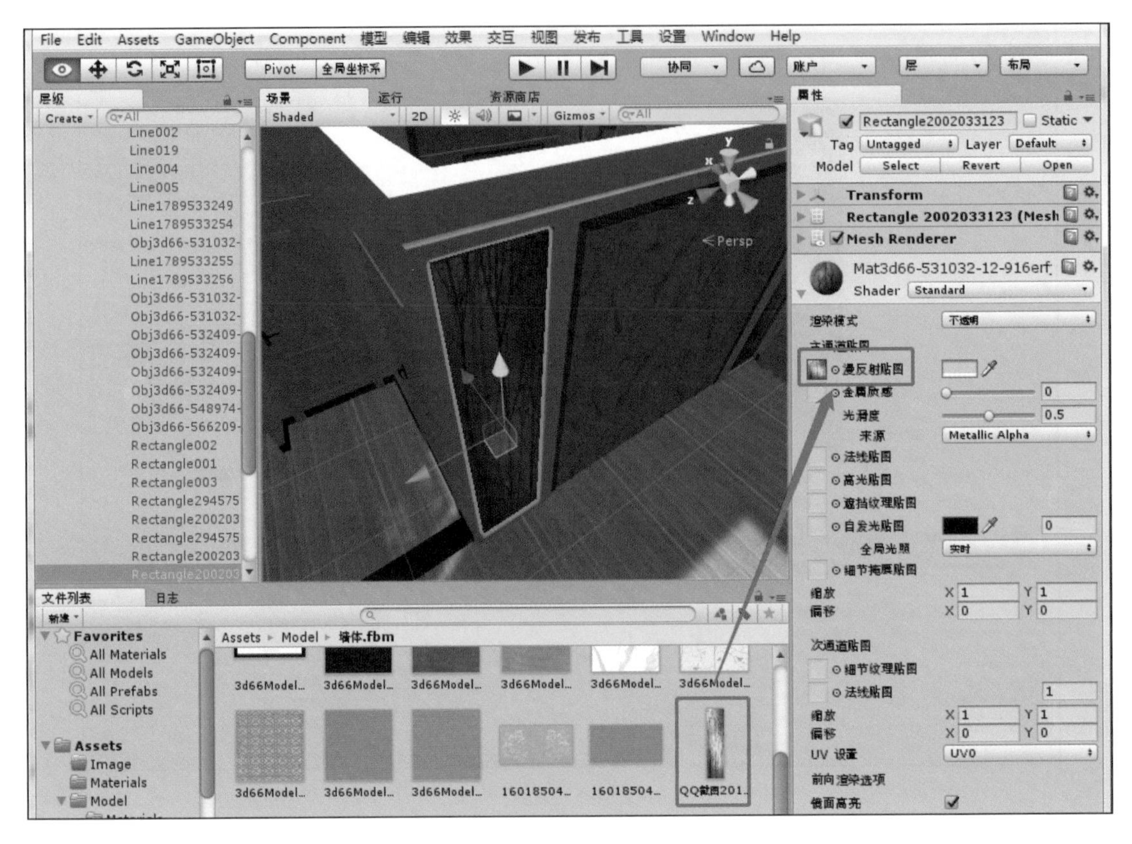

图 3.3-66

3）调整漫反射贴图颜色 RGBA 分别为 255、255、255、255，调整金属质感为 1，光滑度参数为 1，如图 3.3-67 所示。

3.3.4.8 墙面石材材质

（1）在场景视图中选择背景墙石材，右侧属性栏点击材质球名称（图 3.3-68），展开材质属性面板。

（2）在“Assets\Model\ 墙体 .fbm”文件夹内找到背景墙石材对应的贴图文件，将贴图拖拽至漫反射、法线、遮挡纹理贴图（图 3.3-69）。

（3）调整漫反射贴图颜色 RGB 分别为 255、255、255，金属质感为 0.3，光滑度参数为 0.98，遮挡纹理贴图参数为 0.5，如图 3.3-70 所示。

3.3.4.9 墙面瓷砖

（1）在场景视图中选择厨房墙砖，右侧属性栏点击材质球名称，展开材质属性面板，如图 3.3-71 所示。

（2）在“Assets\Model\ 墙体 .fbm”文件夹内找到厨房墙砖对应的贴图文件，将贴图拖拽至漫反射、法线、遮挡纹理贴图（图 3.3-72）。

（3）调整漫反射贴图颜色 RGB 分别为 255、255、255，光滑度参数为 0.8，遮挡纹理贴图为 0.2，缩放 X、Y 为 3，如图 3.3-73 所示。

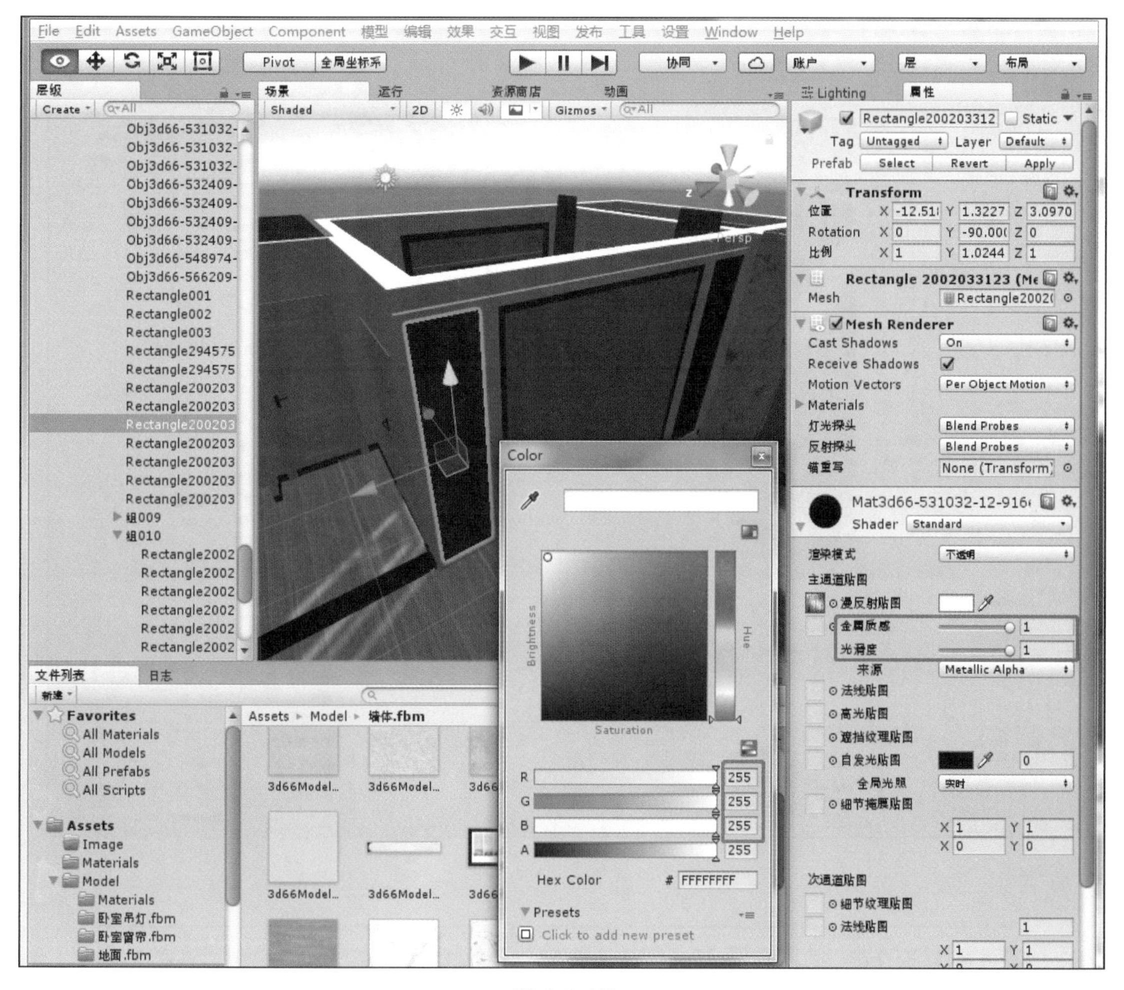
File Edit Assets GameObject Component 模型 编辑 效果 交互 视图 发布 工具 设置 Window Help
层级
场景
Shaded
Color
Hex Color
FFFFFFFF
Presets
Click to add new preset
Transform
Mesh Renderer
Cast Shadows
Receive Shadows
Motion Vectors
Materials
Shader
Standard
渲染模式
主通道贴图
漫反射贴图
金属质感
光滑度
来源
Metallic Alpha
法线贴图
高光贴图
遮挡纹理贴图
自发光贴图
全局光照
细节掩膜贴图
次通道贴图
细节纹理贴图
文件列表
Favorites
All Materials
All Models
All Prefabs
All Scripts
Assets
Image
Materials
Model

图 3.3-67

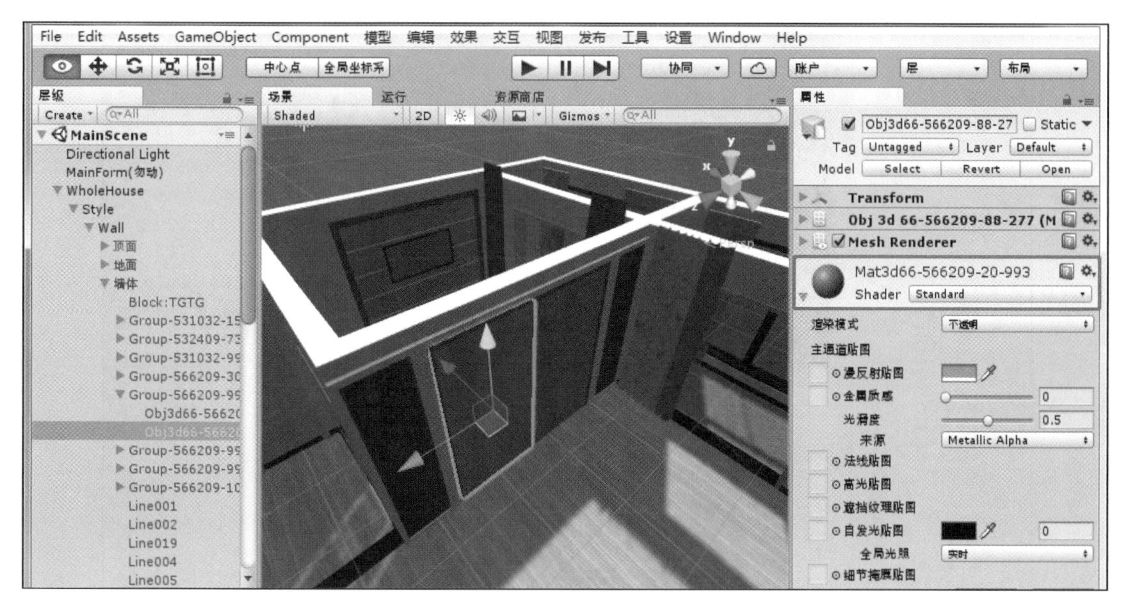
File Edit Assets GameObject Component 模型 编辑 效果 交互 视图 发布 工具 设置 Window Help
层级
MainScene
Directional Light
WholeHouse
Style
Wall
Transform
Mesh Renderer
Mat3d66-566209-20-993
Shader
Standard
渲染模式
主通道贴图
漫反射贴图
金属质感
光滑度
来源
Metallic Alpha
法线贴图
高光贴图
遮挡纹理贴图
自发光贴图
全局光照
细节掩膜贴图

图 3.3-68

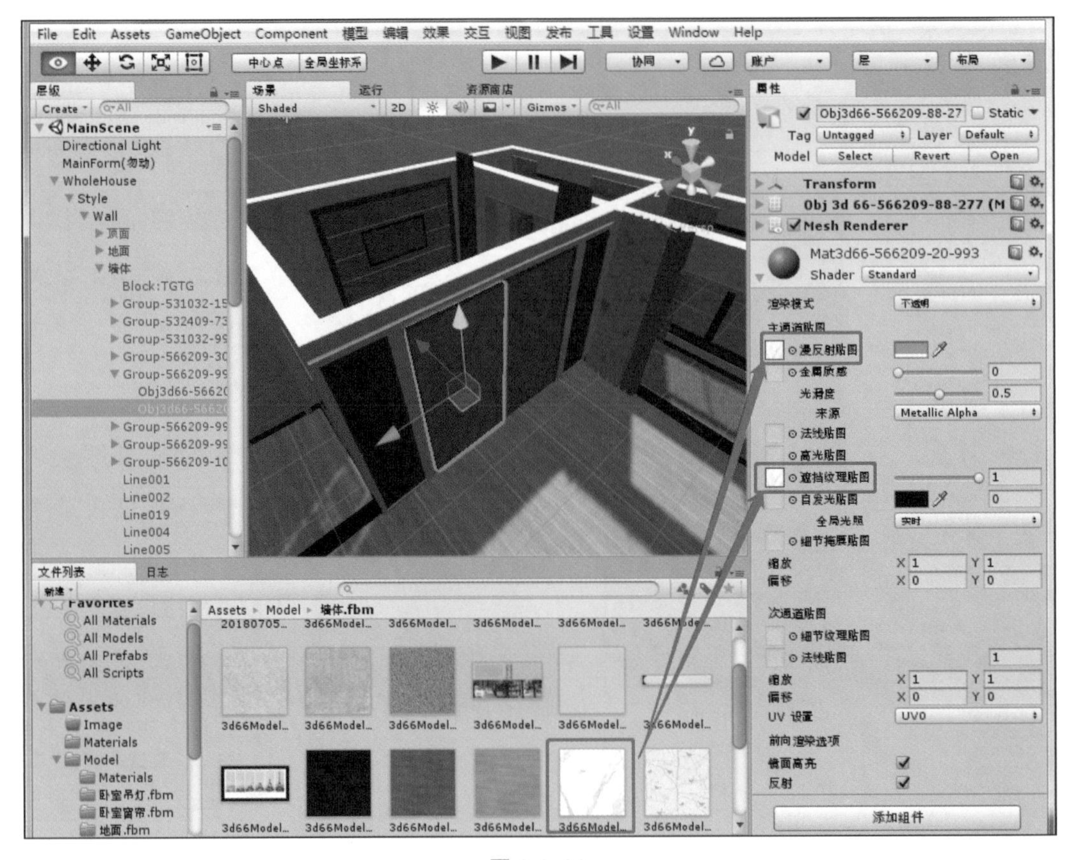
File Edit Assets GameObject Component 模型 编辑 效果 交互 视图 发布 工具 设置 Window Help
中心点
全局坐标系
协同
账户
层
布局
层级
Create
MainScene
Directional Light
MainForm(勿动)
WholeHouse
Style
Wall
顶面
地面
墙体
Block:TGTG
场景
运行
资源商店
Shaded
2D
Gizmos
属性
Obj3d66-566209-88-27
Static
Tag
Untagged
Layer
Default
Model
Select
Revert
Open
Transform
Mesh Renderer
Mat3d66-566209-20-993
Shader
Standard
渲染模式
不透明
主通道贴图
漫反射贴图
金属质感
光滑度
来源
Metallic Alpha
法线贴图
高光贴图
遮挡纹理贴图
自发光贴图
全局光照
实时
细节掩膜贴图
缩放
偏移
次通道贴图
细节纹理贴图
UV 设置
UV0
前向渲染选项
镜面高光
反射
添加组件
文件列表
日志
Favorites
All Materials
All Models
All Prefabs
All Scripts
Assets
Image
Materials
Model
卧室吊灯.fbm
卧室窗帘.fbm
地面.fbm
Assets ▸ Model ▸ 墙体.fbm

图 3.3-69

File Edit Assets GameObject Component 模型 编辑 效果 交互 视图 发布 工具 设置 Window Help
Color
Brightness
Hue
Saturation
R 255
G 255
B 255
A 255
Hex Color # FFFFFFFF
Presets
Click to add new preset
Obj3d66-566209-88-27
Mat3d66-566209-20-993
漫反射贴图
金属质感 0.3
光滑度 0.98
来源
Metallic Alpha
遮挡纹理贴图 0.5
自发光贴图
Persp

图 3.3-70

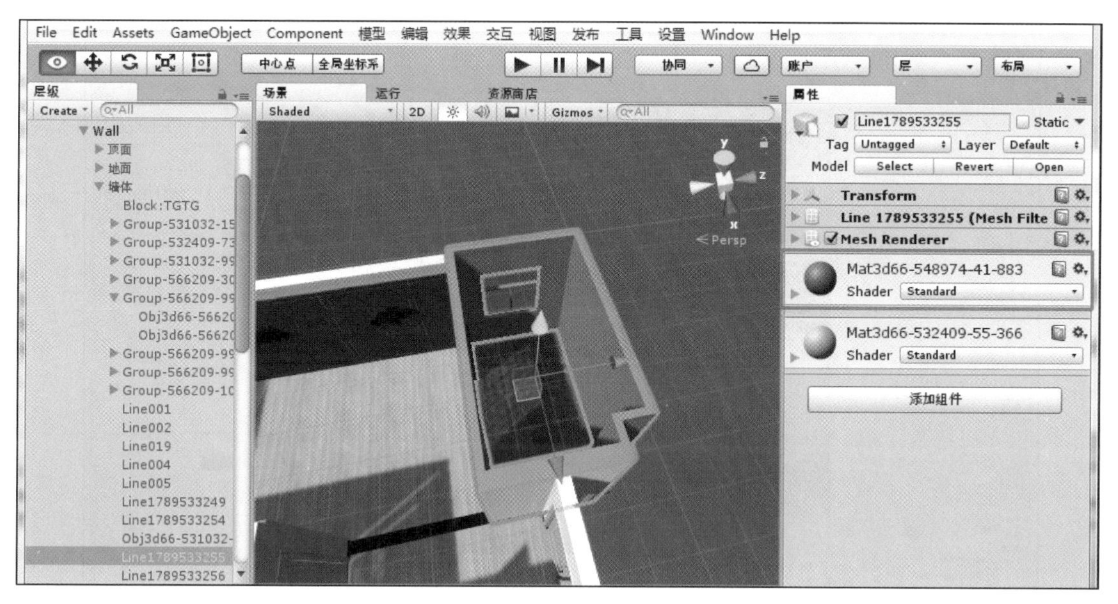

图 3.3-71

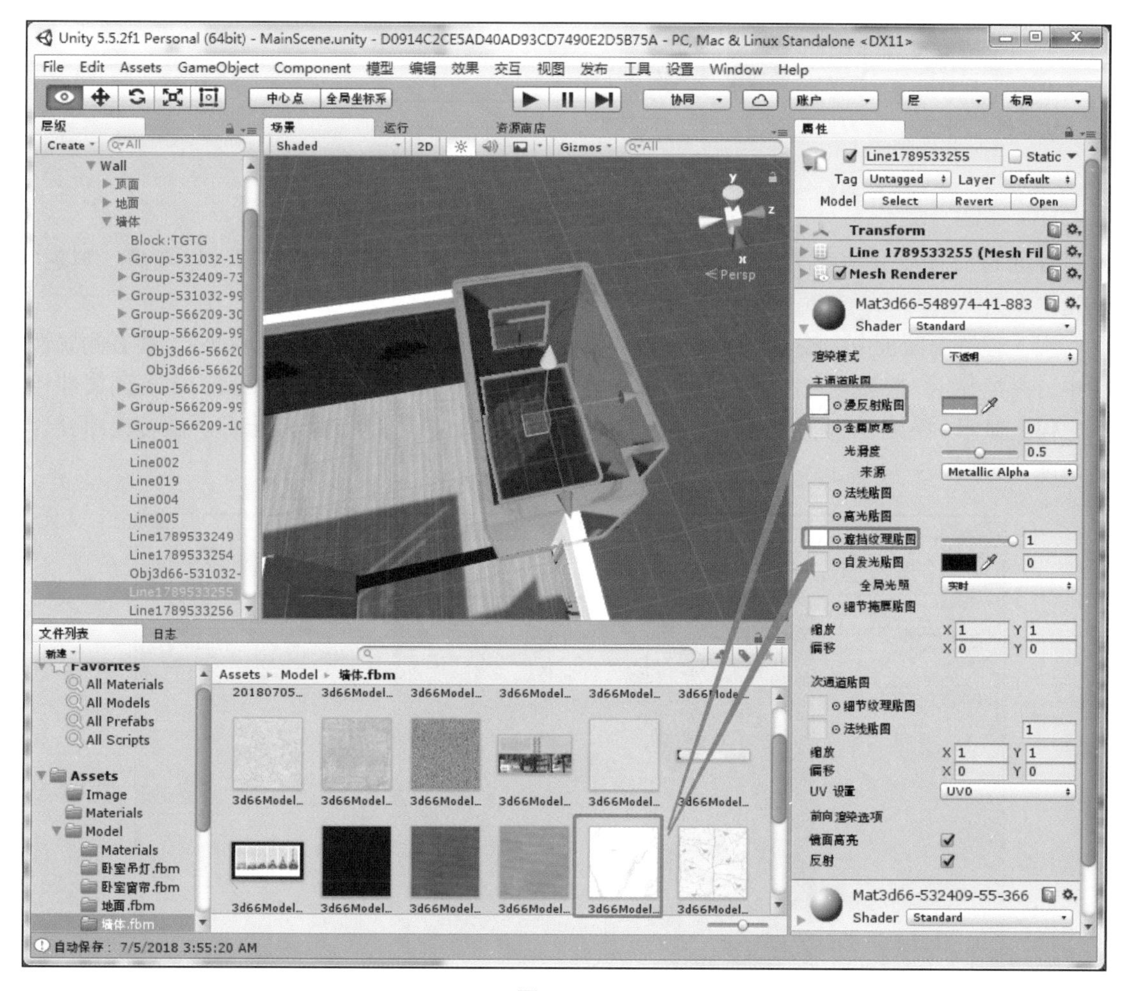

图 3.3-72

图 3.3-73

3.3.5 顶面材质调整

顶面材质主要分为两类：第一类为涂料、线条等；第二类为灯具材质，以金属、玻璃、发光体为主。

在工程资源面板中，按住 Ctrl 键点击“Style\wall”层级中“地面”“墙面”，在右侧属性栏中，去掉显示 / 隐藏复选框，隐藏地面、墙面。选中 Style\wall 层级中顶面，在右侧属性栏中，勾上显示 / 隐藏复选框，显示顶面。按下 Alt 键，按住鼠标左键移动鼠标。旋转视图到合适角度，如图 3.3-74 所示。

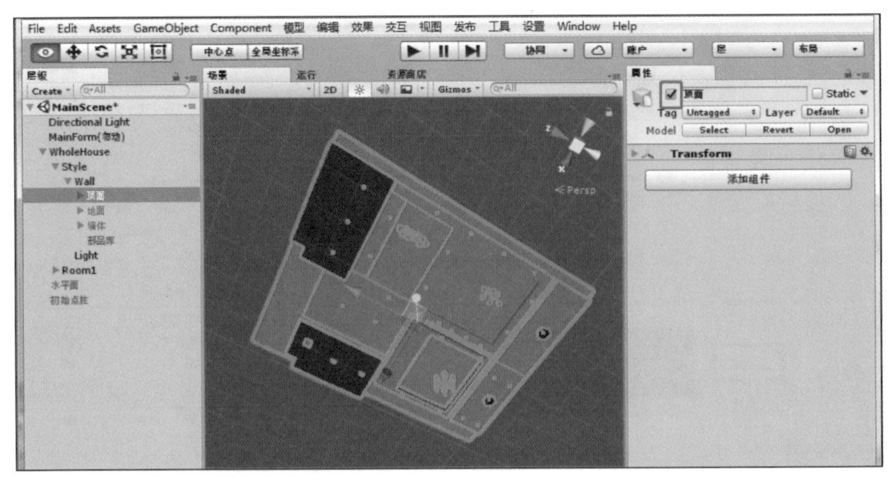

图 3.3-74

3.3.5.1　贴图导入

（1）打开“一居室方案 \ 贴图 \ 顶面贴图”，复制所有顶面贴图文件（图 3.3-75）。

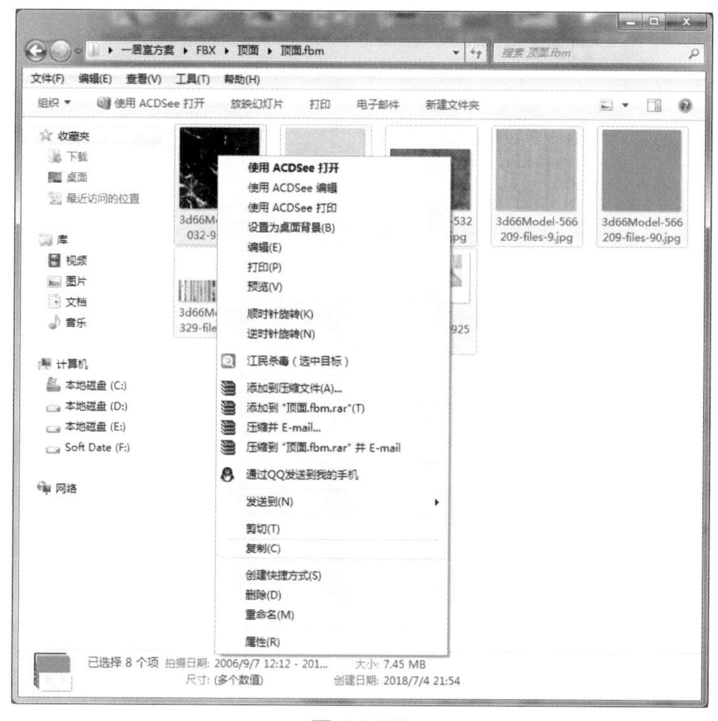

图 3.3-75

（2）在项目资源区 Assets\Model 下选中顶面 .fbm，右键选择 Show in Explorer 命令（图 3.3-76），打开贴图所在路径，粘贴所有贴图文件（图 3.3-77），完成顶面贴图导入。

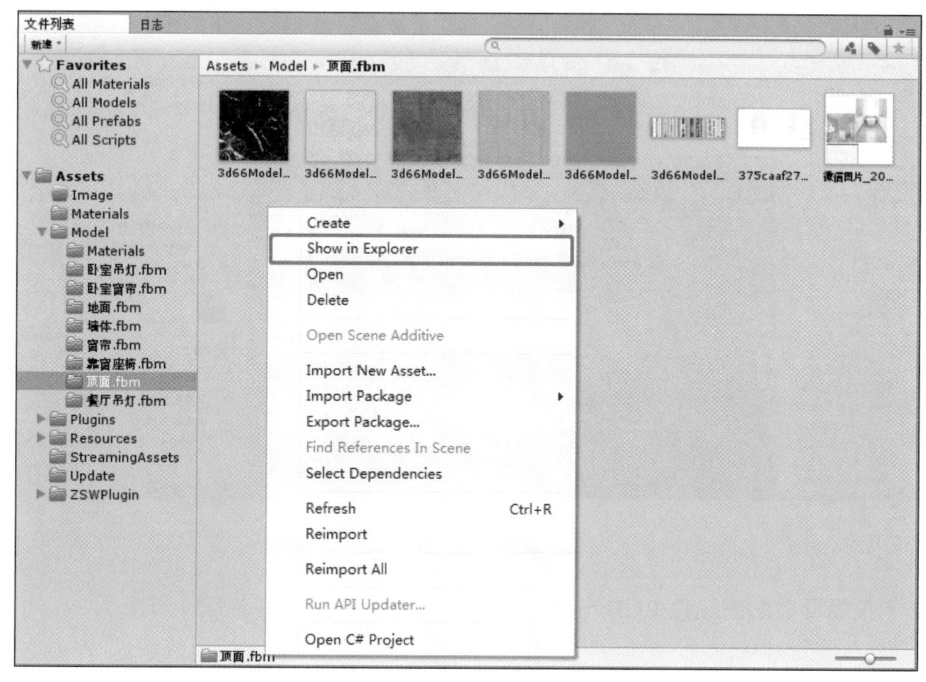

图 3.3-76

图 3.3-77

3.3.5.2 顶面涂料材质

顶面涂料是指用于建筑顶面起装饰和保护，使建筑顶面美观整洁，同时也能够起到保护建筑顶面，延长其使用寿命的作用。顶面涂料分油漆和乳胶漆，下面以天花乳胶漆为例来介绍顶面涂料材质调节。

（1）在场景视图中选择天花乳胶漆，右侧属性栏点击材质球名，展开材质属性面板称，如图 3.3-78 所示。

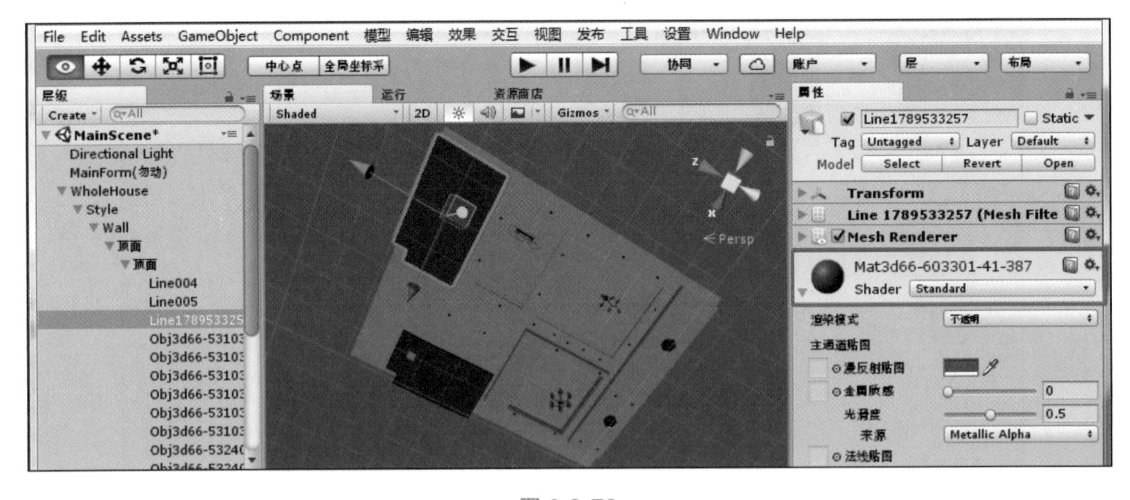

图 3.3-78

（2）调整漫反射贴图颜色 RGB 分别为 255、255、255，如图 3.3-79 所示。

3.3.5.3 顶面灯具材质

顶面灯具材质包括自发光、玻璃、金属、木饰面等。

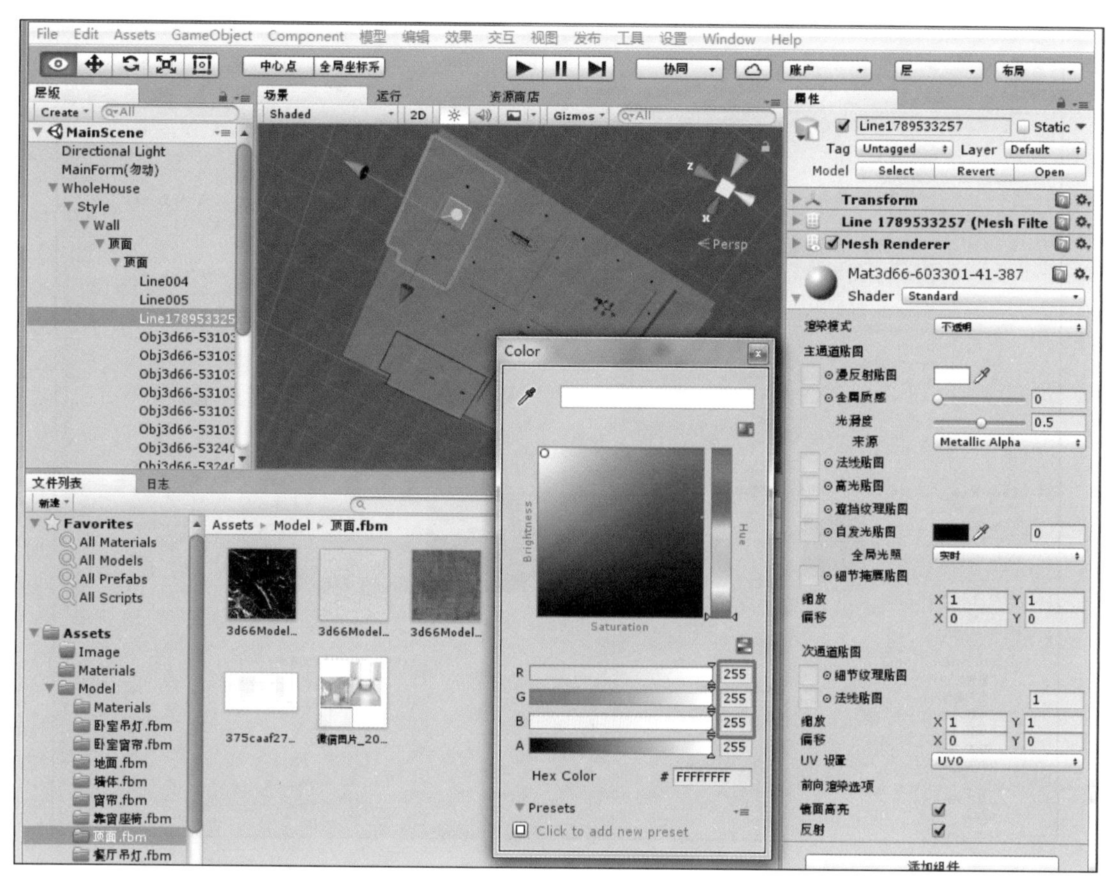

图 3.3-79

（1）自发光

1）在场景视图中选择自发光材质，右侧属性栏点击材质球名称，展开材质属性面板，如图 3.3-80 所示。

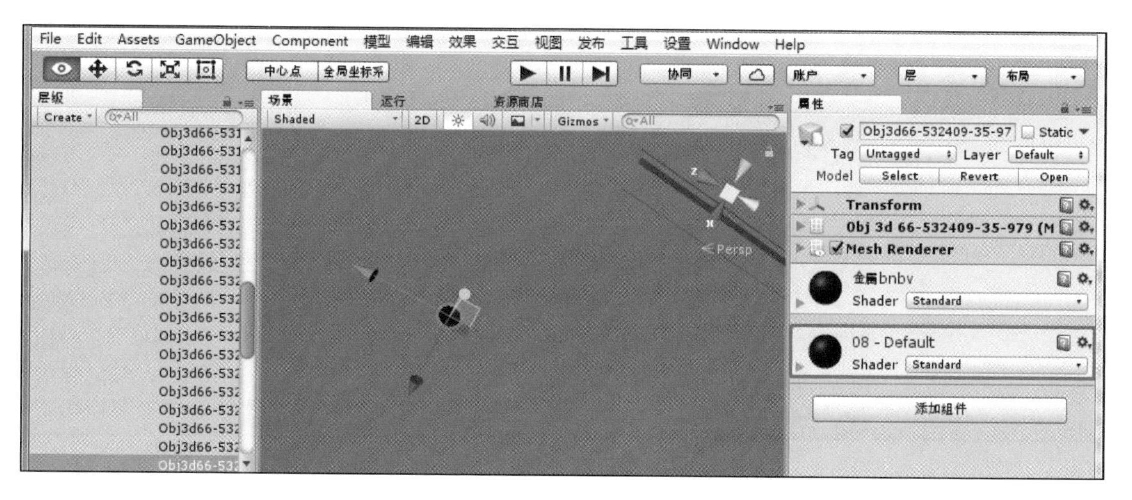

图 3.3-80

2）调整自发光贴图颜色 RGB 分别为 1、1、1，如图 3.3-81 所示。

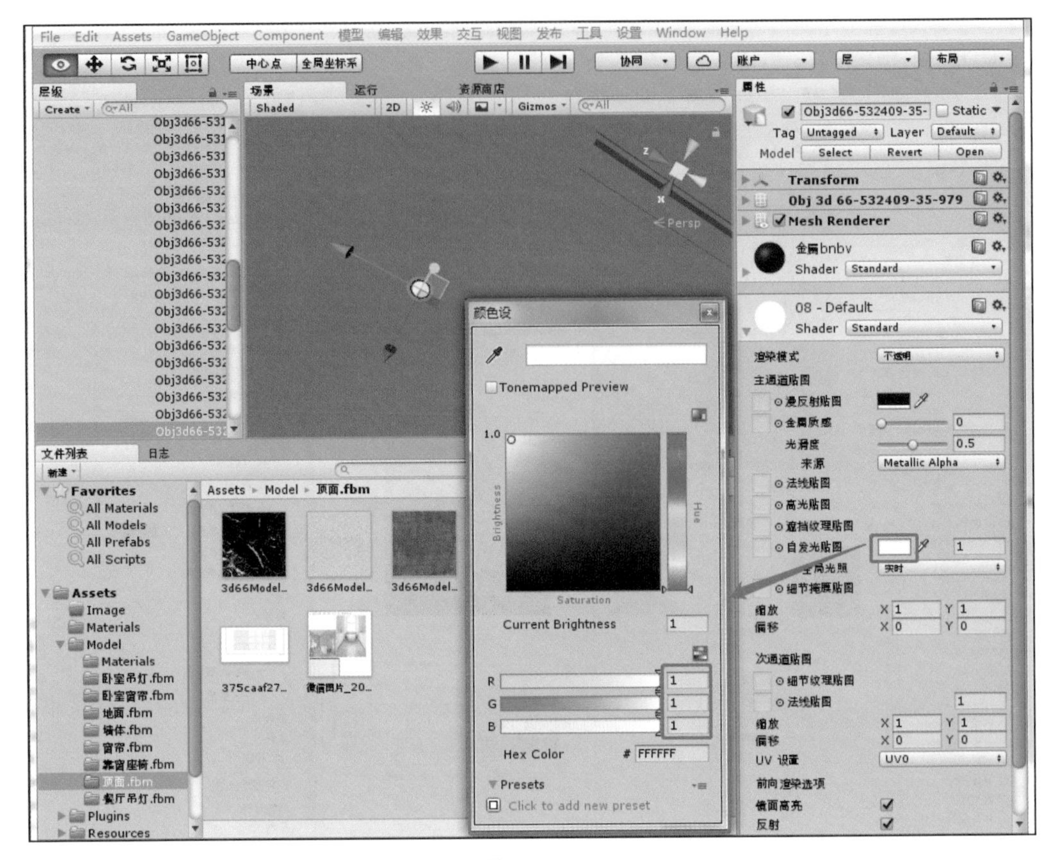

图 3.3-81

（2）玻璃

1）在场景视图中选择玻璃材质，右侧属性栏点击材质球名称，展开材质属性面板，如图 3.3-82 所示。

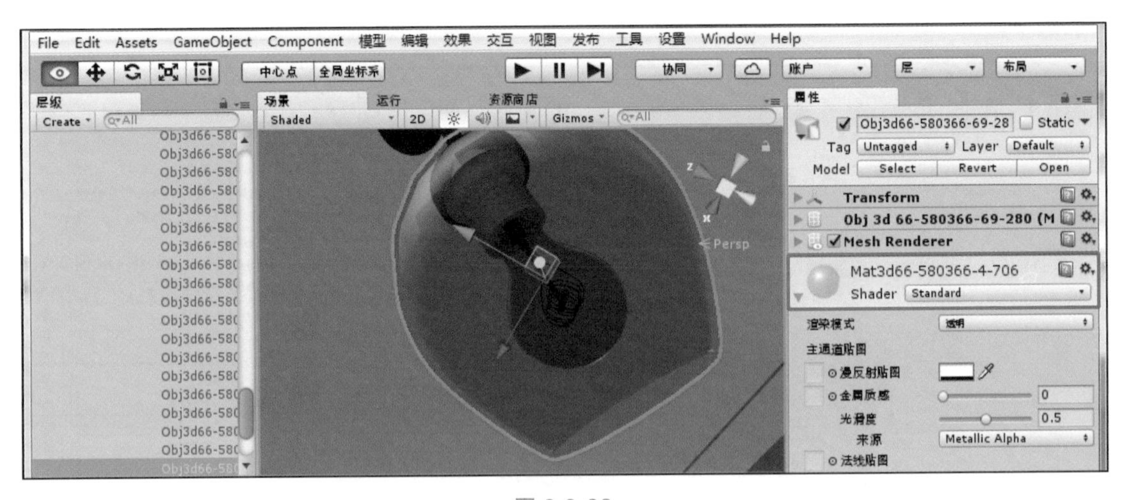

图 3.3-82

2）调整自发光贴图颜色 RGBA 分别为 67、71、84、5，调整金属质感为 0.65，光滑度参数为 0.965，如图 3.3-83 所示。

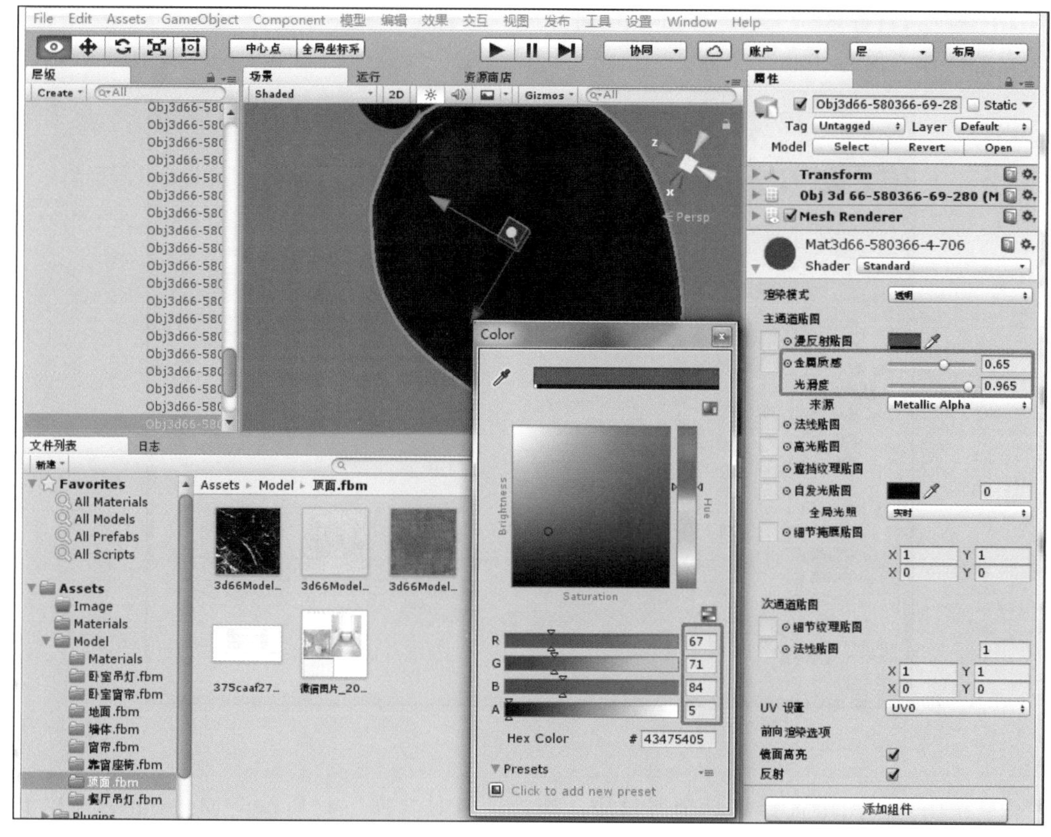

图 3.3-83

（3）金属

1）复制“一居室方案 \ 材质球”素材中“灯具金属”材质球，如图 3.3-84 所示。

图 3.3-84

2）在项目资源区“Assets\Model\ 顶面 .fbm”文件夹中右键选择“Show in Explorer”命令，双击打开“顶面 .fbm”文件夹，粘贴“灯具金属”材质球，如图 3.3-85 所示。

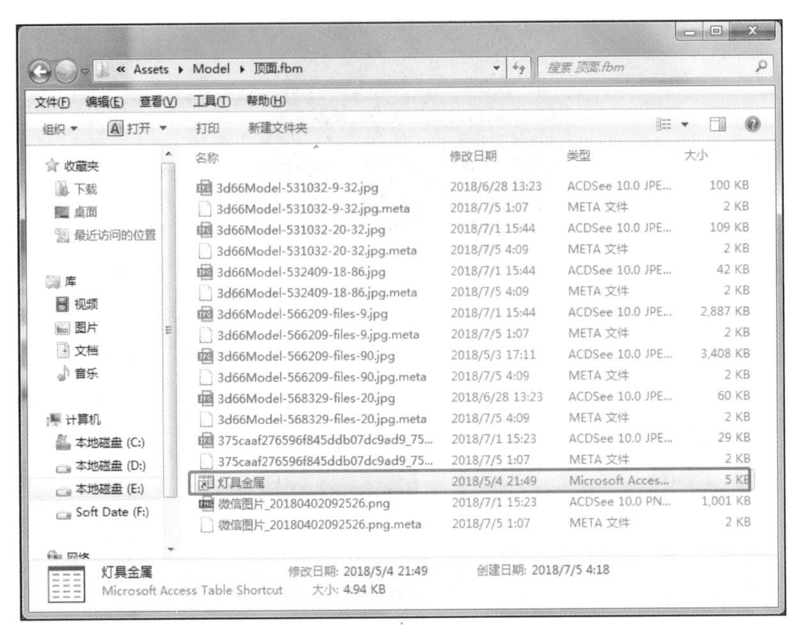

图 3.3-85

3）在场景视图中选择灯具金属材质，拖拽“灯具金属”材质球至 Material 属性栏下方 Element 0，如图 3.3-86 所示。

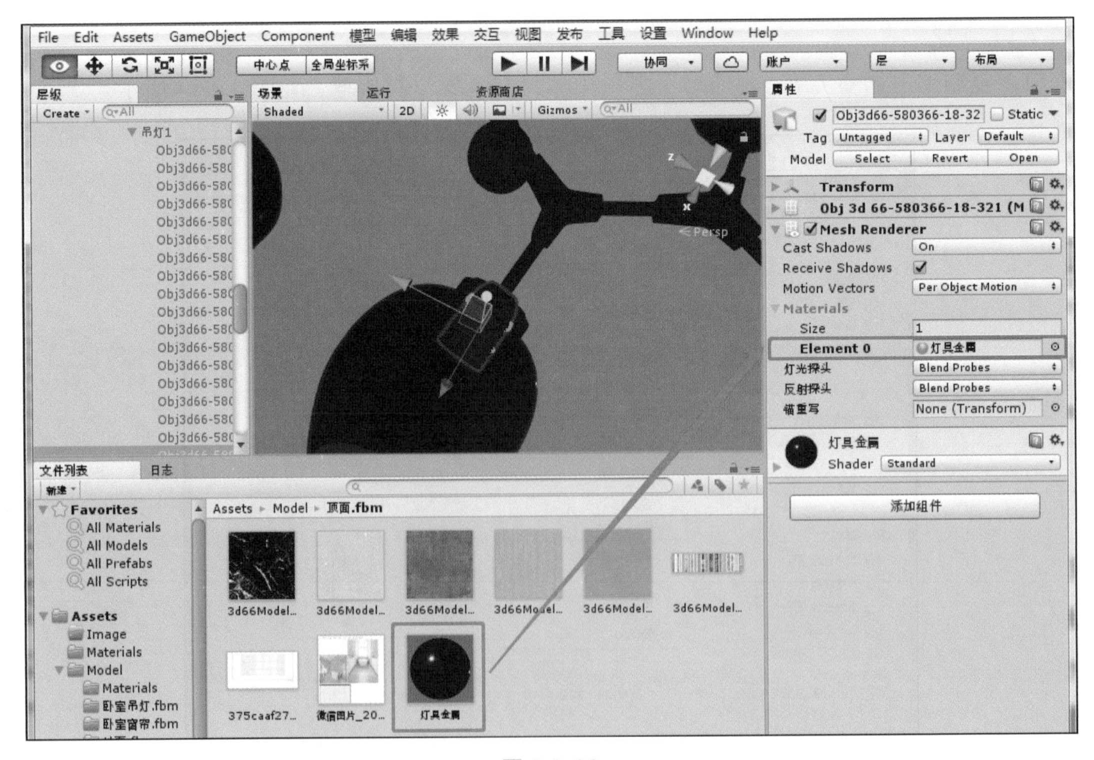

图 3.3-86

（4）木饰面

1）在场景视图中选择木饰面，右侧属性栏点击材质球名称，展开材质属性面板，如图 3.3-87 所示。

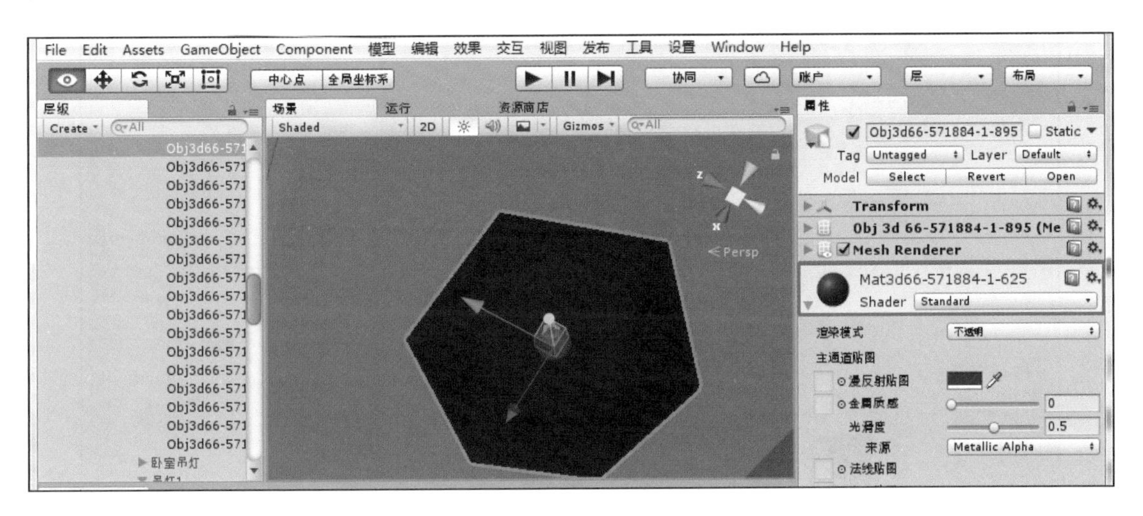

图 3.3-87

2）找到木饰面对应的贴图文件拖拽至漫反射、法线、遮挡纹理贴图，如图 3.3-88 所示。

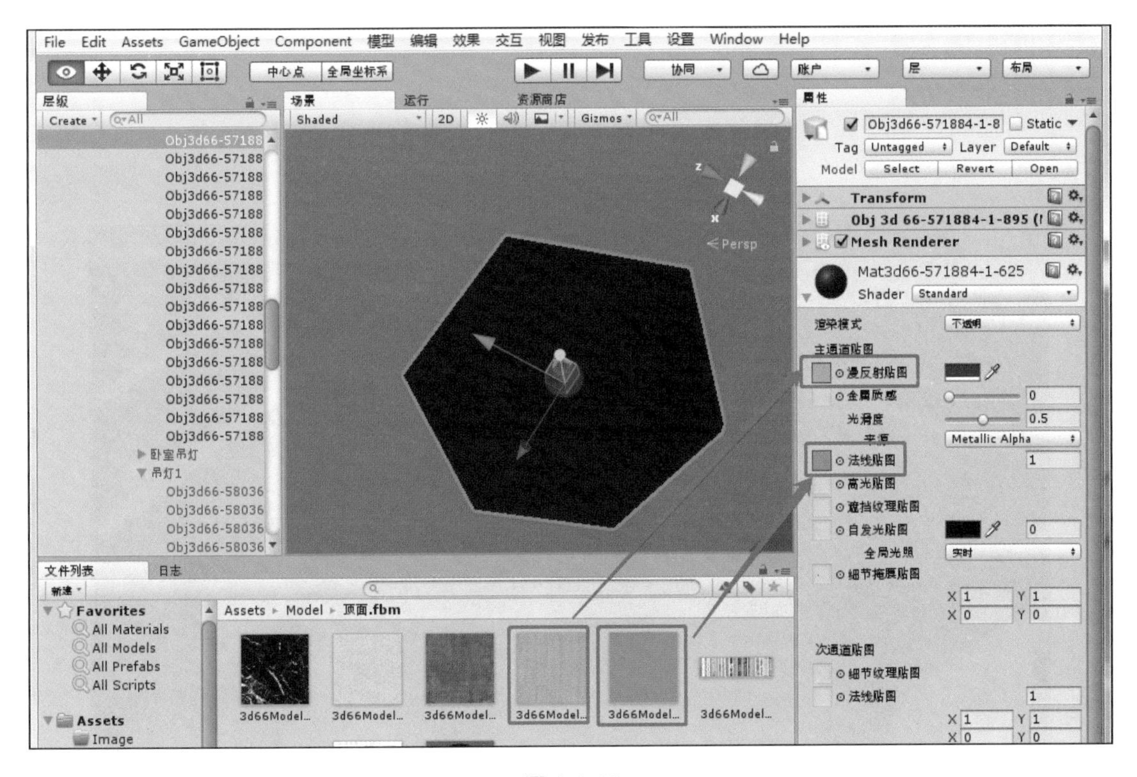

图 3.3-88

3）调整漫反射贴图颜色 RGB 分别为 238、231、219，光滑度参数为 0.2，法线贴图为 1，如图 3.3-89 所示。

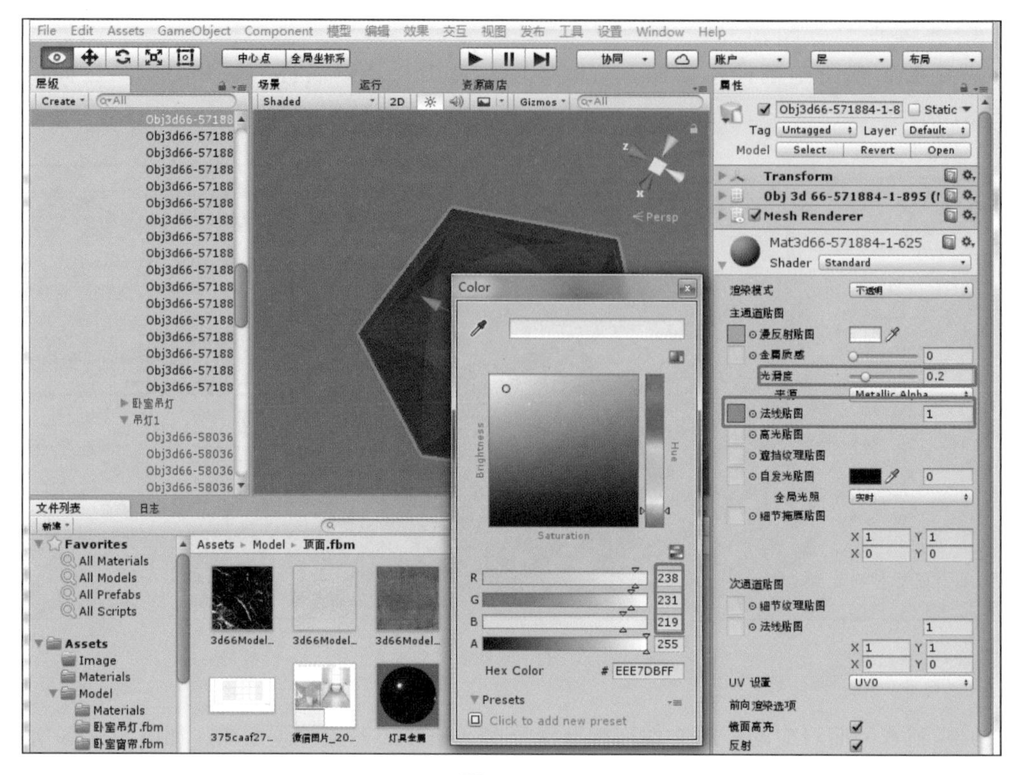

图 3.3-89

3.3.5.4 相同材质调整

因材质相同，调节方法与前面所写章节完全一样，参数不变，故不赘述。完成效果如图 3.3-90 ～图 3.3-92 所示。

图 3.3-90

图 3.3-91

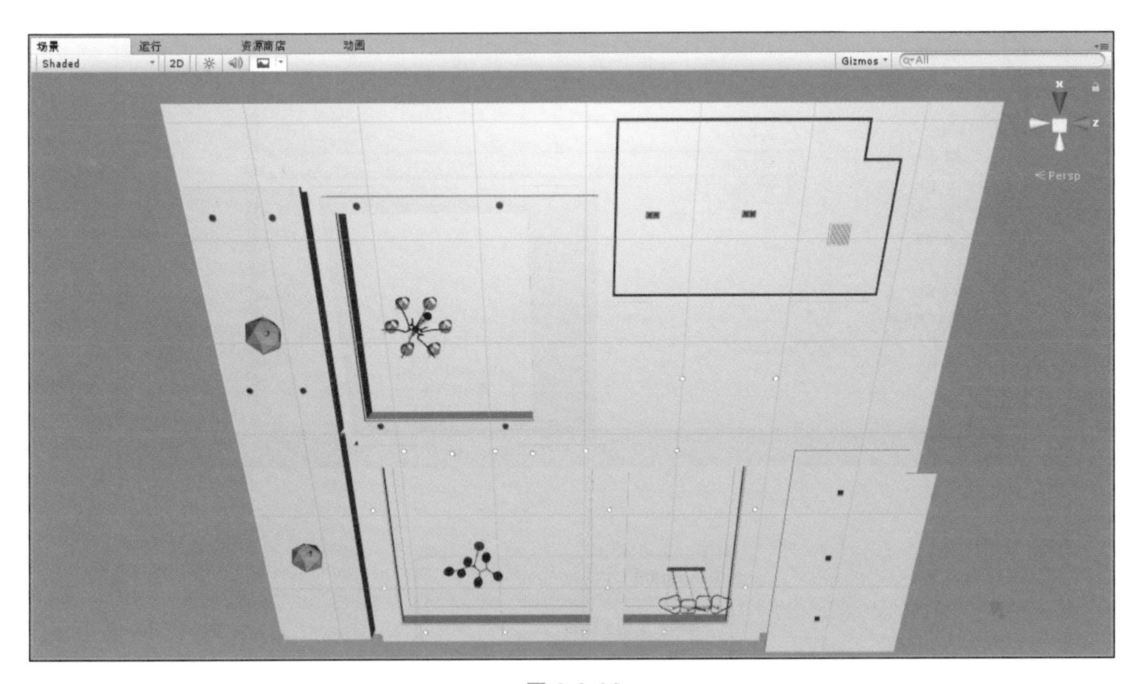

图 3.3-92

3.3.5.5 工程导出

在工程资源面板 Hierarchy 中，按住 Ctrl 键点击“Style\wall”层级中地面、墙面，在右侧属性栏中，勾上显示 / 隐藏复选框，显示地面、墙面。参考第 2 章 2.3.3 工程保存中“工程导出”部分，导出“一居室方案资源包 – 材质后”资源包。

3.3.6 工程协作

在实际工程项目中，往往是通过团队协作来完成，为了发挥团队每个成员的优势，一般会将项目拆分为几个任务来同时实施，这样可以大大地提高项目制作的效率。如装饰项目中，地面、墙体、顶面，可以由一个人负责完成调整与编辑；门厅、客餐厅、卧室、卫生间、厨房等部品库（家具）可由多个人来完成调整与编辑。这样，各自负责的部分可通过协作导出、协作导入来完成工程协作。

本章节以门厅、客餐厅、卧室、卫生间、厨房部品库（家具）为例讲解工程协作。具体操作如下。

3.3.6.1 协作导出

（1）在VDP虚拟现实制作平台中导入“VDP\MENTING”（图3.3-93），命名为“门厅”（图3.3-94），在Unity编辑器中打开“门厅”工程（图3.3-95）。

图 3.3-93

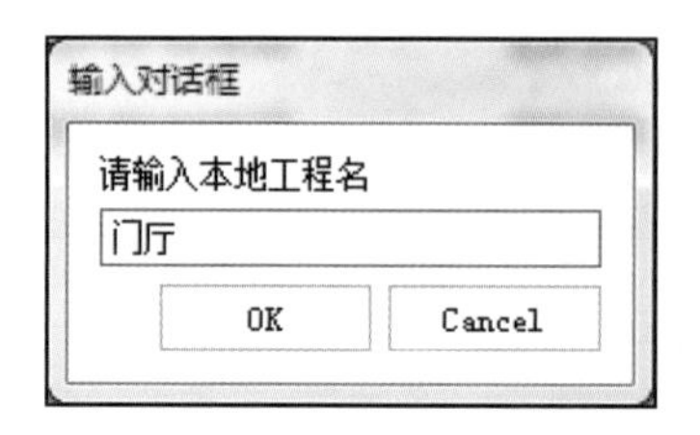

图 3.3-94

（2）打开项目资源区Assets\Update文件夹，把工程资源面板Hierarchy中的“门厅”拖拽至项目资源区Assets\Update中，转变成预制体，如图3.3-96所示。

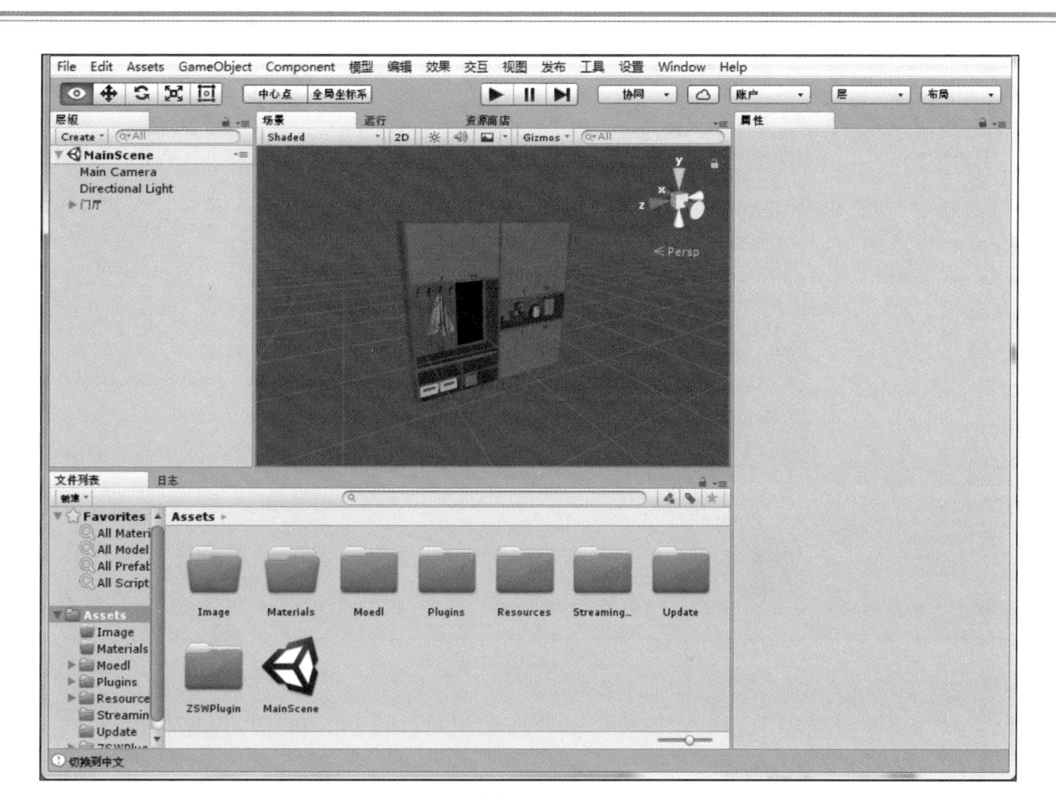

图 3.3-95

图 3.3-96

（3）选中工程资源面板中的“门厅”模型，单击菜单栏“模型” – “导出资源包”，如图 3.3-97 所示。

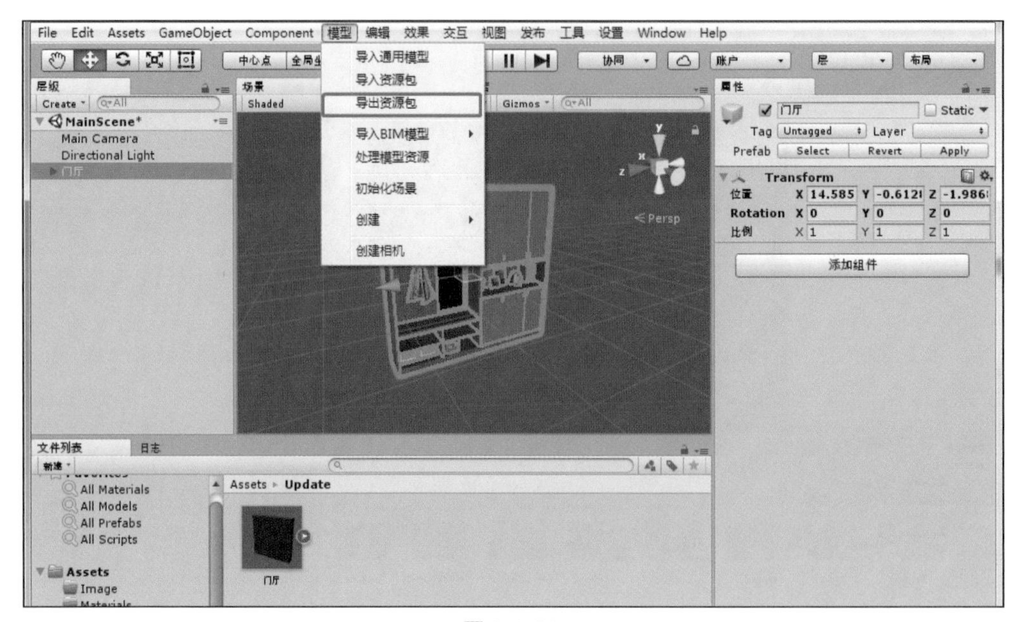

图 3.3-97

（4）在弹出窗口面板中，可在列表中浏览所编辑过的模型、材质、贴图。选择 Export⋯导出资源包，如图 3.3-98 所示。

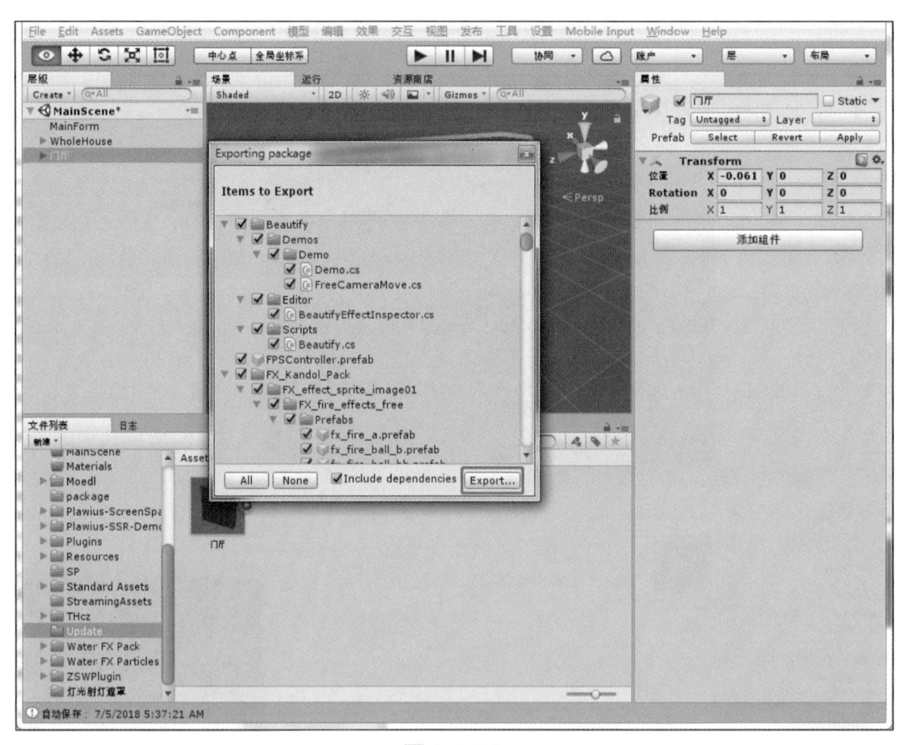

图 3.3-98

（5）选择保存路径，命名为“门厅部品库”，点击保存完成资源包导出操作，如图 3.3-99 所示。

（6）按照以上步骤，依次完成 KETING、WOSHI、CHUFANG、CESUO 的资源导入（图 3.3-100），通过 VR 编辑器，完成资源包导出（图 3.3-101）。

图 3.3-99

图 3.3-100

3.3.6.2　协作导入

（1）导入地面、墙体、顶面

1）打开 VDP 虚拟现实制作平台，新建工程，命名为“一居室材质灯光 2”，如图 3.3-102 所示。

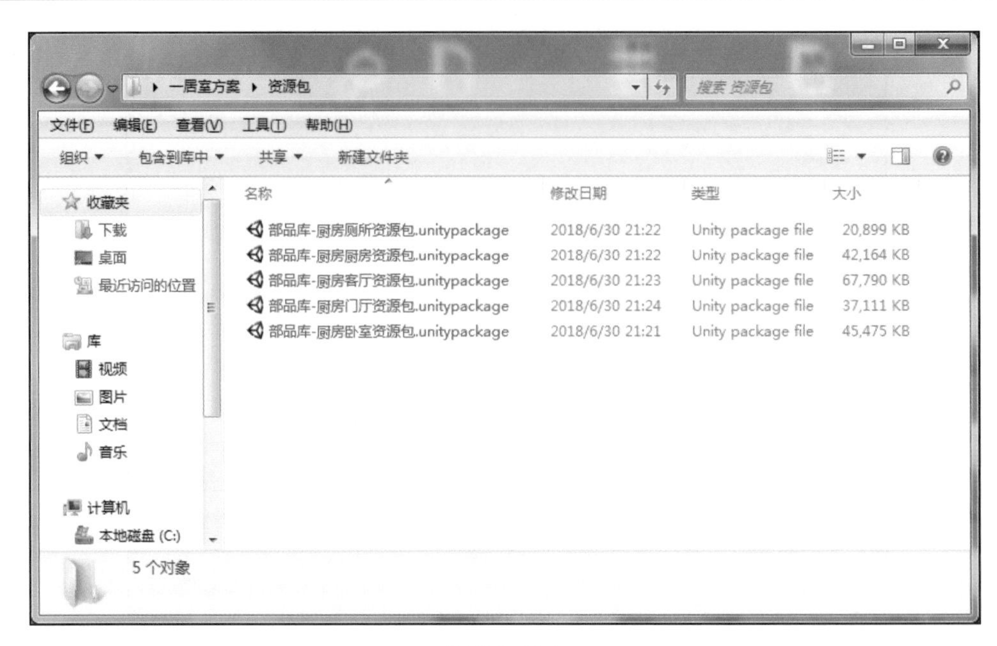

图 3.3-101

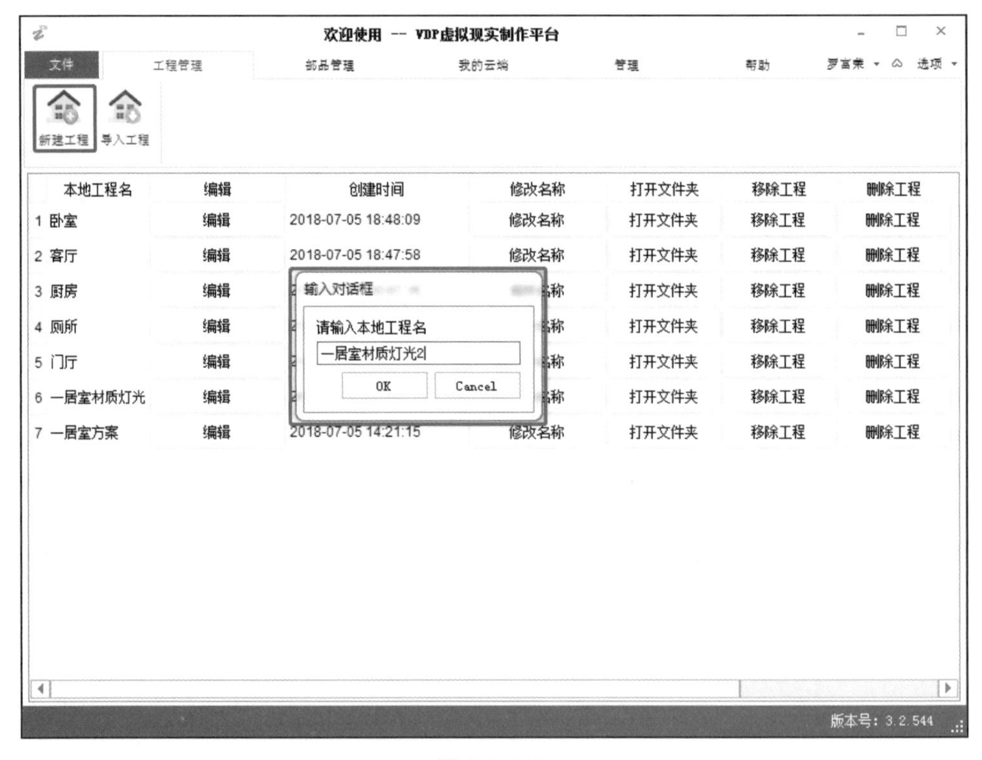

图 3.3-102

2）点击菜单“模型→导入资源包”命令（图 3.3-103）。

3）在弹出路径窗口中找到“一居室方案资源包 – 材质后”，选择点击打开按钮，如图 3.3-104 所示。

4）在弹出列表窗口中，显示所有编辑过的模型、材质、贴图。选择 Import…导入资源包，如图 3.3-105 所示。

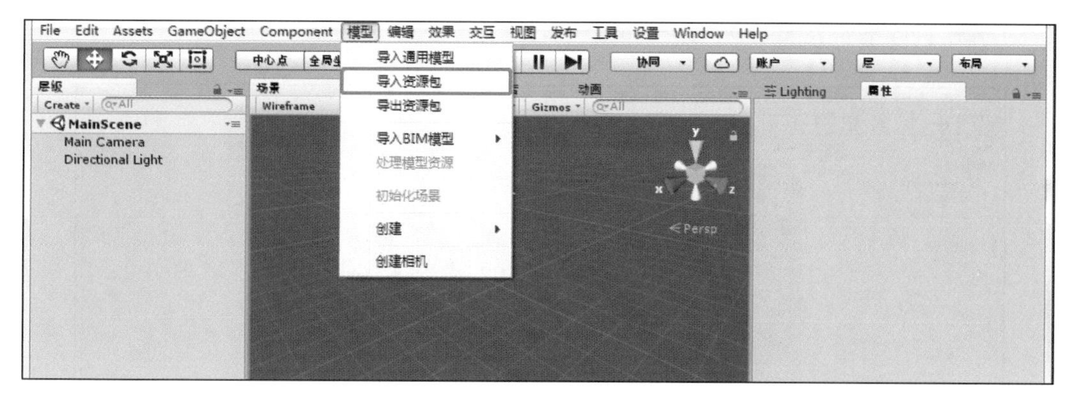

图 3.3-103

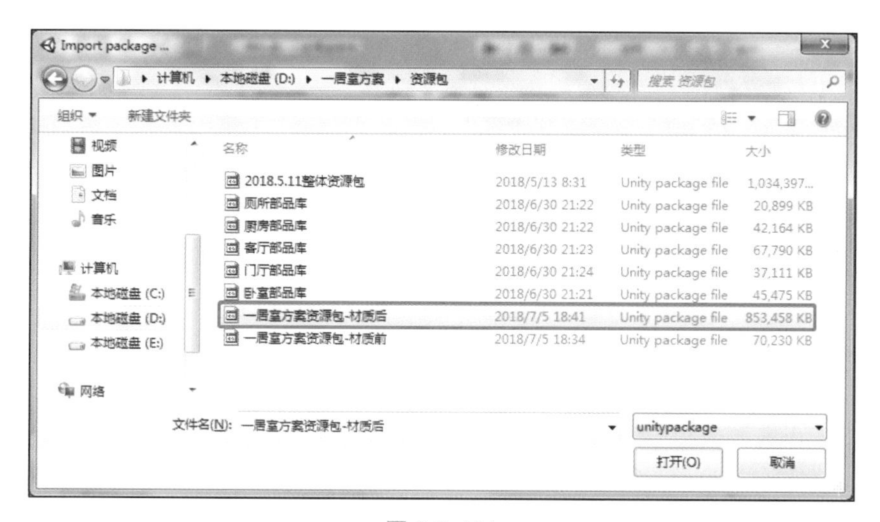

图 3.3-104

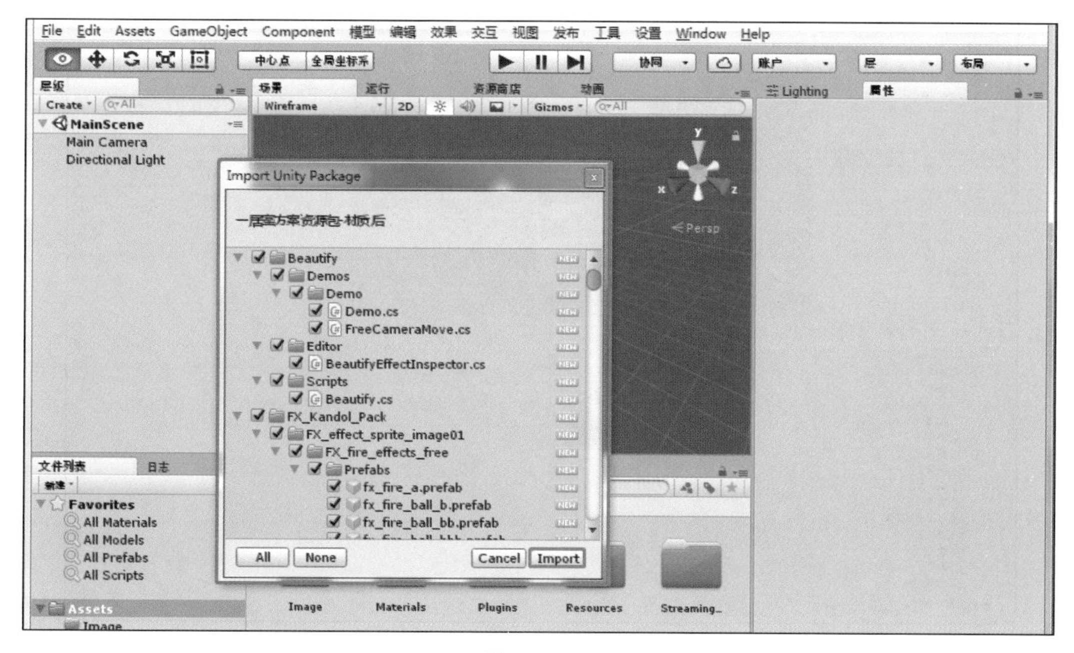

图 3.3-105

5）弹出进度条，等待完成，效果如图 3.3-106 所示。

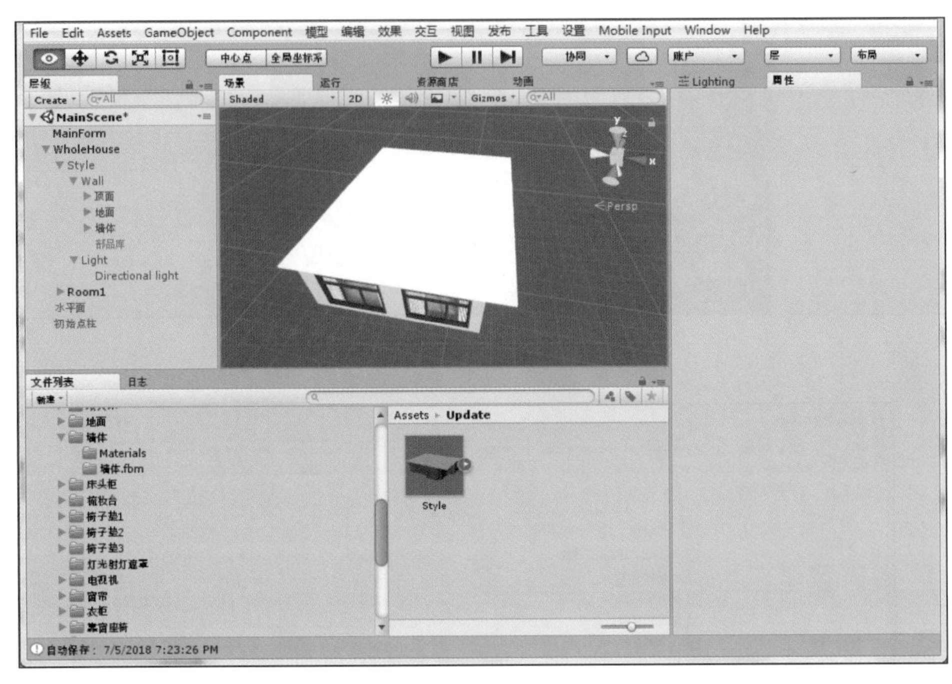

图 3.3-106

（2）导入部品库（家具）

1）选中工程资源面板中“Style\Wall\顶面\顶面”层级，在右侧属性栏中，去掉显示/隐藏复选框，隐藏顶面模型，如图 3.3-107 所示。

图 3.3-107

2）单击菜单栏“模型”菜单，点击导入资源包命令。在弹出路径窗口中选中“门厅部品库”，点击“打开”按钮，如图 3.3-108 所示。

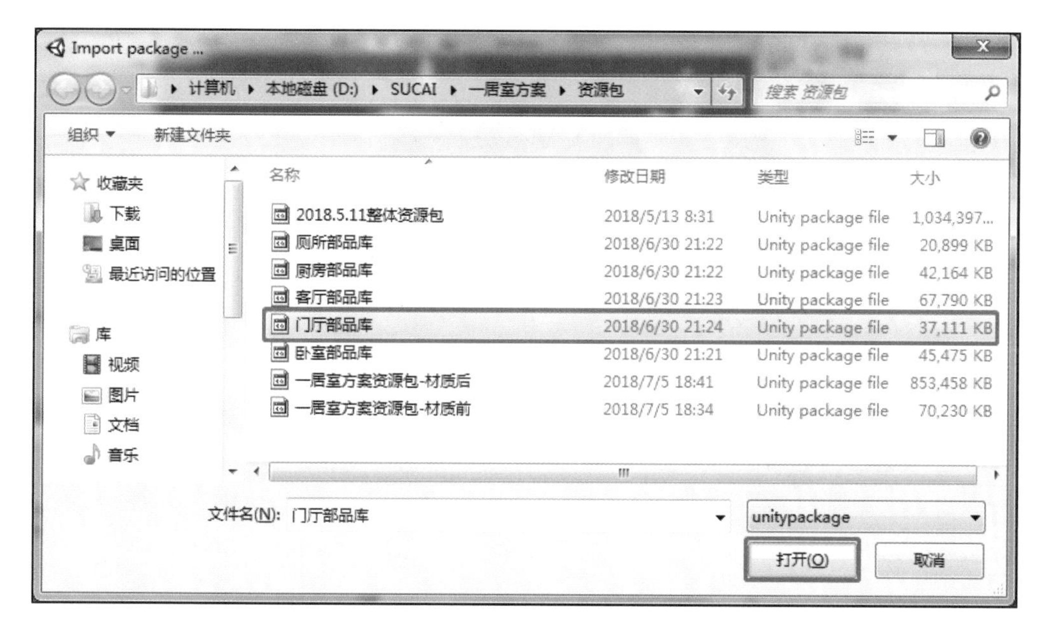

图 3.3-108

注：如果有资源相同，VDP 虚拟现实制作平台会自动把相同选项的勾去掉。

3）查看项目资源区“Assets\Update”文件夹，“门厅”预制体导入成功，如图 3.3-109 所示。

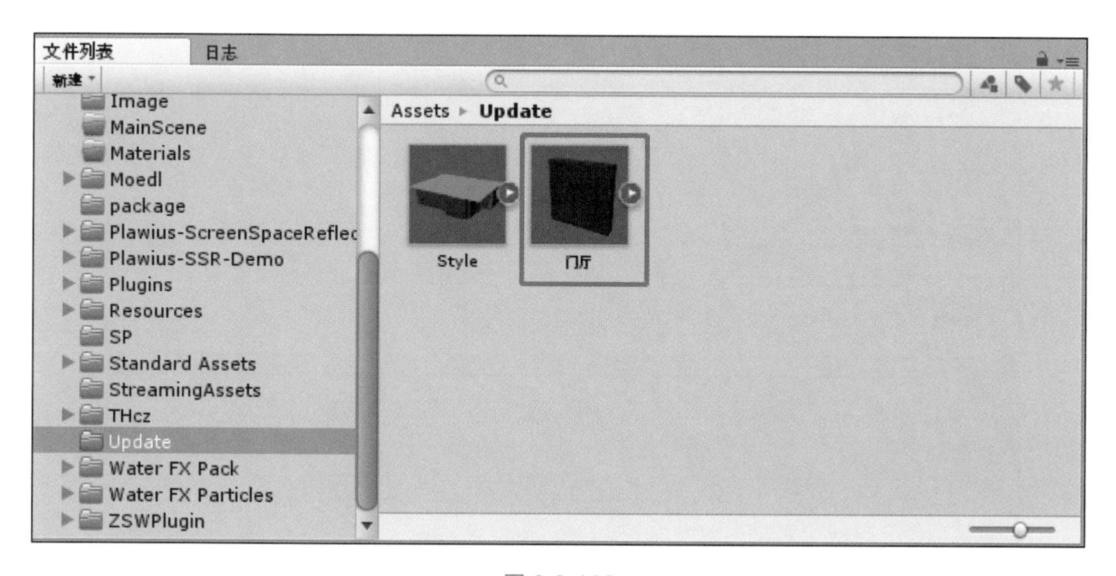

图 3.3-109

4）把项目资源区“Assets\Update”中的“门厅”拖拽至工程资源面板空白处，如图 3.3-110 所示。

5）把工程资源面板中的“门厅”移入 Wall 层次下，工程导入完成（图 3.3-111）。

图 3.3-110

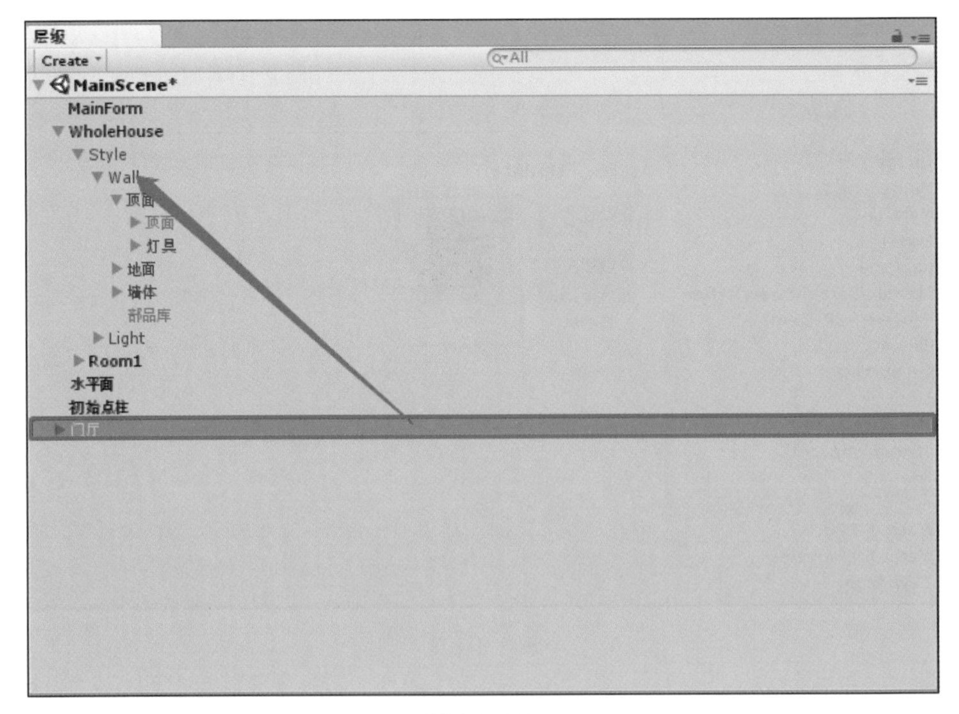

图 3.3-111

6）按照以上步骤，依次完成客厅、卧室、厨房、厕所部品库资源包导入操作（图 3.3-112）。

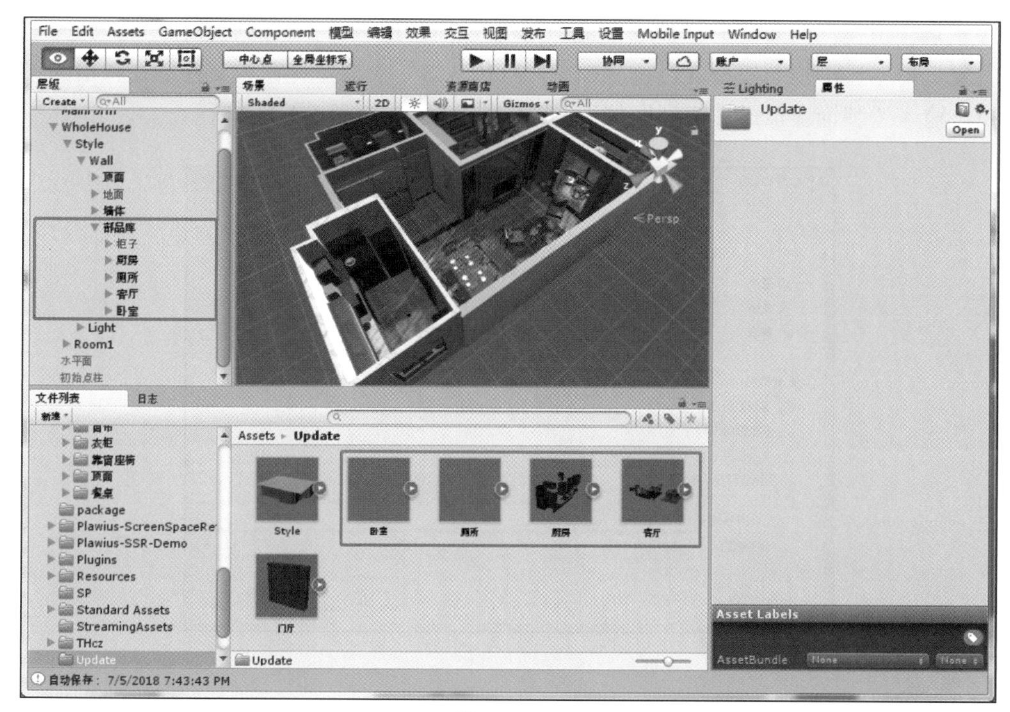

图 3.3-112

注：导入完成后，Ctrl+S 保存文件。

3.3.6.3　模型校正

（1）选中工程资源面板中的 Style 文件夹，选择工具栏上的[移动工具图标]移动工具，沿 *X*、*Y* 或 *Z* 轴方向移动模型，使模型地面和参考水平面重合、初始点柱位于模型空间的门口位置，如图 3.3-113 所示。

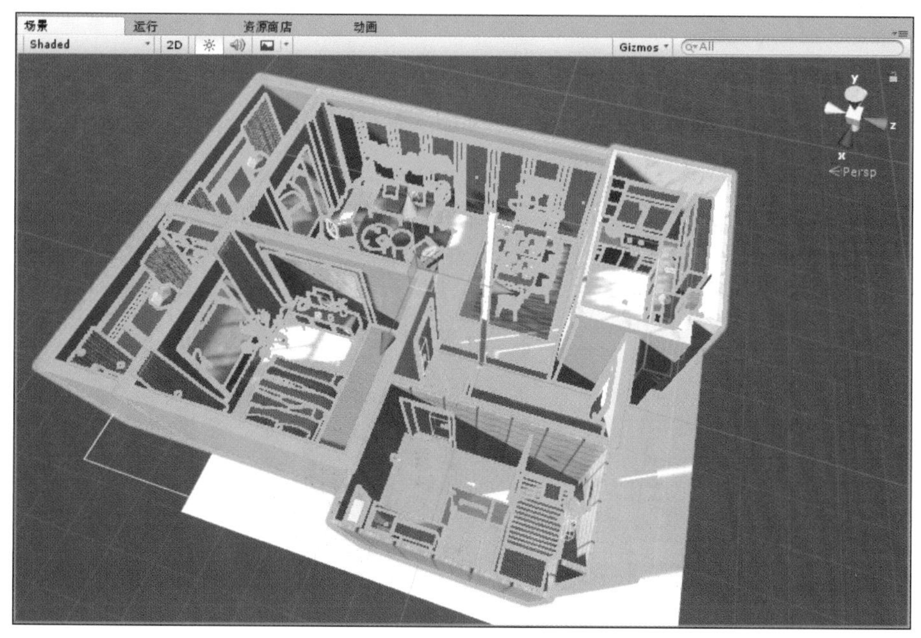

图 3.3-113

注：参考水平面与初始点柱可以隐藏。

（2）选中工程资源面板中“Style\Wall\ 顶面 \ 顶面”层级，在右侧属性栏中，勾选“显示 / 隐藏”复选框，显示顶面模型。通过“Ctrl + Shift + S”快捷键另存为文件，在弹出的保存对话框中，输入“装饰虚拟设计实训案例”，点击“保存”，如图 3.3-114 所示。

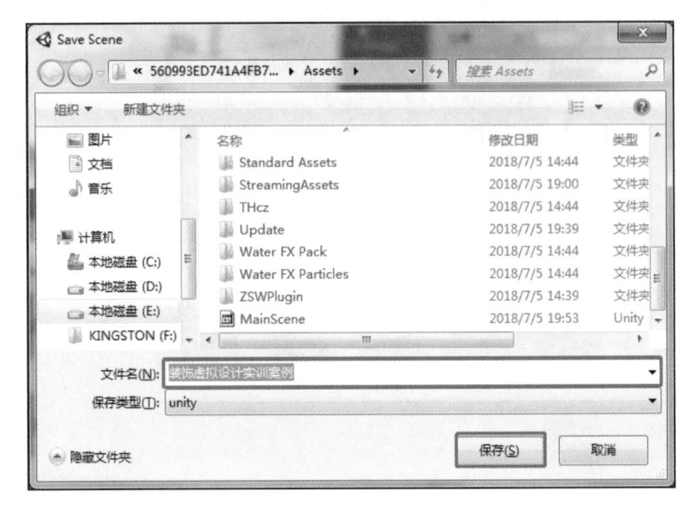

图 3.3-114

3.3.7 特效制作

在室内空间设计完成后，为了使最终效果更加真实、自然，需要优化其对比、模糊、全局光照、色相、饱和度等一系列的参数，具体如下。

（1）打开“装饰虚拟设计实训案例”场景文件。

（2）工程资源面板空白处右键点击“添加相机”，为场景创建 1 台相机，如图 3.3-115 所示。

（3）场景视图右下角增加了相机视角预览窗口，点击场景视图中的坐标 Y 轴，切换到顶视图，修改场景视图显示模型为 Wireframe，如图 3.3-116 所示。

场景烘培

效果优化

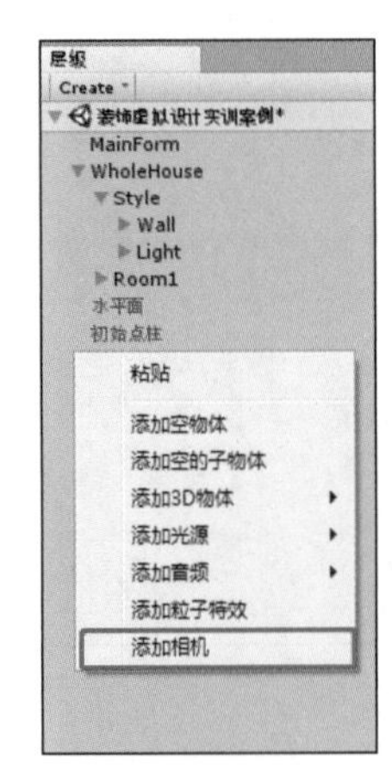

图 3.3-115

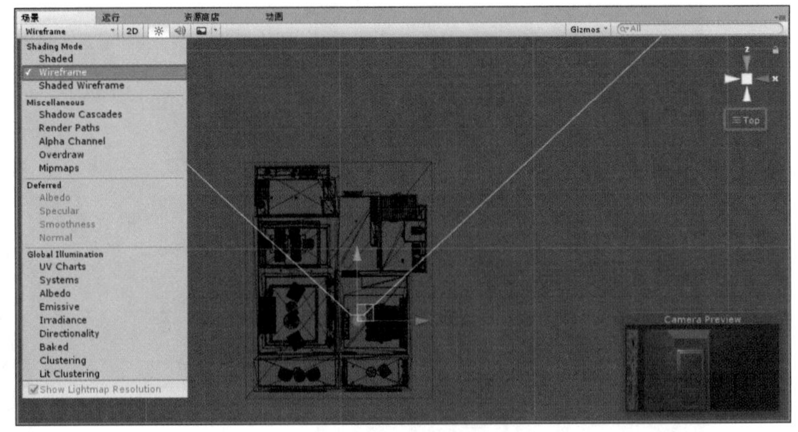

图 3.3-116

（4）选择工具栏上的 [移动工具图标] 移动工具。沿 X、Y 轴方向移动相机，直至相机位置在客厅与阳台哑口处即可，修改相机属性面板 Transform 属性栏下方位置 Y 轴为 1.5，如图 3.3-177、图 3.3-118 所示。

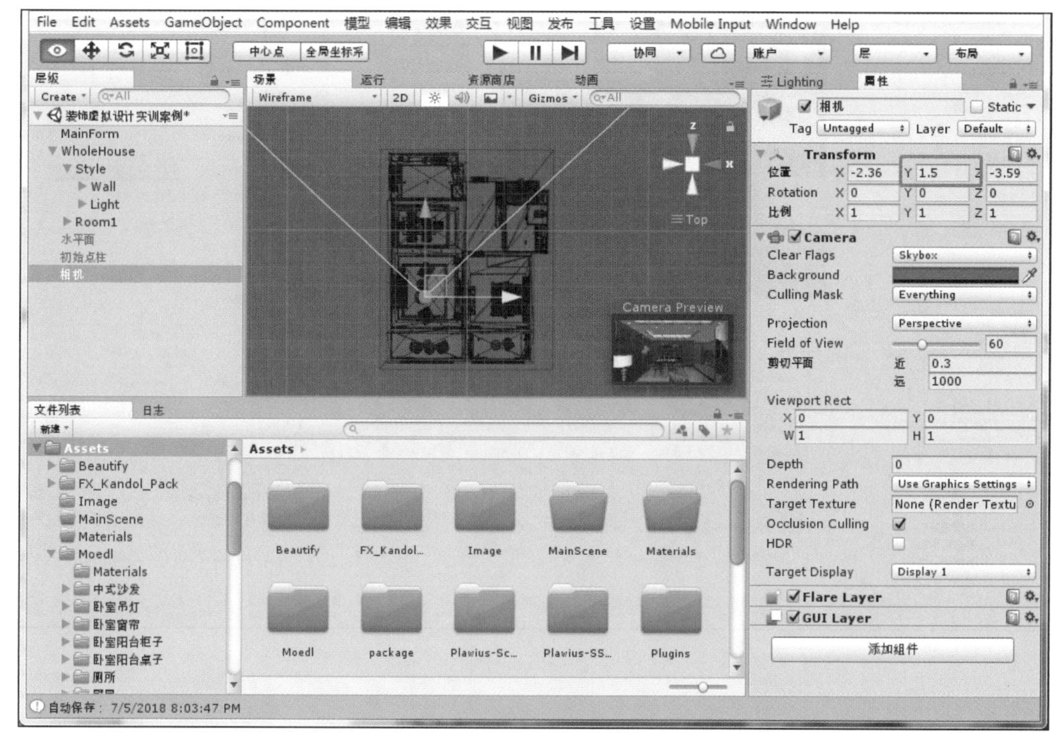

图 3.3-117

（5）切换场景视图为运行视图，相机最大化显示场景。

图 3.3-118

（6）单击菜单栏“效果”–“滤镜”–“导入滤镜资源”（图 3.3-119）。弹出“导入成功”提示窗口，点击确定，完成滤镜导入操作。

图 3.3-119

（7）工程资源面板中选择相机，再单击菜单栏“效果”菜单，点击滤镜，选择“Bloom特效”命令（图 3.3-120）。场景对比、细节均有所提高（图 3.3-121）。

图 3.3-120

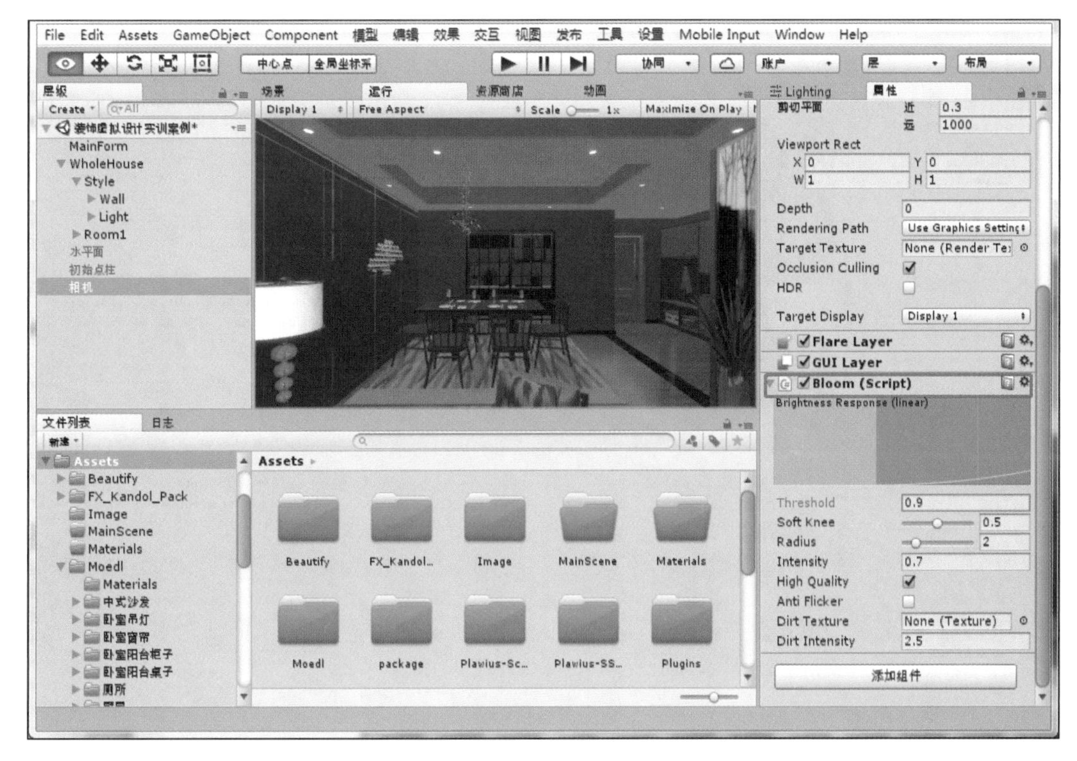

图 3.3-121

（8）工程资源面板 Hierarchy 中选择相机，点击菜单栏“效果”－“滤镜”－“AO 阴影特效”(图 3.3-122)。场景全局光照效果立刻显示出来（图 3.3-123）。

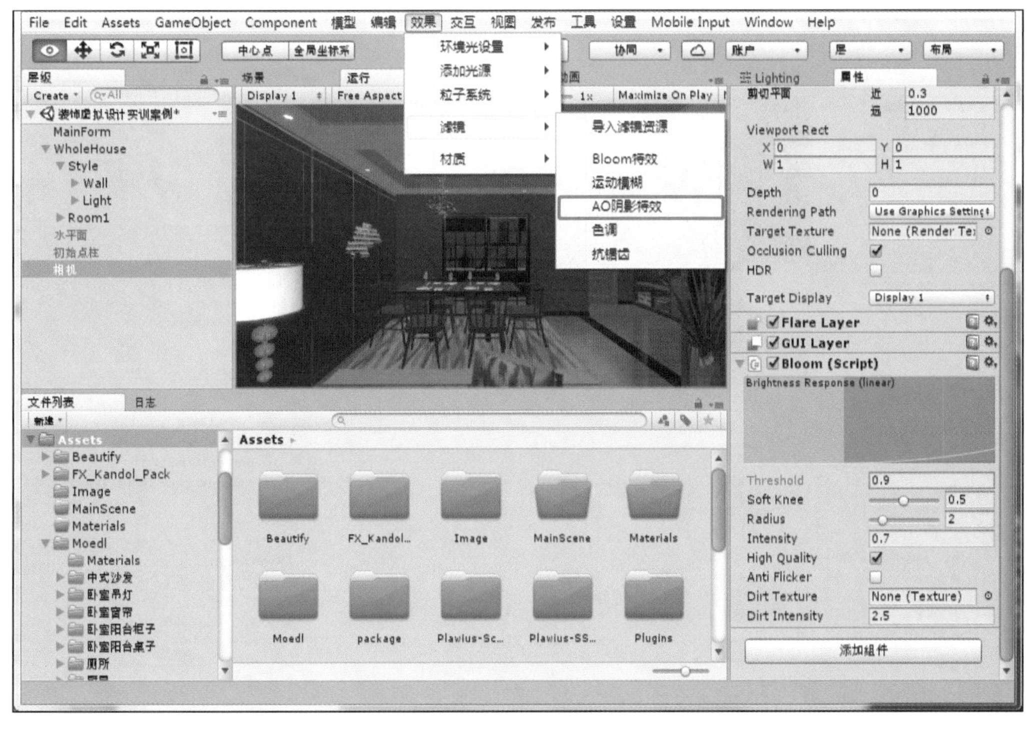

图 3.3-122

图 3.3-123

（9）工程资源面板中选择相机，点击“效果菜单→滤镜→色调”命令（图 3.3-124）。调整色调属性面板，勾选所有选项，场景整体效果有非常大的提升（图 3.3-125）。

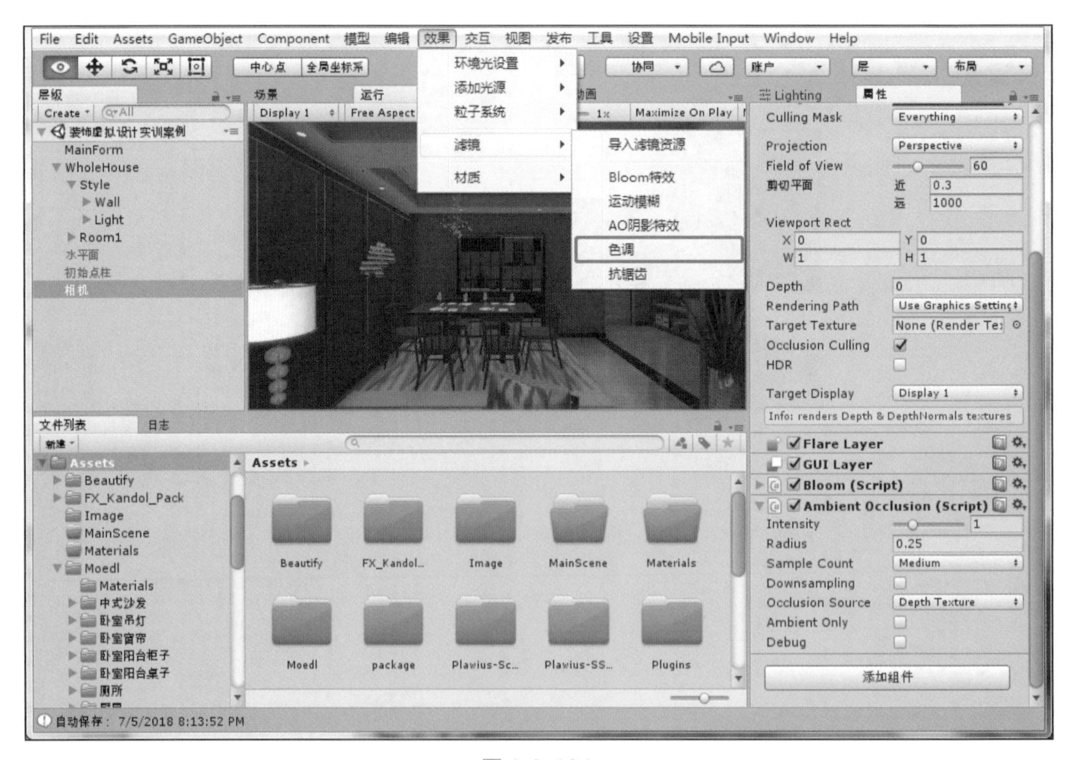

图 3.3-124

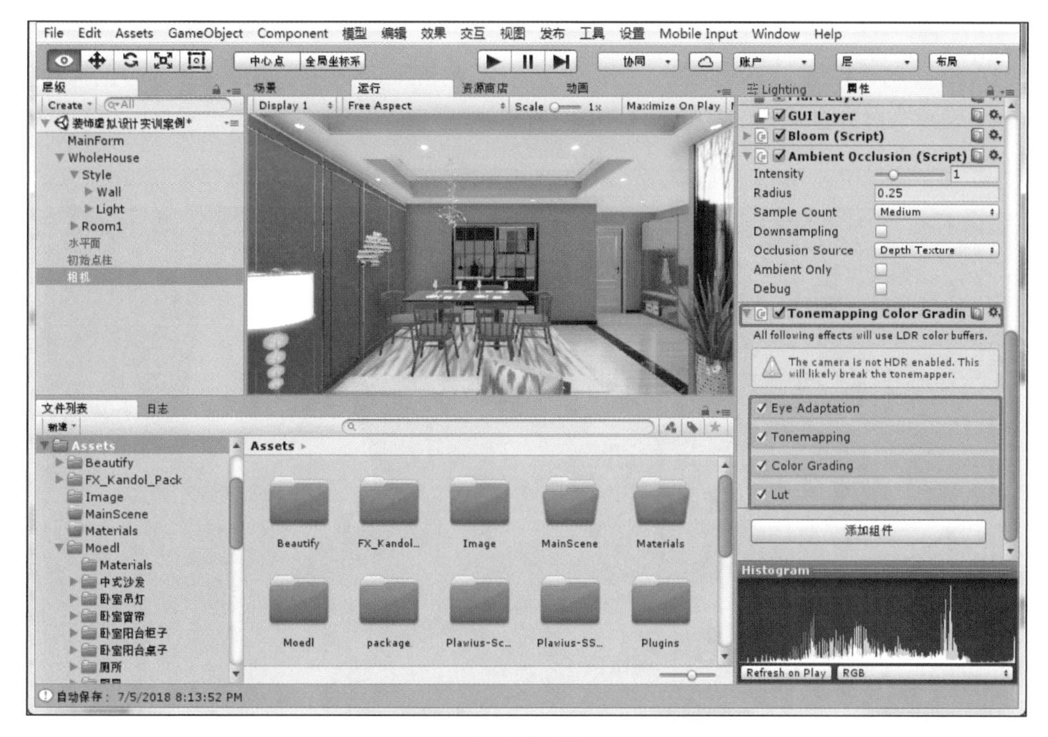

图 3.3-125

注：调整完成后，Ctrl+S 保存文件。

主要光源调节

辅助光源调节

3.3.8 光源调节

真实世界的光来自天然采光与人工照明。天然采光主由太阳光形成，人工照明由基础照明、局部照明、装饰照明组合而成。在软件中，天然采光方式主要有平行光、面光源。在人工照明中，基础照明有点光源、面光源。局部照明主要是聚光灯。装饰照明是用面光源来模拟完成的。另外，在真实场景中，光的反射主要依靠反射探头、灯光探测器组来模拟实现。

光源是室内环境设计的重要组成部分，光源搭配不同的灯具造型、灯光颜色，有利于表达空间形态、营造不同的环境氛围。在装饰工程项目中，常见的灯具有吊灯、吸顶灯、壁灯、台灯、落地灯等，如图 3.3-126 所示。

图 3.3-126

3.3.8.1　天然采光——平行光（太阳光）

（1）返回场景视图，隐藏顶面，更改显示模式为 Shaded。按下 Alt 键，按住鼠标左键移动鼠标。旋转视图到合适角度，如图 3.3-127 所示。

图 3.3-127

（2）打开工程资源面板“Light”层级，找到默认的 Directional light，使用旋转工具，沿 *X*、*Y*、*Z* 轴调整平行光的角度，如图 3.3-128 所示。

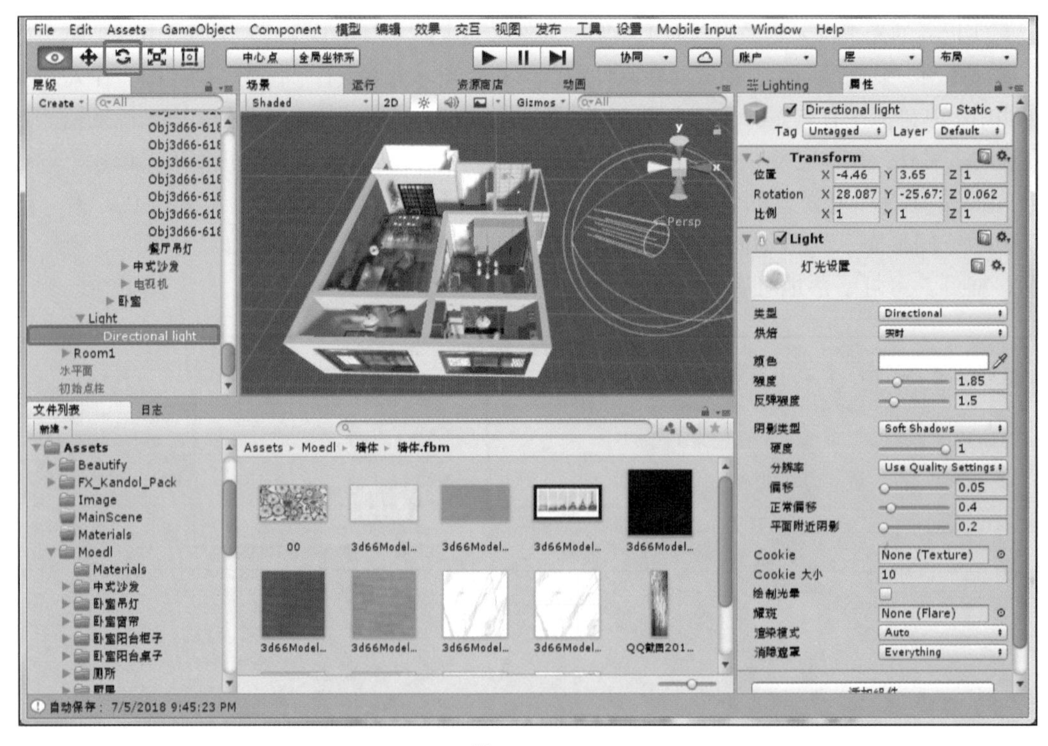

图 3.3-128

（3）设置平行光参数，主要调整光的颜色、强度、反弹强度三个核心（图 3.3-129）。

图 3.3-129

注：平行光和所在位置没有关系，和自身角度存在关联。

3.3.8.2 人工照明

（1）聚光灯（射灯或筒灯）

1）点击项目资源区“Assets\Light”层级，右键添加光源，选择聚光灯（图 3.3-130）。

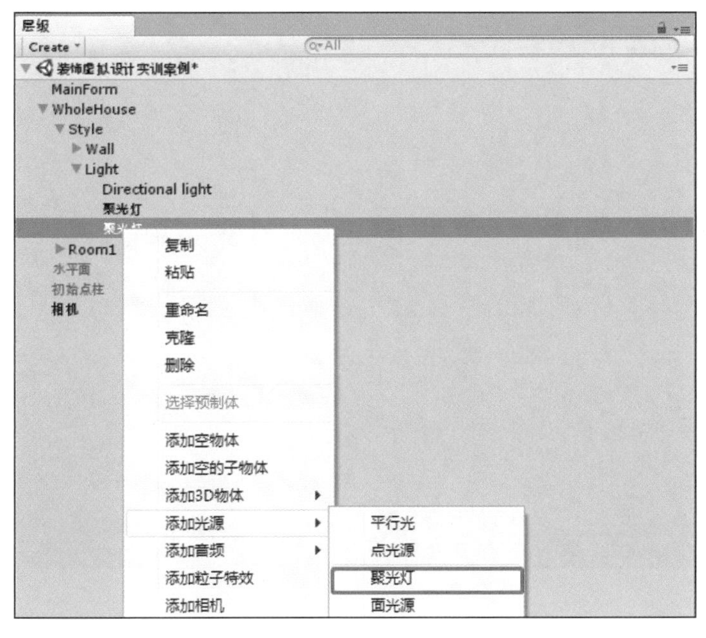

图 3.3-130

2）选中工程资源面板中“Style\Wall\墙面、地面、门厅、客厅、卧室、厕所、厨房”，在右侧属性栏中，去掉“显示 / 隐藏”复选框，隐藏墙面、地面、门厅、客厅、卧室、厕所、厨房模型，场景视图中只显示灯具模型，如图 3.3-131 所示。

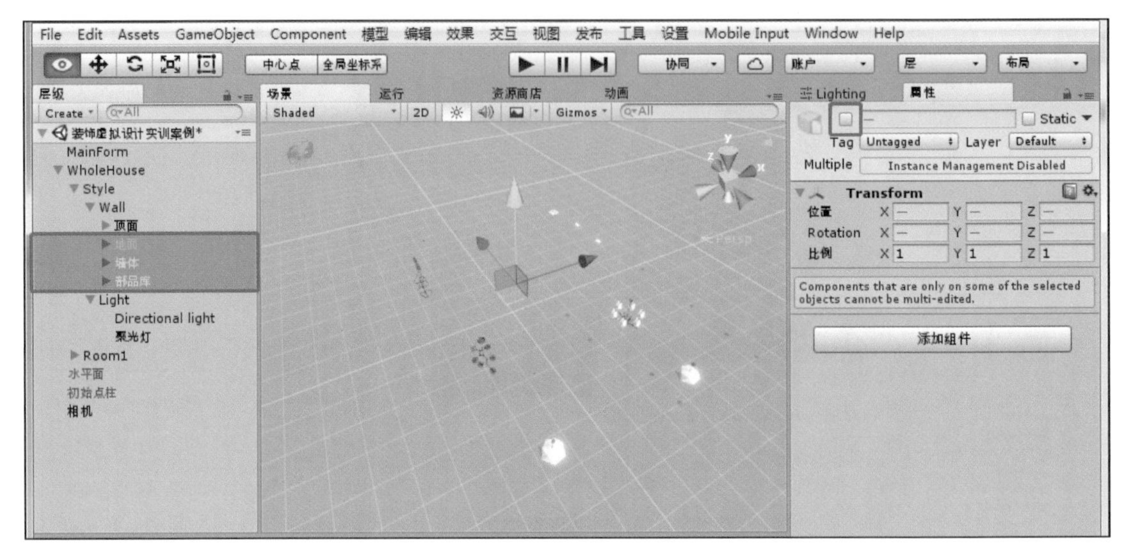

图 3.3-131

3）更改场景视图为 Shaded Wireframe 模式，单击坐标 Y 轴切换到顶视图，点击 TOP 轴测模型为正顶视，如图 3.3-132 所示。

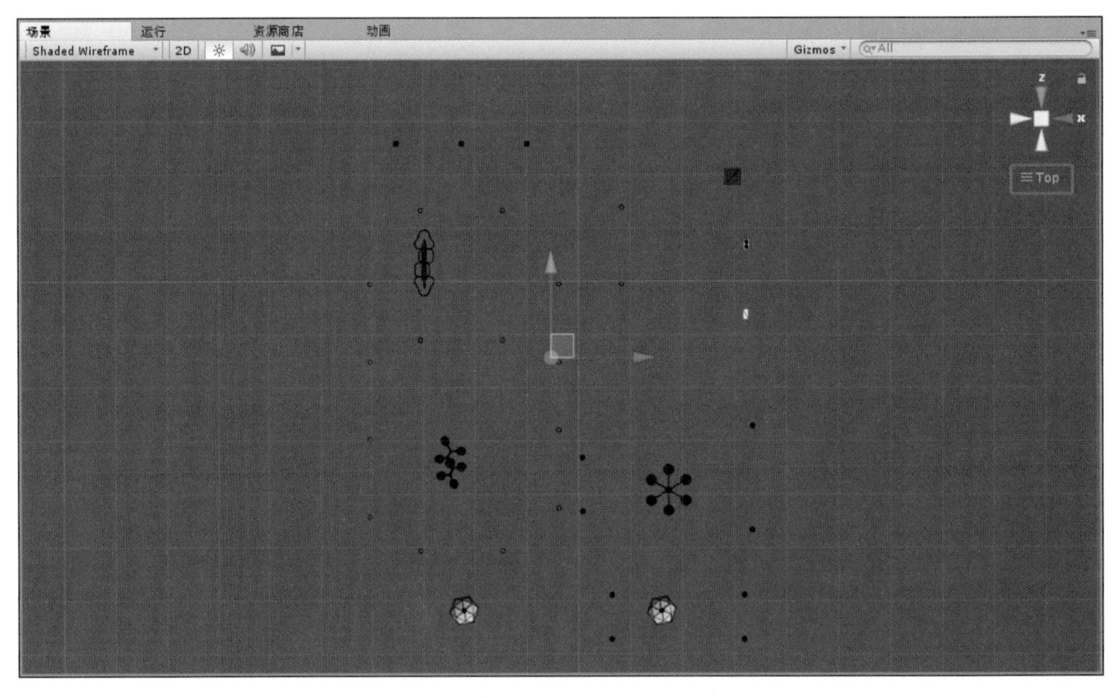

图 3.3-132

4）选择移动工具沿 X、Y 轴移动到筒灯位置（图 3.3-133），调整图标大小（图 3.3-134）。

5）单击坐标 X 轴切换到侧视图，沿 X、Y 轴移动到筒灯底部位置（图 3.3-135）。

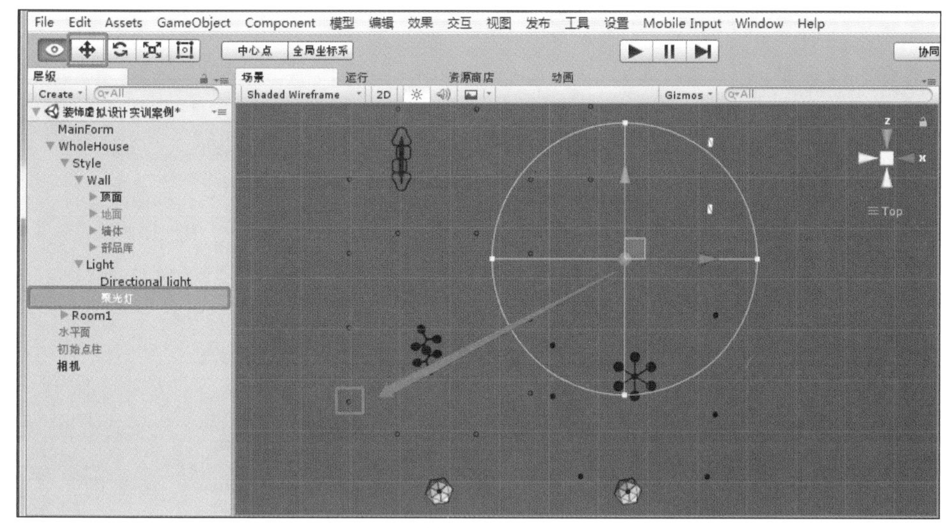

图 3.3-133

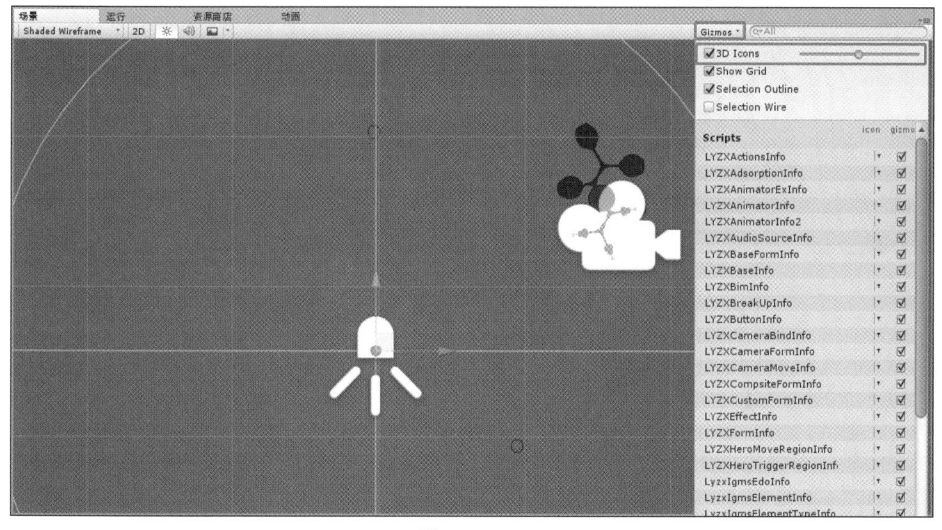

图 3.3-134

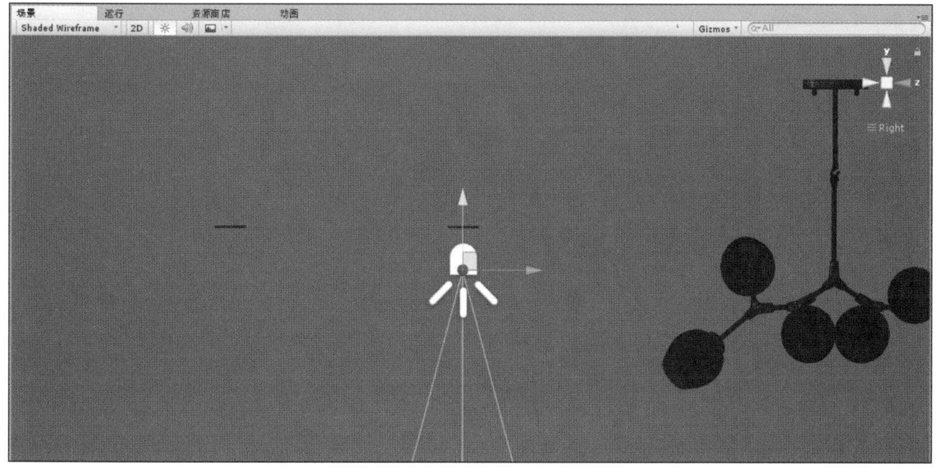

图 3.3-135

6）调整聚光灯参数如图 3.3-136 所示。

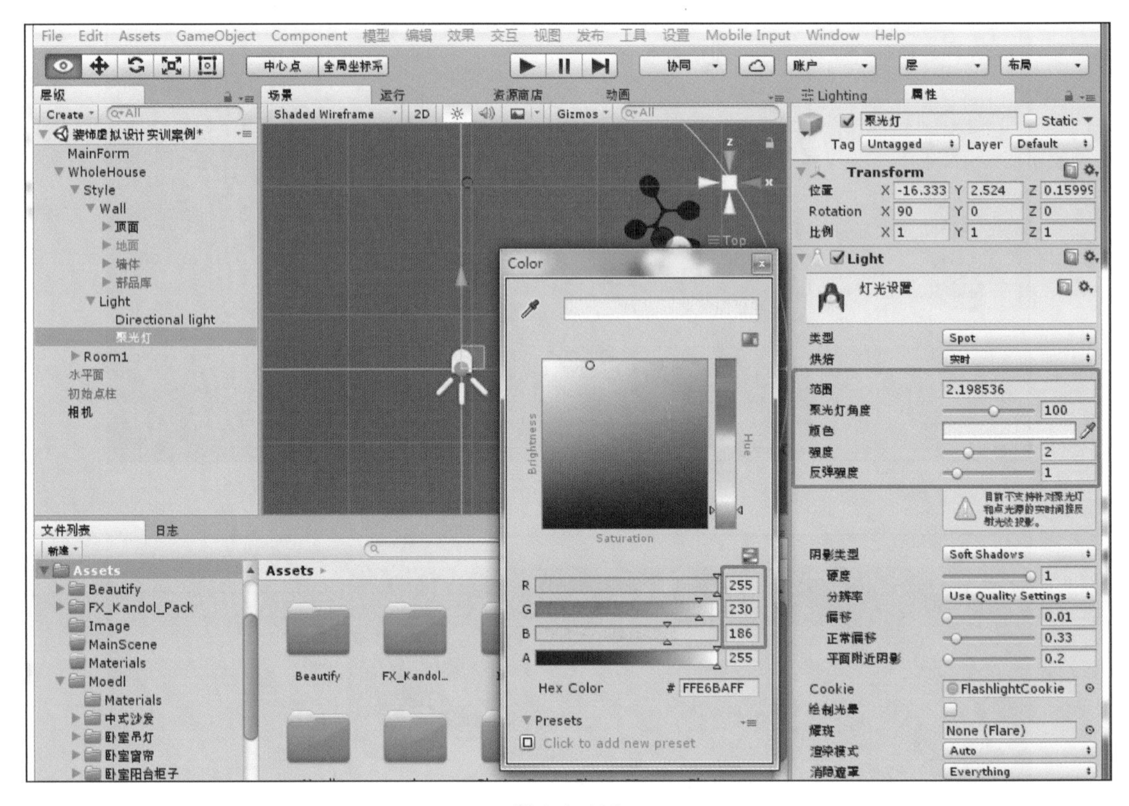

图 3.3-136

7）选择聚光灯，Ctrl+D 复制 10 盏，选择移动工具，分别沿 X、Y 轴移动到筒灯位置，筒灯布置完成，如图 3.3-137 所示。

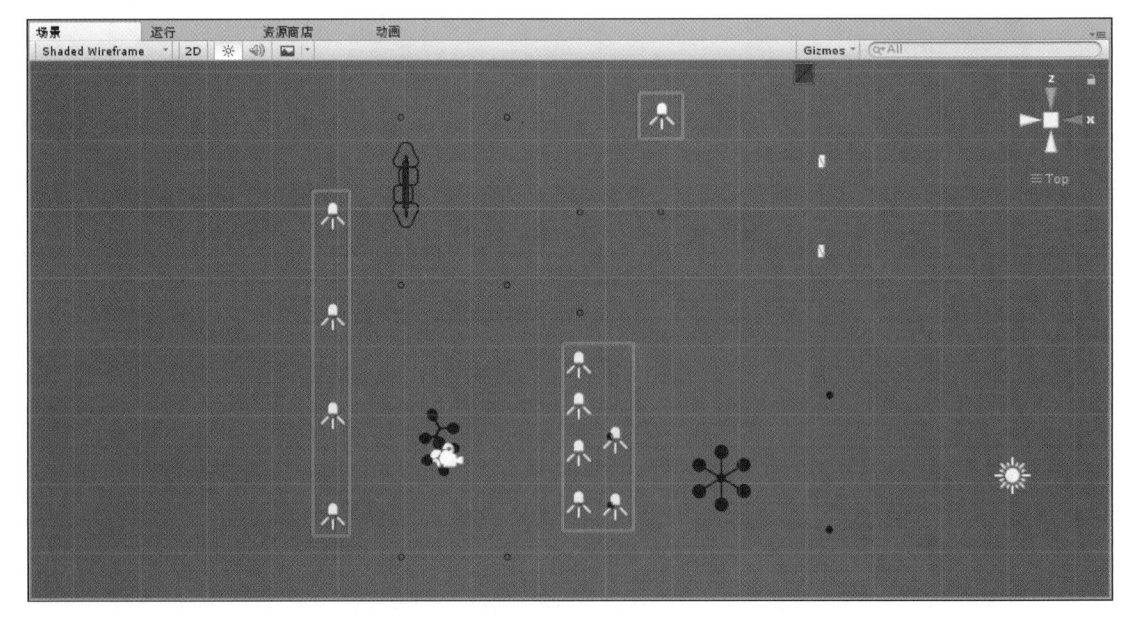

图 3.3-137

8）调整筒灯参数设置，如图 3.3-138 所示。

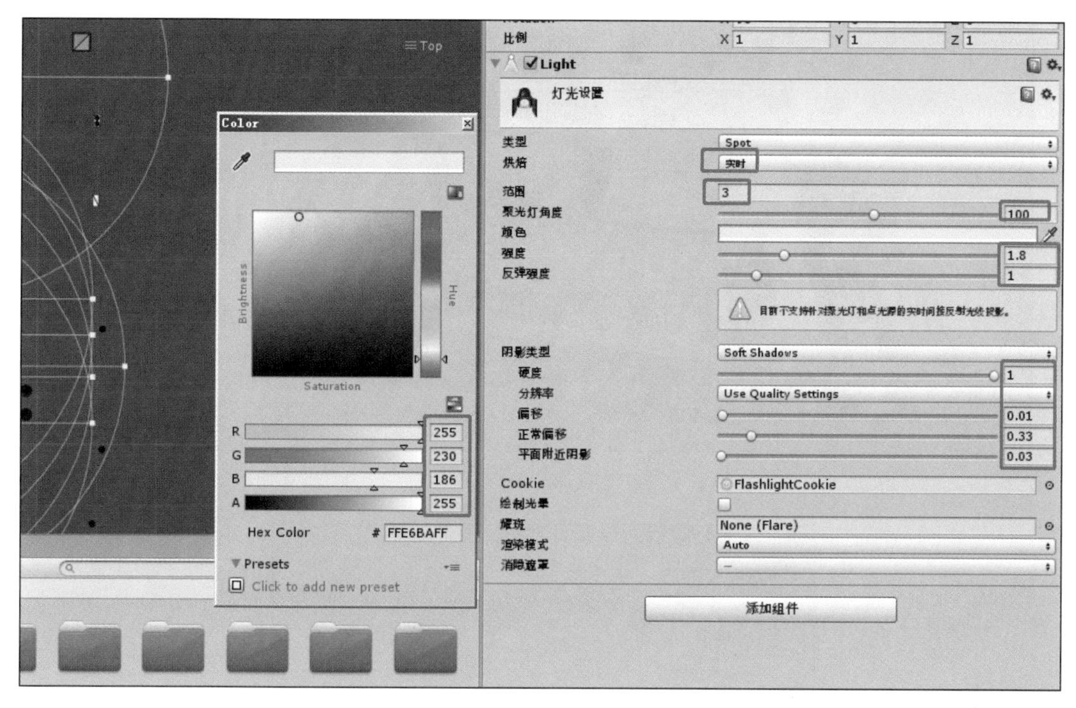

图 3.3-138

注：聚光灯和所在位置及角度都有关联。

（2）面光源

1）选中工程资源面板中“Style\Wall\ 墙面、地面、门厅、客厅、卧室、厕所、厨房”，在右侧属性栏中，勾选“显示 / 隐藏”复选框，显示墙面、地面、门厅、客厅、卧室、厕所、厨房模型，如图 3.3-139 所示。

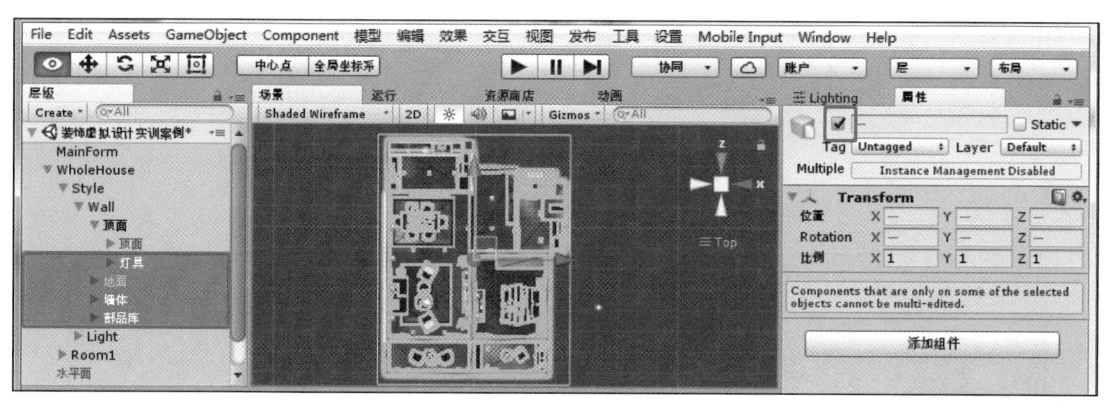

图 3.3-139

2）更改视图显示模式为 Shaded。按下 Alt 键，按住鼠标左键移动鼠标。旋转视图到合适角度，点击 ISO 将视图从轴测变为透视（图 3.3-140）。

3）点击项目资源区“Assets\Light”层级，右键添加光源，选择面光源（图 3.3-141），点击坐标 Y 轴切换到顶视图（图 3.3-142）。

图 3.3-140

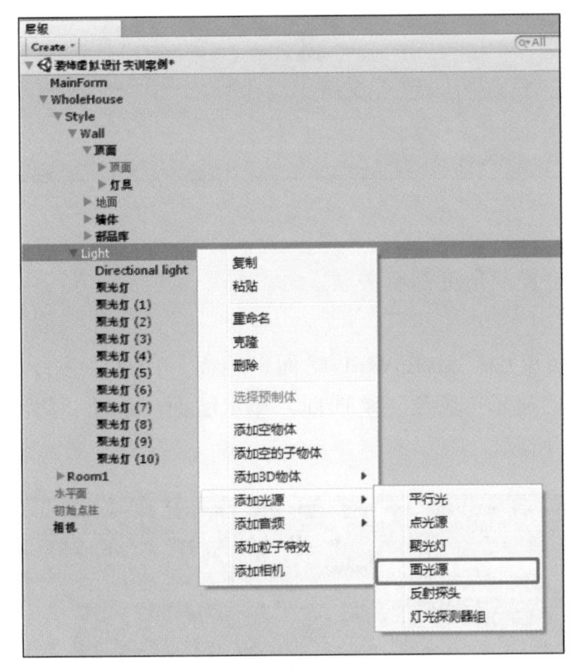

图 3.3-141

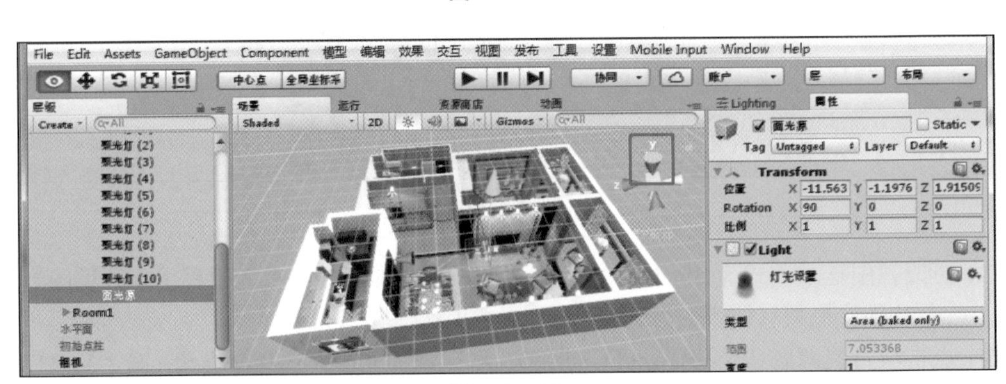

图 3.3-142

4）选择移动工具，分别沿 X、Y 轴移动到窗户位置（图 3.3-143），Ctrl + D 复制 1 盏，沿 X 轴移动到窗户位置（图 3.3-144）。

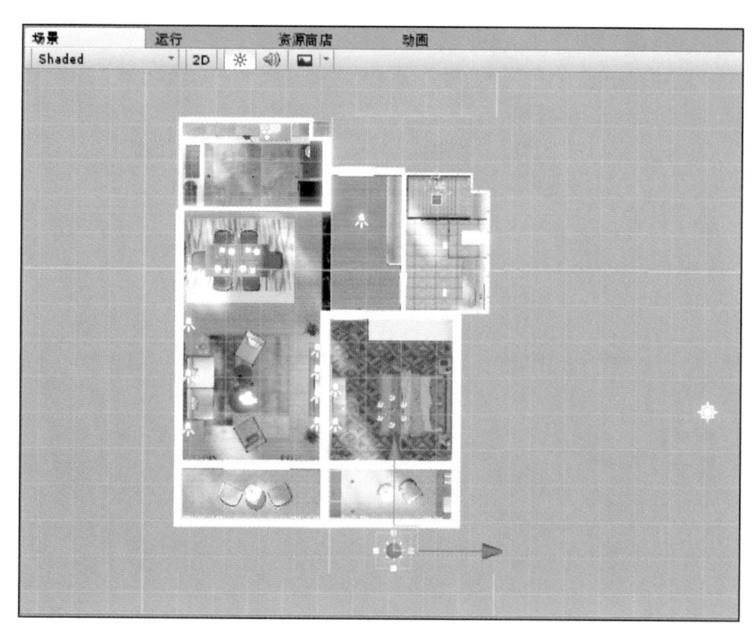

图 3.3-143

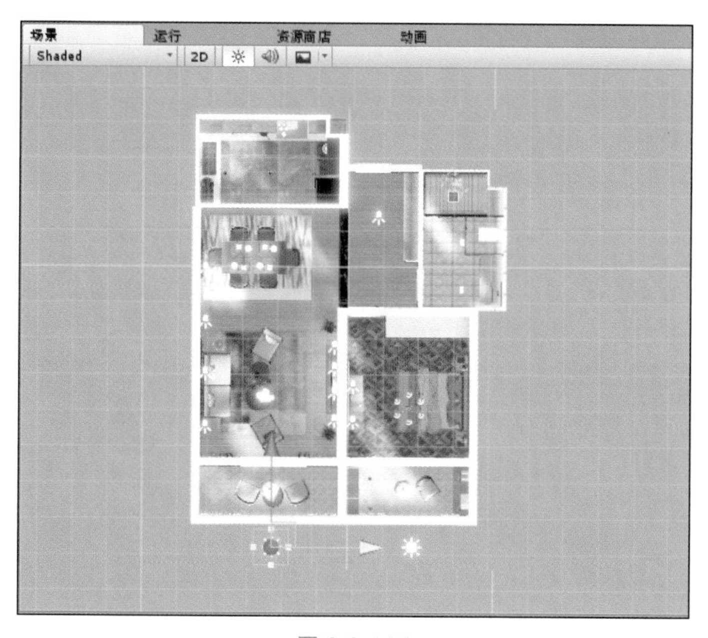

图 3.3-144

5）选中 2 盏面光源，调整右侧属性 Transform 属性栏下 Rotation 行 X 轴为 0，光源方向从室外照入室内，如图 3.3-145 所示。

6）点击坐标 X 轴切换到侧视图。选择移动工具，分别沿 X、Y 轴移动到窗户合适位置，如图 3.3-146 所示。

7）用相同方法再创建面光源 12 盏，移动到相应位置，面光源创建完成，如图 3.3-147 所示。

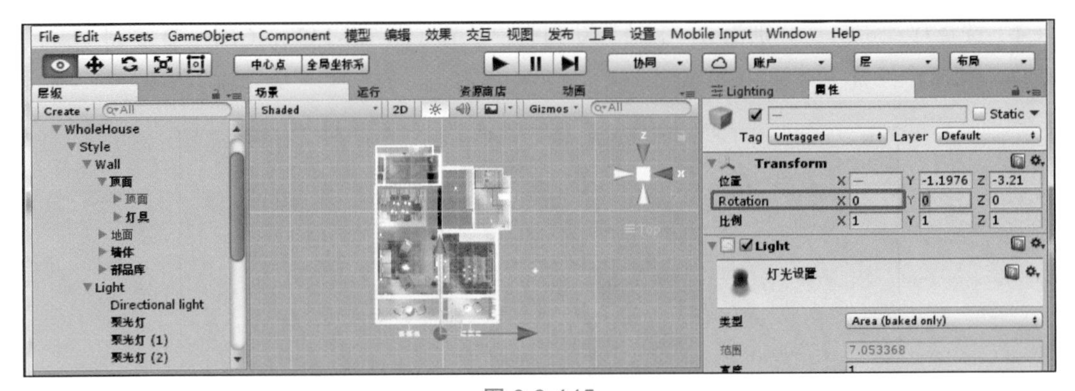

图 3.3-145

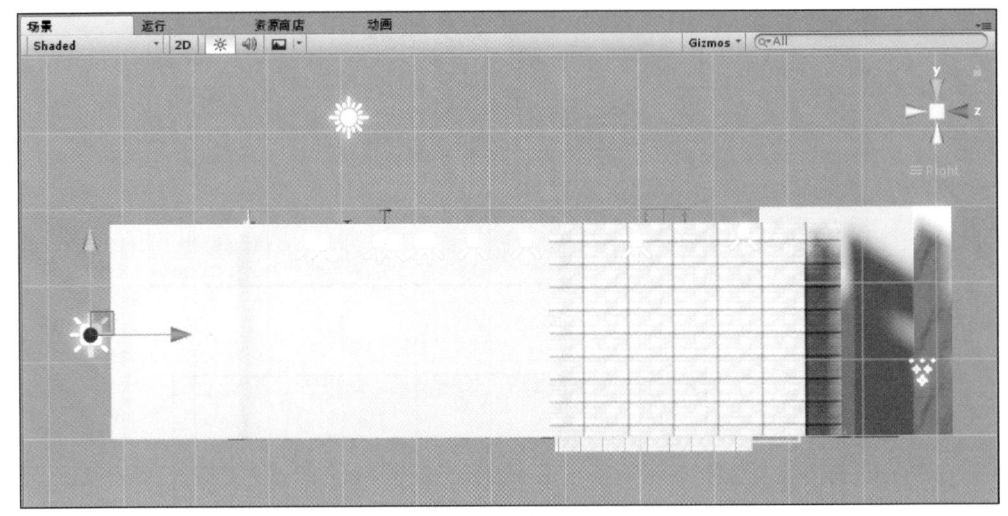

图 3.3-146

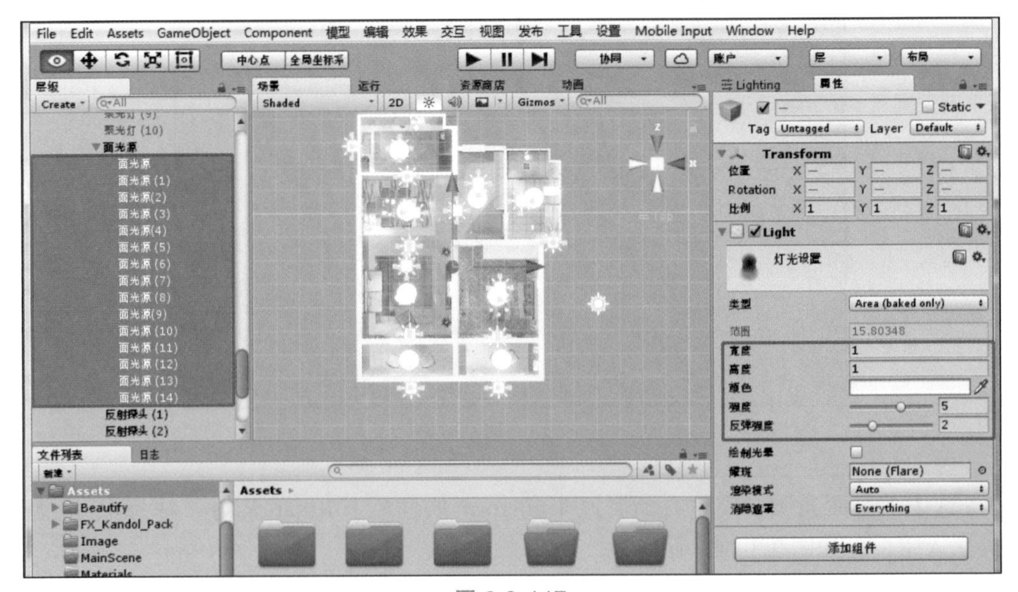

图 3.3-147

注：面光源效果只在烘焙中呈现，具体会在本书第 6 章中详细讲解，Ctrl+S 保存文件。

3.3.8.3　辅助光源——反射探头

1）点击项目资源区“Assets\Light”层级，右键添加光源，选择反射探头，如图 3.3-148 所示。

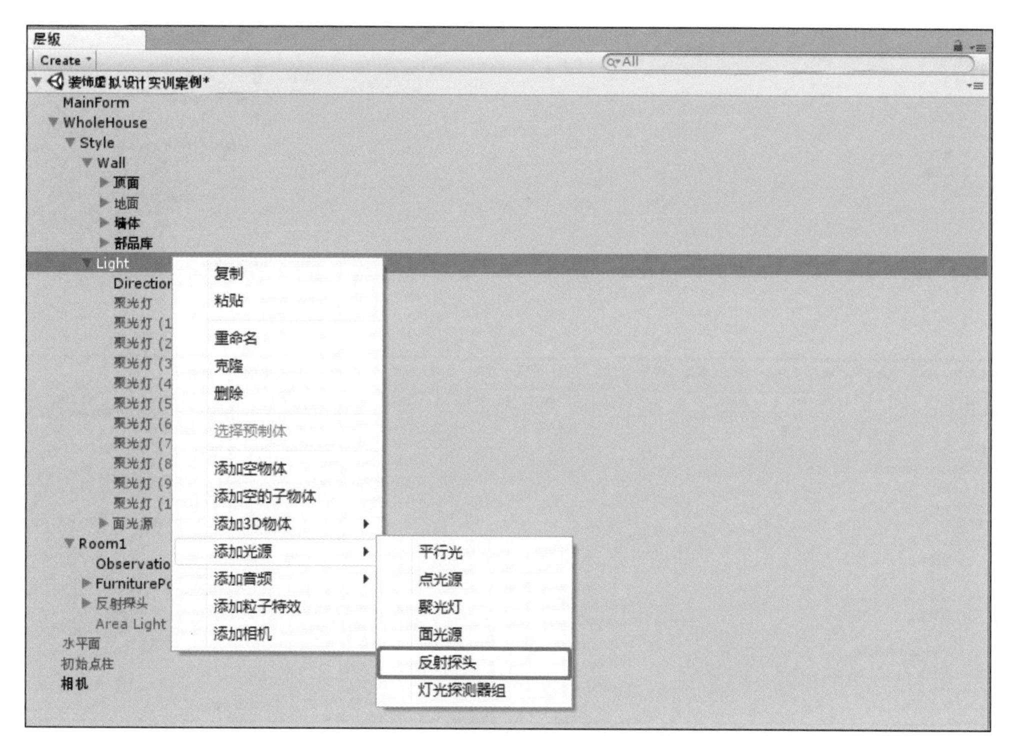

图 3.3-148

2）点击右侧属性 Reflection Probe 属性栏下移动按钮。沿 X、Y 轴移动至门厅正中间位置，如图 3.3-149 所示。

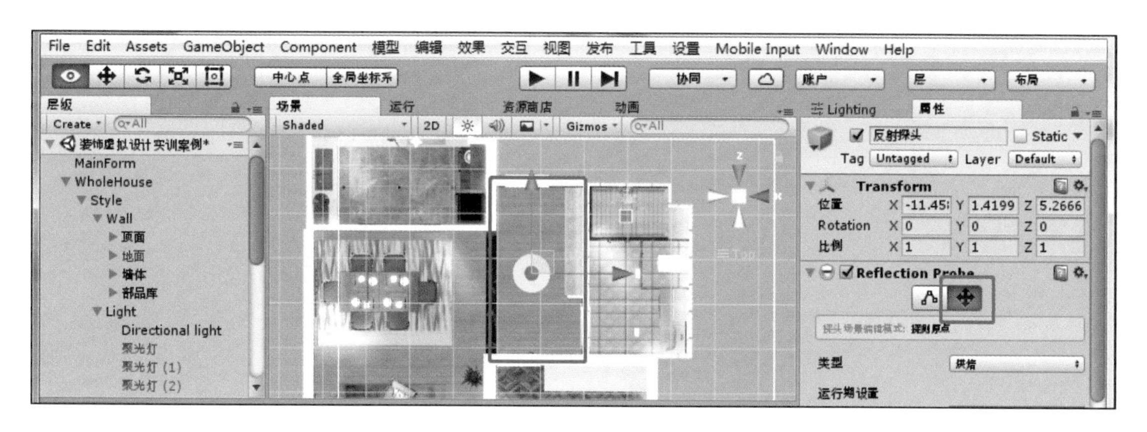

图 3.3-149

3）点击右侧属性 Reflection Probe 属性栏下编辑按钮。反射探头显示四个可编辑点（图 3.3-150）。

4）调整范围大小至门厅位置，点击 X 轴切换至侧视图，点击右侧属性 Reflection Probe 属性栏下移动按钮，沿 X、Y 轴移动至墙中间位置，如图 3.3-151 所示。

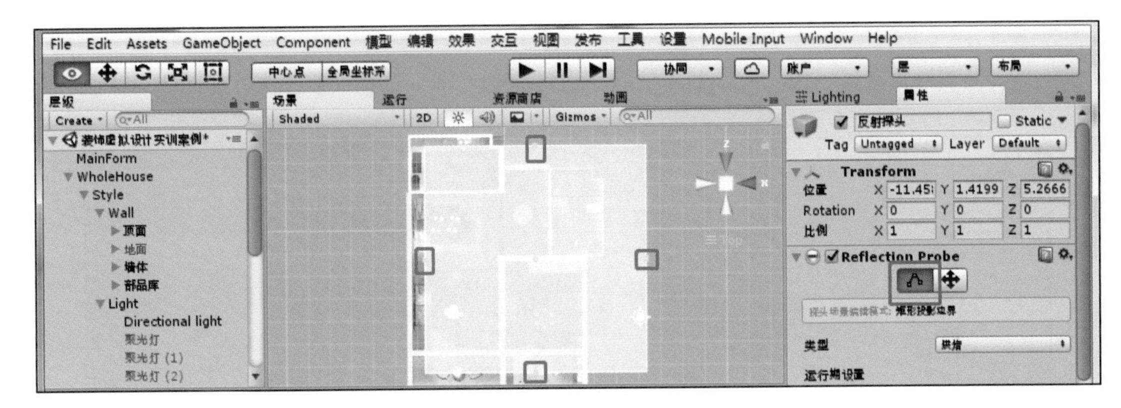

图 3.3-150

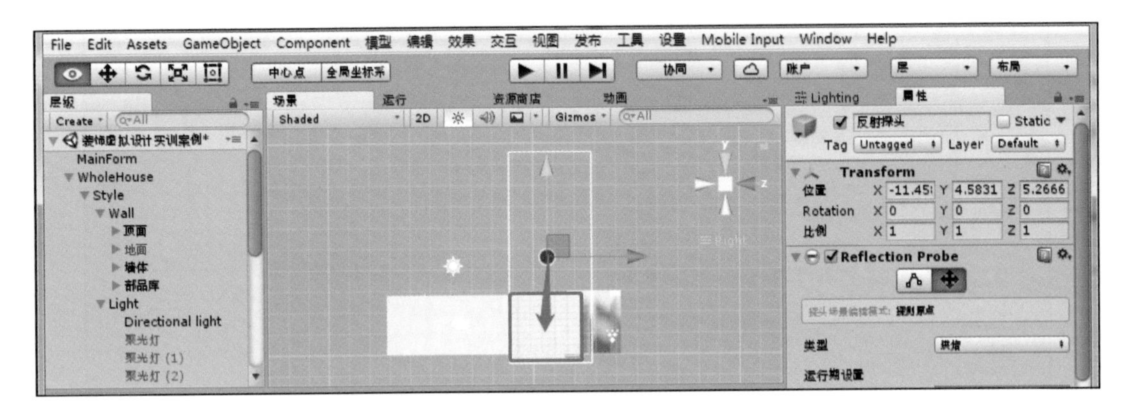

图 3.3-151

5）调整反射探头四个可编辑点（图 3.3-152），调整范围大小与墙高一致（图 3.3-153）。

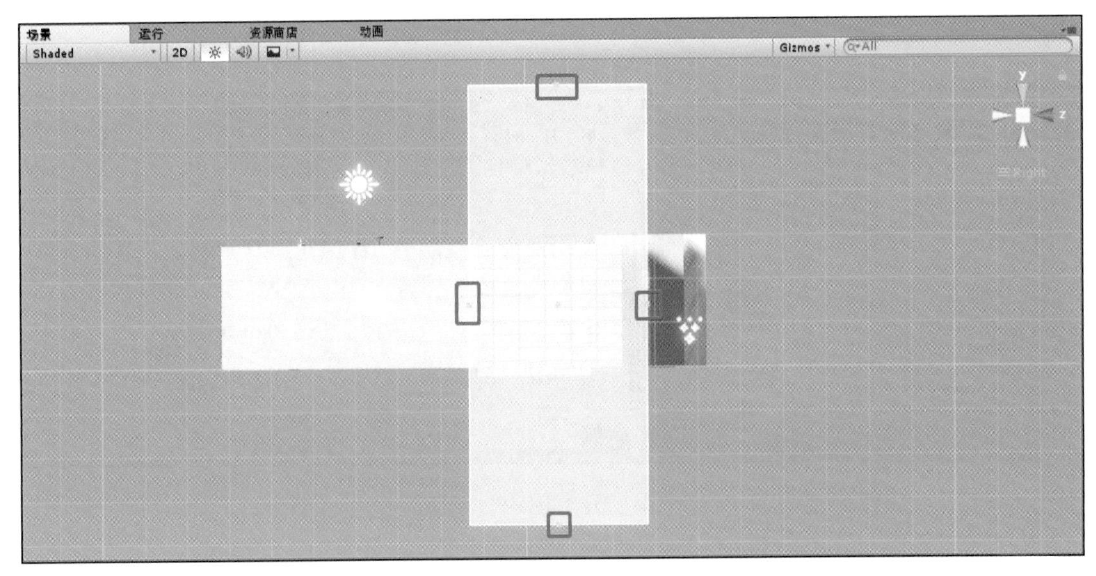

图 3.3-152

6）用相同方法创建再创建反射探测球 7 个，如图 3.3-154 所示。

7）统一调整参数，如图 3.3-155 所示。

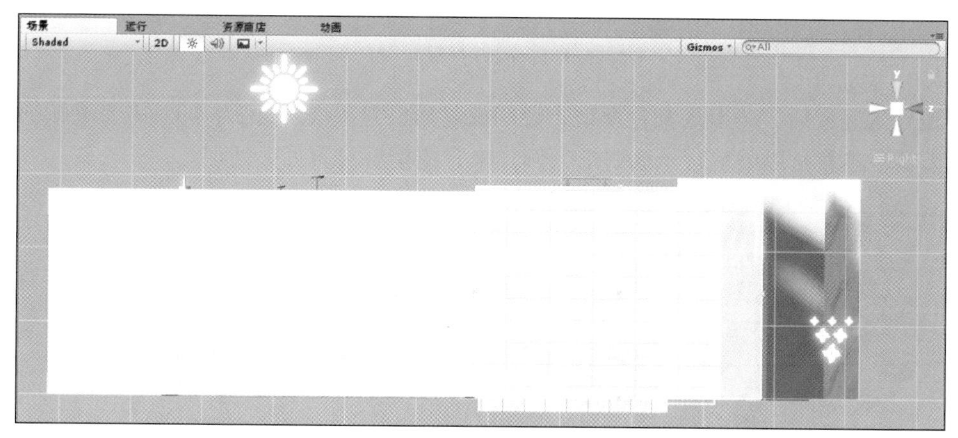

图 3.3-153

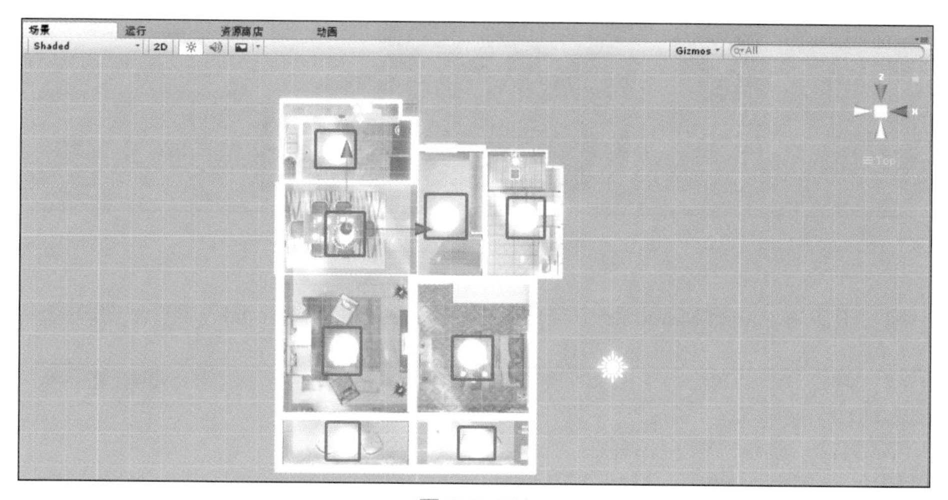

图 3.3-154

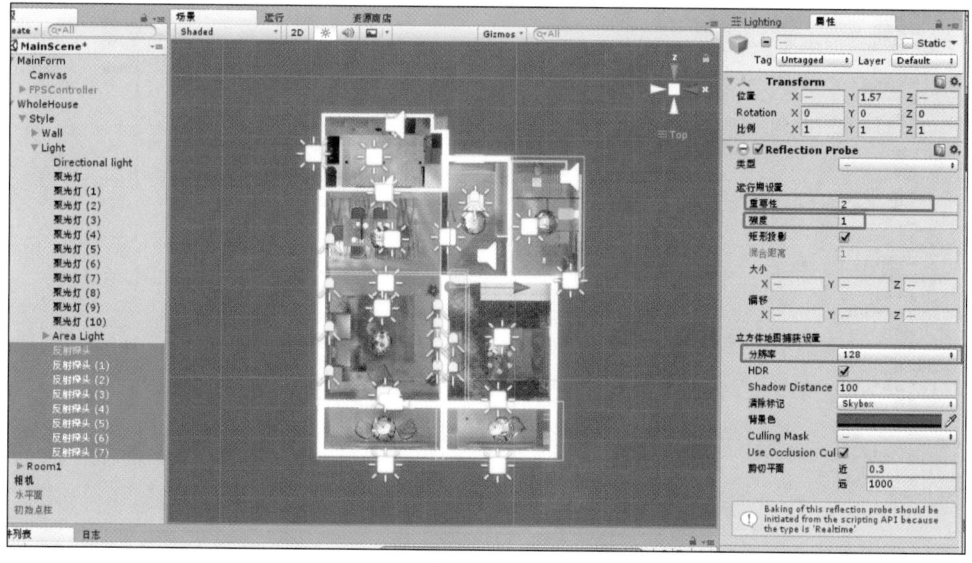

图 3.3-155

注：一般一个独立的空间里面需要设置一个反射探头，Ctrl+S 保存文件。

3.4 知识拓展：材质丢失处理

模型导入完成后，若出现紫色模型，说明此材质已经丢失（图 3.4-1），需要重新创建、制作赋予模型。本教材以卧室背景墙壁纸为例，来介绍模型材质丢失处理。

图 3.4-1

（1）项目资源区 Assets\Materials 中空白处右键“Create → Material”命令，如图 3.4-2 所示。

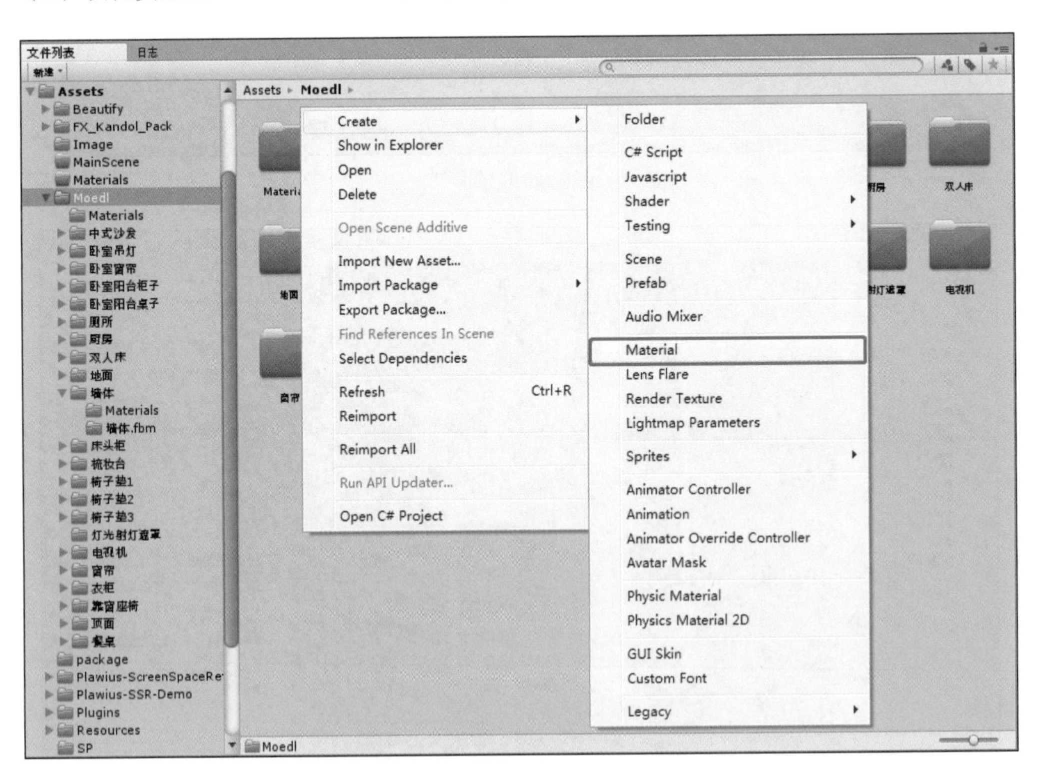

图 3.4-2

（2）命名为“卧室背景墙壁纸”，如图 3.4-3 所示。

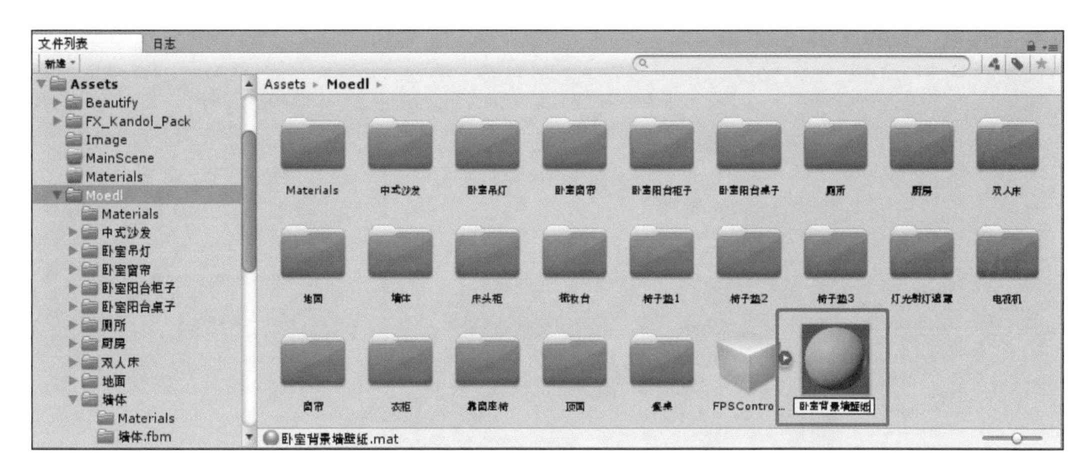

图 3.4-3

（3）右侧属性面板调整漫反射贴图颜 RGB 为 231、218、185，金属质感为 0.4，光滑度度为 0.65，如图 3.4-4 所示。

图 3.4-4

（4）场景视图中选择壁纸模型，在右侧属性面板 Mesh Renderer 属性栏内找到 Materials 下方 Element0 参数行，把项目资源区 Assets\Materials\ 卧室背景墙壁纸材质球拖拽给 Element0 参数行 None (Material) 上，模型丢失材质处理完成，如图 3.4-5 所示。

（5）找到卧室背景墙壁纸对应的贴图文件，拖拽至漫反射贴图与法线贴图，如图 3.4-6 所示。

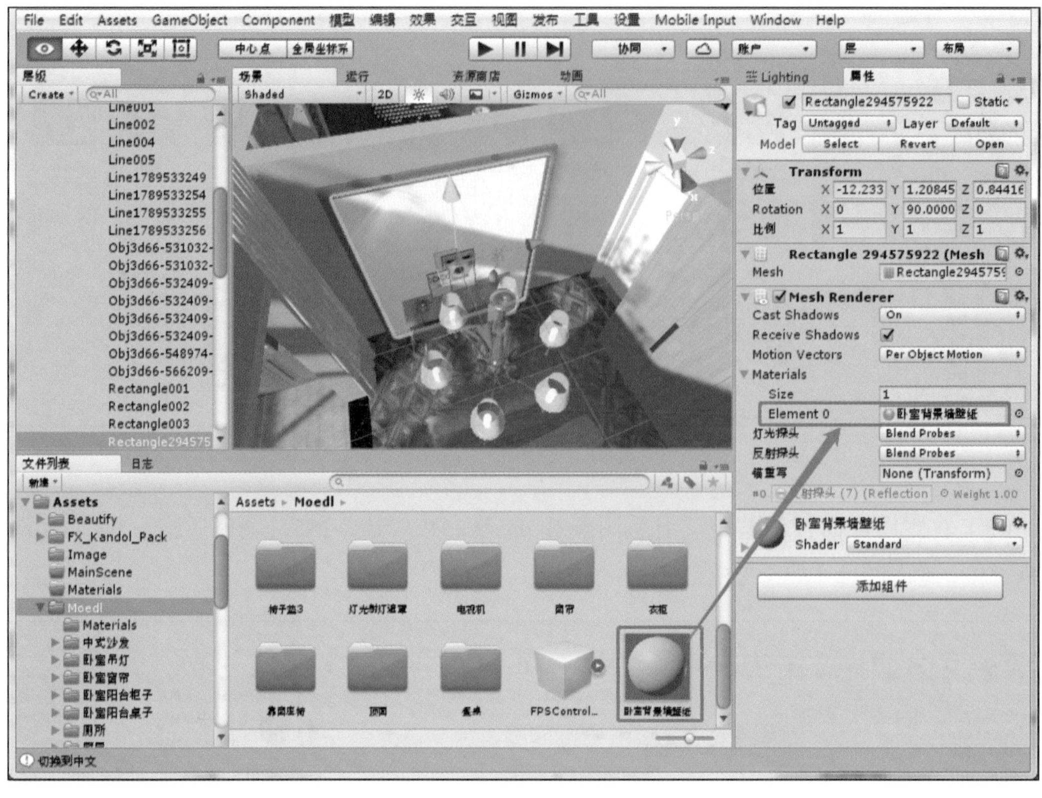
File Edit Assets GameObject Component 模型 编辑 效果 交互 视图 发布 工具 设置 Mobile Input Window Help
中心点
全局坐标系
协同
账户
层
布局
层级
场景
运行
资源商店
动画
Lighting
属性
Create
Shaded
2D
Gizmos
Line001
Line002
Line004
Line005
Line1789533249
Line1789533254
Line1789533255
Line1789533256
Rectangle001
Rectangle002
Rectangle003
Rectangle294575922
Static
Tag
Untagged
Layer
Default
Model
Select
Revert
Open
Transform
位置
Rotation
比例
X -12.233
Y 1.20845
Z 0.84416
Y 90.0000
Rectangle 294575922 (Mesh
Mesh
Mesh Renderer
Cast Shadows
On
Receive Shadows
Motion Vectors
Per Object Motion
Materials
Size
Element 0
卧室背景墙壁纸
灯光探头
Blend Probes
反射探头
锚重写
None (Transform)
Shader
Standard
添加组件
文件列表
日志
新建
Assets
Beautify
FX_Kandol_Pack
Image
MainScene
Materials
Moedl
中式沙发
卧室吊灯
卧室窗帘
卧室阳台柜子
卧室阳台桌子
厕所
Assets ▸ Moedl ▸
电视机
衣柜
FPSControl...
切换到中文

图 3.4-5

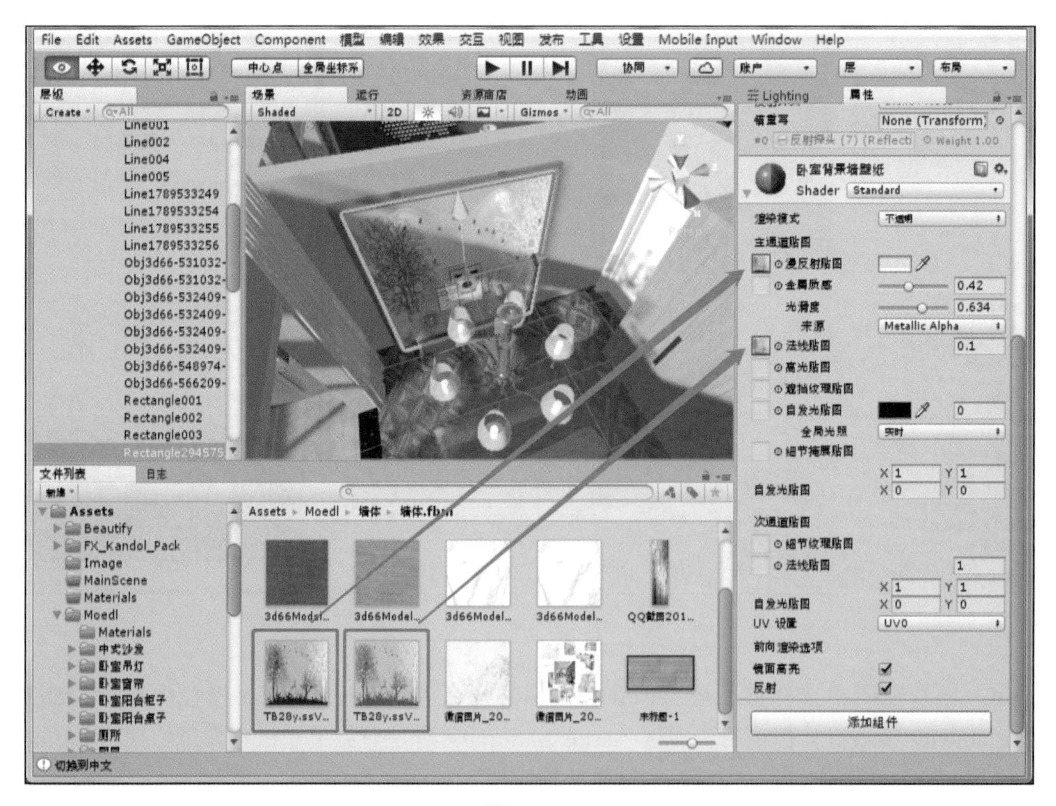
File Edit Assets GameObject Component 模型 编辑 效果 交互 视图 发布 工具 设置 Mobile Input Window Help
卧室背景墙壁纸
Shader
Standard
渲染模式
不透明
主通道贴图
漫反射贴图
金属质感
0.42
光滑度
0.634
来源
Metallic Alpha
法线贴图
0.1
高光贴图
自发光贴图
全局光照
实时
细节掩膜贴图
次通道贴图
细节纹理贴图
UV 设置
UV0
前向渲染选项
镜面高亮
反射
添加组件
Assets ▸ Moedl ▸ 墙体 ▸ 墙体.fbm
3d66Model...
QQ截图201...
TB28y.ssV...
微信图片_20...
未标题-1
切换到中文

图 3.4-6

（6）处理完成之后最终效果，如图 3.4-7 所示。

图 3.4-7

第4章 交互设计

学习目标

1. 熟悉通过VDP虚拟现实设计凭条进行交互设计；
2. 了解每个交互功能的制作流程及参数设置；
3. 掌握每个交互设计对应的业务背景；
4. 培养基于VR技术的创新能力。

4.1 任务说明

（1）通过对本章节的学习，熟练掌握虚拟现实设计平台VDP进行VR交互设计的四个步骤：选择物体对象；选择交互命令；设置交互参数；编辑交互触发器。

（2）在本章的学习过程中，掌握所有交互设计的操作方法；熟练掌握各个交互功能与对应的实际业务需求之间的关系，能够运用不同的交互功能完成所需的实际业务需求。

（3）在本章节的内容学习完成后，能够完成一居室方案交互设计及编辑，主要包括天空盒子、定义活动范围、移动路径、门窗动作、开关灯、物体拾取、材质替换、播放视频、制作动画等。完成本章节资源包、工程文件夹的作业提交。

4.2 任务分析

在本章节中，需要完成在一居室方案中进行天空盒子、活动范围、移动路径、门窗动作、开光灯、拾取、替换材质、播放视频、播放3D动画等交互操作。在虚拟现实设计平台中交互设计操作按照：选择物体对象；选择交互命令；设置交互参数；编辑交互触发器四个步骤进行。另外，在学习交互基本操作之前，还需要了解每一个交互设计与之对应的业务需求，从而达到熟练应用所有交互设计的目的。

4.3 任务实施

交互性是VR技术的主要特点之一，交互设计是交互性的充分体现。通过定义交互功能，可以让客户在虚拟场景中与物体进行“真实”互动，如体验24h光照变化、以任意视角查看虚拟场景物体，实现从平面到空间的跨越。交互设计能够让一个呆板的虚拟场景变得更加生动，同时还能够更加直观的展示真实的业务场景、探究业务设计的基本原理、掌握真实业务过程中的关键步骤及技术要点。

4.3.1　制作天空盒子

天空盒子指的是整个 VR 场景中的外部环境，包含了周边建筑、自然环境、天气环境等。在虚拟现实的场景体验中，常常通过天空盒子来模拟核心场景所处的周边环境。在现实场景中，不可能随意地改变房间所在的周边环境，也很难体验到同样的室内设计在不同的场景下的体验。通过虚拟现实技术，能够很方便地实现这一点。

（1）通过切换不同的天空盒子，能够感受到不同时间段的室内环境变化。同时配合灯光方案的调整，能够更加真实地展示室内方案的整体设计。

（2）通过不同天空盒子的切换，还能够感受到不同的季节对室内环境的影响，同时配合材质的替换，这样通过四季不同的切换能够让场景设计更加贴近真实。

（3）在地产设计中，同样的户型往往会在不同的城市或地域出现，所以设计方案就需要进行相应的调整，我们就能够通过切换天空盒的方式模拟不同地点周边环境的变换。

在虚拟现实设计平台 VDP 中，通过如下步骤进行场景的天空盒进行设计。天空盒的设计在整体步骤上有一些差异，它不完全满足交互设计的四个步骤，这里需要更加注意。

（1）复制“一居室方案\贴图\全景图\001.jpg”，如图 4.3-1 所示。

（2）在项目资源区 Assets 空白处右键 Create 选择 Folder，创建新文件夹重命名为“Skybox”，如图 4.3-2 所示。

（3）“Skybox”文件夹上点击右键 Show in Explorer，打开文件夹所在位置，将复制的全景图粘贴在此文件夹内，如图 4.3-3 所示。

图 4.3-1

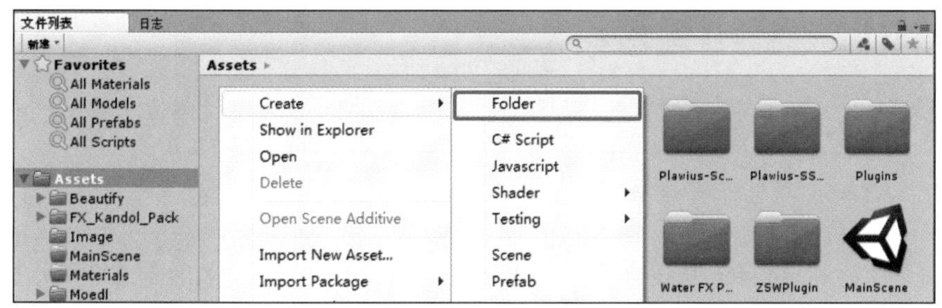

图 4.3-2

图 4.3-3

（4）在右侧属性栏中将 Texture Shape 中 2D 替换成 Cube，点击 Apply，将图片转换为全景模式，如图 4.3-4 所示。

图 4.3-4

（5）在项目资源区 Assets\Skybox 右键选择 Create→Material，把创建好的材质球重命名为 Skybox（图 4.3-5）。

图 4.3-5

（6）Skybox 右侧属性栏将 Shader 模式修改为 Cubemap（图 4.3-6），效果如图 4.3-7 所示。

（7）把 3D 全景图 001 拖拽到 Skybox 材质球，如图 4.3-8 所示。

（8）将项目资源区“Assets\Skybox”拖入场景视图空白处（图 4.3-9）。

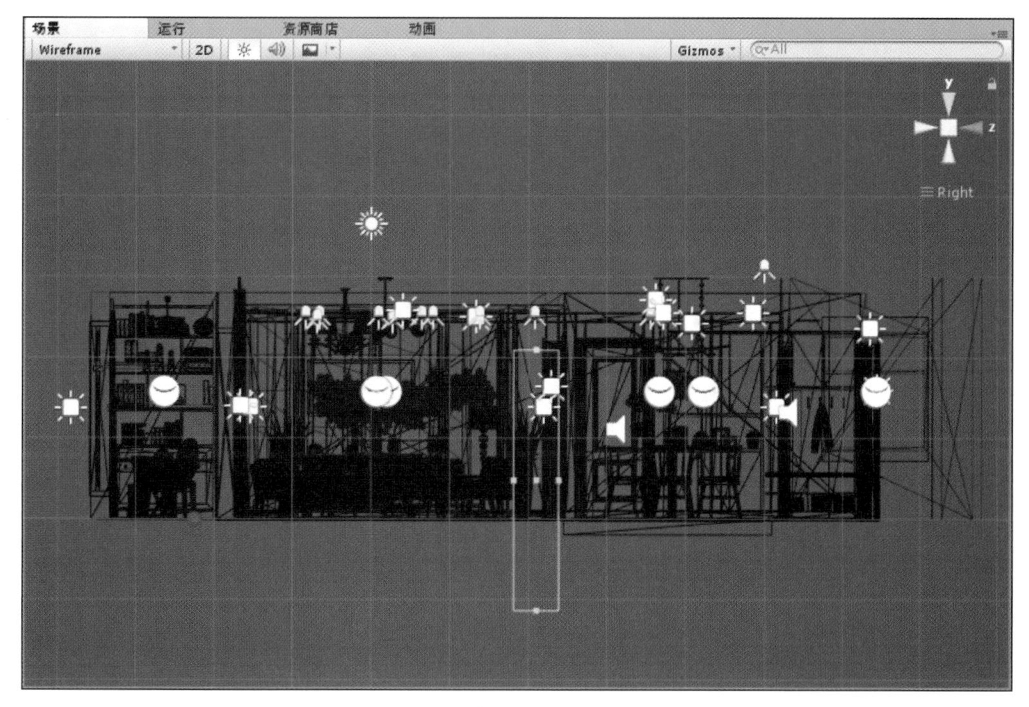
场景
运行
资源商店
动画
Wireframe
2D
Gizmos
All
y
z
Right

图 4.3-6

Unity 5.5.2f1 Personal (64bit) - MainScene.unity - 560993ED741A4FB787331B232197B2DF - PC, Mac & Linux Standalone <DX11>
File
Edit
Assets
GameObject
Component
模型
编辑
效果
交互
视图
发布
工具
设置
Mobile Input
Window
Help
中心点
全局坐标系
协同
账户
层
布局
层级
Create
MainScene
MainForm
WholeHouse
水平面
初始点柱
场景
运行
资源商店
动画
Shaded
2D
Gizmos
y
x
Persp
Lighting
属性
Skybox
Shader
Skybox/Cubemap
Tint Color
Exposure
1
Rotation
0
Cubemap (HDR)
None (Cubemap)
Select
Render Queue
From Shader
1000
文件列表
日志
新建
Favorites
All Materials
All Models
All Prefabs
All Scripts
Assets
Beautify
FX_Kandol_Pack
Image
MainScene
Materials
Moedl
package
Assets ▸ Skybox
001
Skybox
Skybox.mat
AssetBundle
None
None
自动保存：7/6/2018 8:53:28 AM

图 4.3-7

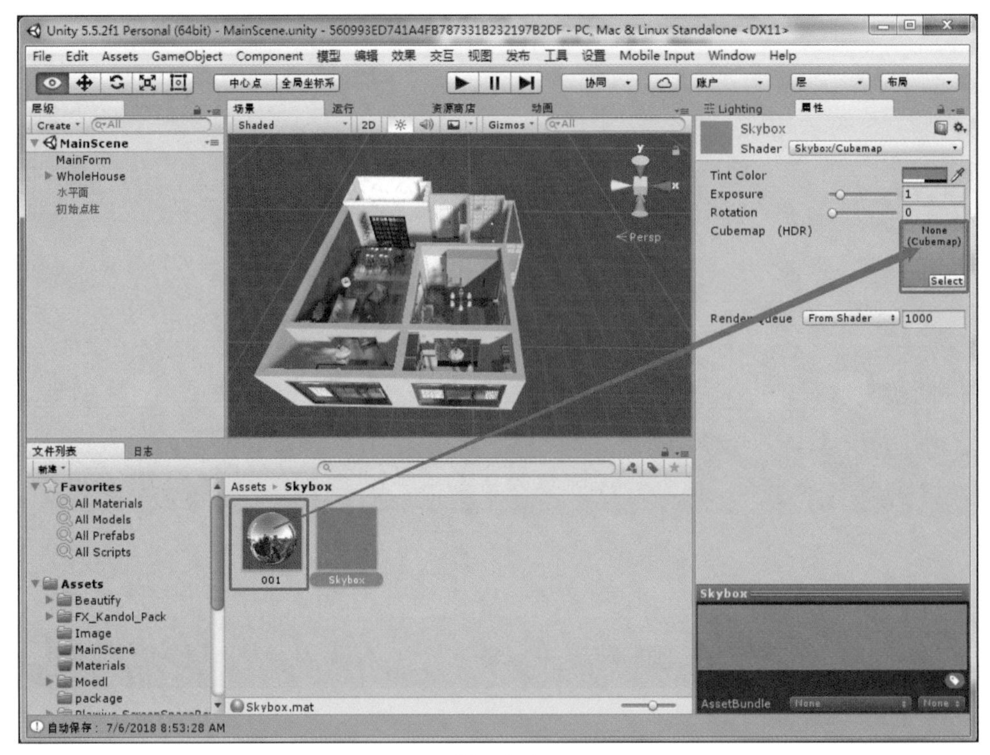

图 4.3-8

图 4.3-9

（9）打开场景视图 Skybox，完成天空盒子制作（图 4.3-10）。

4.3.2　定义活动范围

定义活动范围与拾取

在实际的室内空间中，人们可以自由地穿行在室内所有的活动范围内。那么，作为虚拟现实技术手段呈现的虚拟场景中，是否也可以这样行走呢？通过定义活动范围的方式来设定 VR 场景中人可以活动的区域，并且在该区域中，还能够通过手势控制器瞬间移动到设定的活动范围内的任意位置，方便在 VR 场景中更加方便地对室内设计的方案进行查看和赏析。

定义活动范围的交互是所有 VR 交互中最基础的交互设计，操作过程遵循 VR 设计四个关键步骤，即选择物体对象；选择交互命令；设置交互参数；编辑交互触发器的设计原则，具体操作如下。

（1）选择物体对象：在场景视图中选择客厅及门厅地面区域，如图 4.3-11 所示。

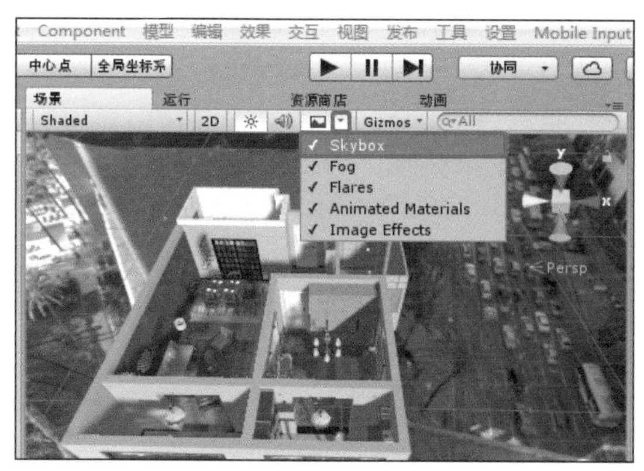

图 4.3-10

图 4.3-11

（2）选择交互命令：点击菜单栏“交互→定义行走范围→地面”，如图 4.3-12 所示。

（3）设置交互参数：在右侧属性面板中，定义行走范围交互增加了 Box Collider 与 LYZX Hero Move Region Info (Script) 两个属性栏，如图 4.3-13 所示。

图 4.3-12

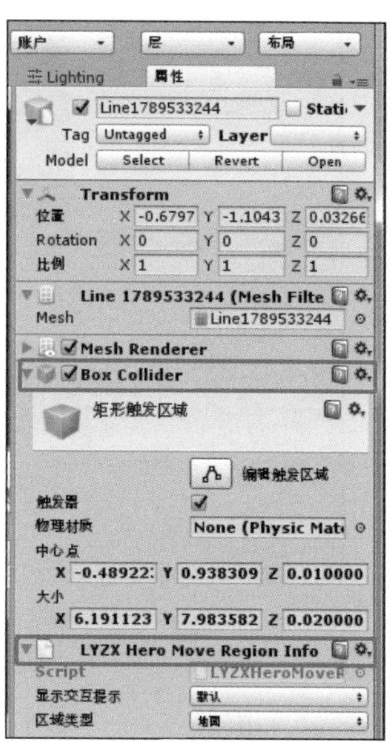

图 4.3-13

（4）编辑交互触发器：在 Box Collider 属性栏中，点击编辑触发区域按钮，定义行走范围可以调整大小，拽动绿色点即可调整，如图 4.3-14 所示。

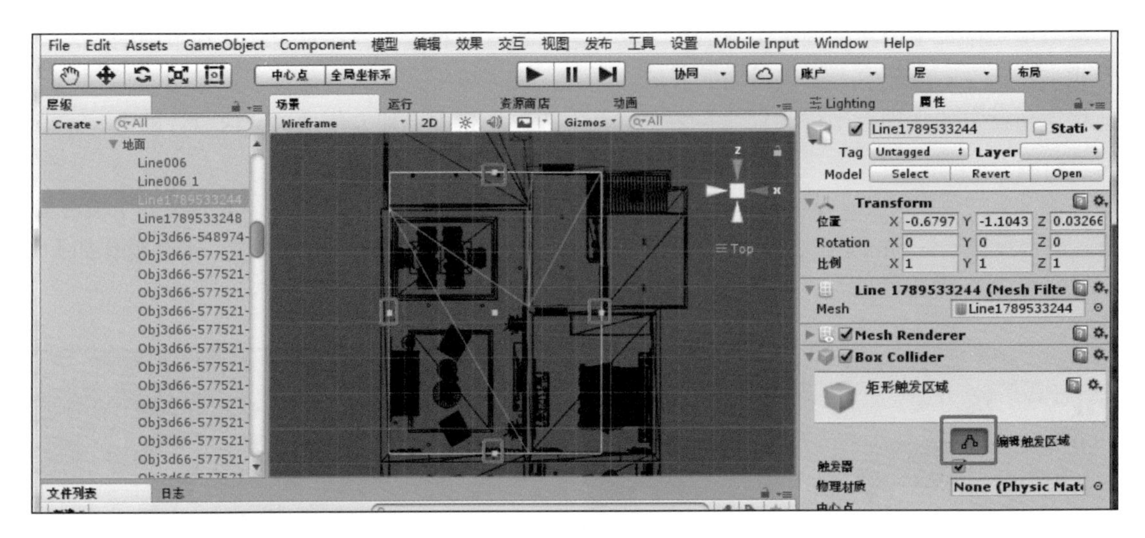

图 4.3-14

注：可在右侧属性面板点击“添加组件”按钮（图 4.3-15），增加 Mesh Collider，完成定义活动范围（图 4.3-16）。

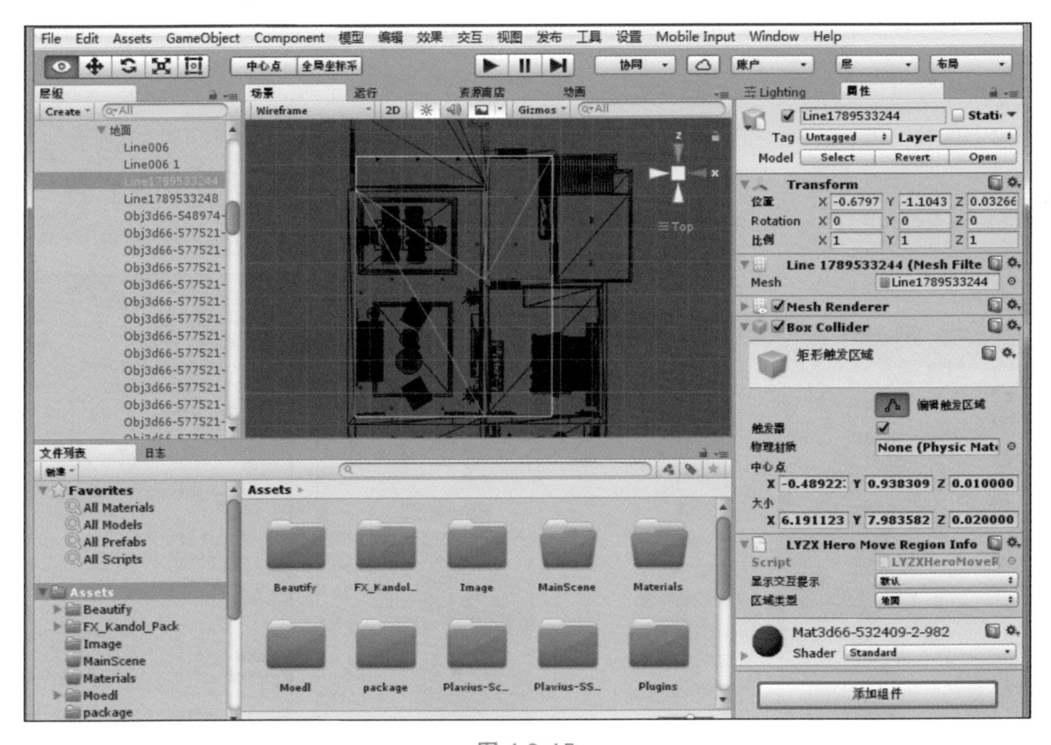

图 4.3-15

（5）依照（1）～（4）步骤完成客厅阳台、卧室、卧室阳台、卫生间、厨房地面的行走范围。定义行走范围可批量选择整个空间，也可按功能分区单独定义。

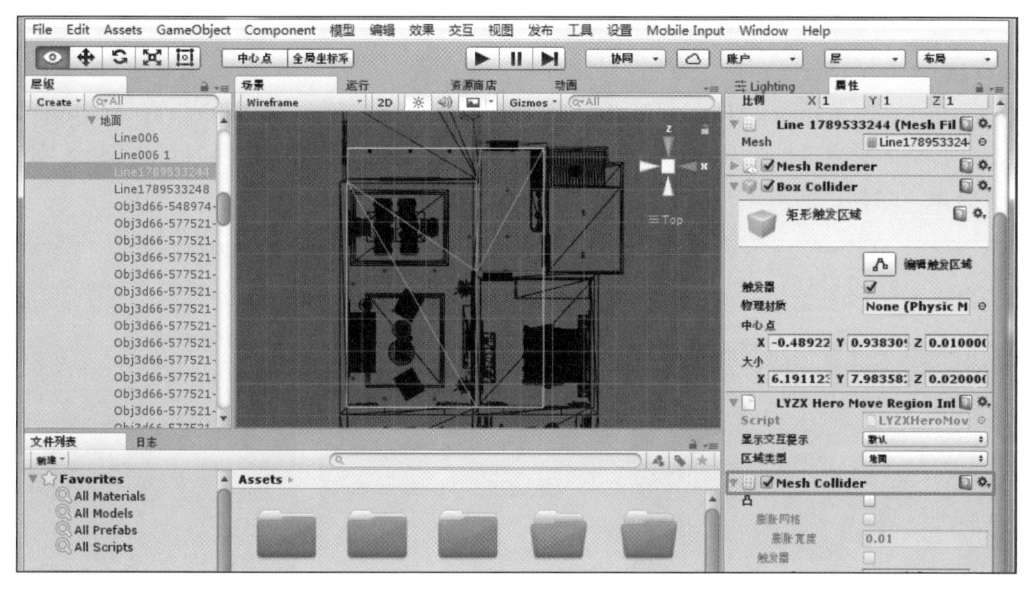

图 4.3-16

4.3.3 定义移动路径

在进行 VR 场景游览的时候，针对相对比较大的场景往往更希望参观者按照指定的路线进行游览，这个时候在 VR 交互设计中就有必要设置一个交互，能够让人按照指定的路径进行游览。当然在漫游的时候，也可以指定某个物体跟随参观者一起游览，给参观者营造一个置身在“真实”场景之中的感受，如乘坐汽车、乘坐直升机、乘坐热气球、乘坐电梯等。也可以充分发挥创意，让参观者在设计的 VR 场景中有一个更加新奇和方便的游览方式。

定义移动路径与弹出窗口

另一方面，也可以通过移动路径的交互来指定物体来按照一定的路线进行移动，而参观者自身是静止的，这就好比人们站在站台上，看来往的汽车在人们面前来回穿梭。

定义移动路径的操作相比定义活动范围的操作要相对复杂，主要在于要设计好人们想要移动的路径的坐标，并且这个坐标是一个三维空间的坐标。除此之外，其他的所有操作仍然是按照 VR 交互设计的四个关键步骤进行，具体操作如下。

（1）选择物体对象：在场景视图中选择客厅餐桌，如图 4.3-17 所示。

（2）选择交互命令：点击菜单栏“交互→定义移动路径”，如图 4.3-18 所示。

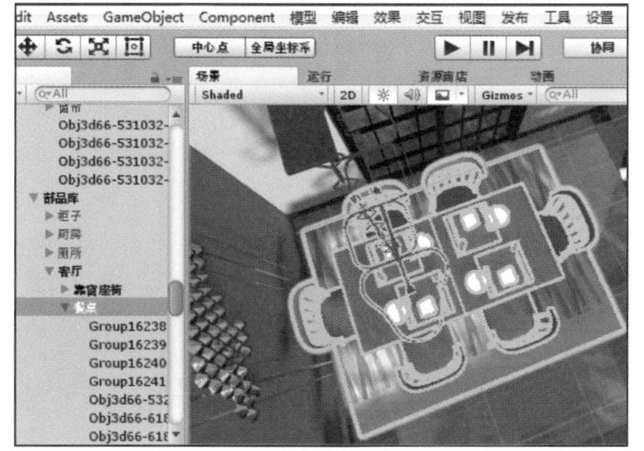

图 4.3-17

图 4.3-18

（3）设置交互参数：在右侧属性面板中，定义行走范围交互增加了 Box Collider 与 LYZX Camera Move Info (Script) 两个属性栏，如图 4.3-19 所示。

（4）在 LYZX Camera Move Info (Script) 属性栏中，点击展开 Move Objects 与 Points，把需要定义移动的餐桌拖拽至 Move Objects 下 Element 0 右侧选择框中，则 None (Game Object) 变成“餐桌”名称，如图 4.3-20 所示。

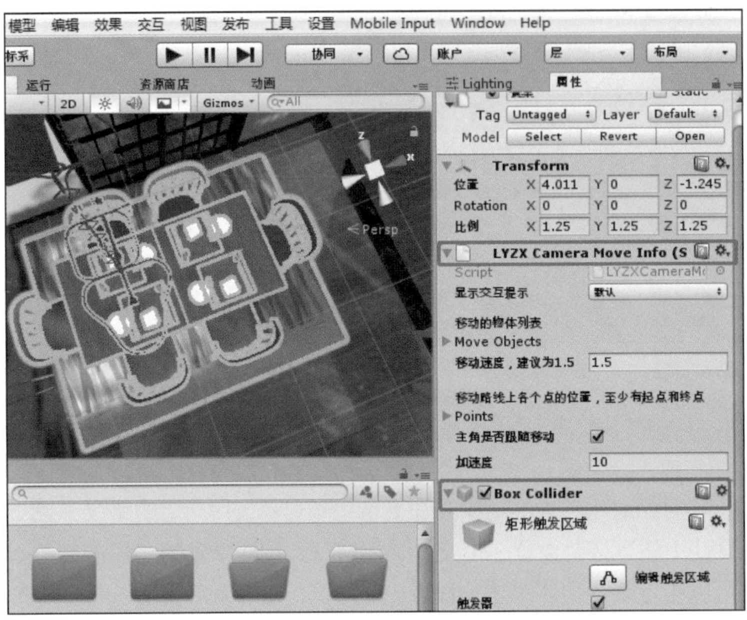

图 4.3-19

图 4.3-20

（5）Points 对应为移动过程中需要经过的关键点，这里把下方 Size 值 2 修改为 3，表示餐桌移动经过 3 个点，软件自动增加 3 个 Element 参数命令行，如图 4.3-21 所示。

（6）复制 Transform 属性栏位置坐标 X、Y、Z 给 Element 0、Element 2，作为移动路径过程中的起点和终点，如图 4.3-22 所示。

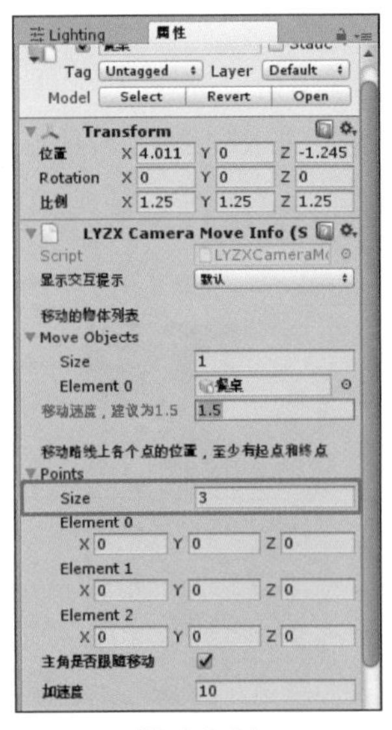

图 4.3-21

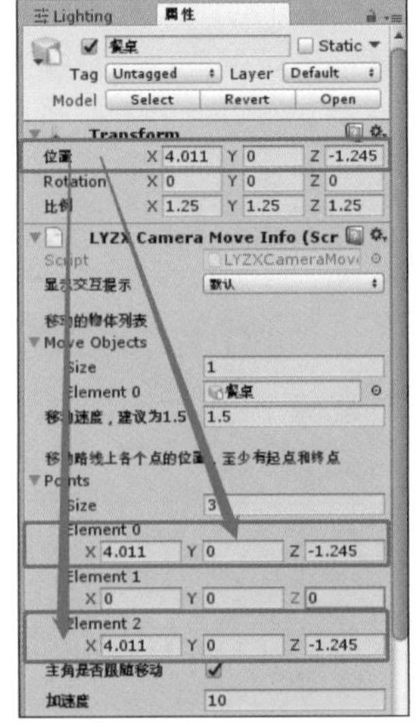

图 4.3-22

（7）在场景视图中移动餐桌到想要经过的位置，这时餐桌位置坐标产生变化。把变化的坐标复制到 Element 1，如图 4.3-23 所示。

（8）把 Element 0 位置坐标复制给 Transform 属性栏位置坐标 *X*、*Y*、*Z*，餐桌回到初始位置，如图 4.3-24 所示。

（9）主角是否跟随移动，表明在 VR 中观看人是否跟随对应的物体一起移动，这里去掉 Points 下方主角是否跟随移动复选框勾。设置加速度值，加速度数值越大，物体越能够快速达到想要的速度，默认单位为 m/s^2，此处加速度值设置为 10，即为 $10m/s^2$，如图 4.3-25 所示。

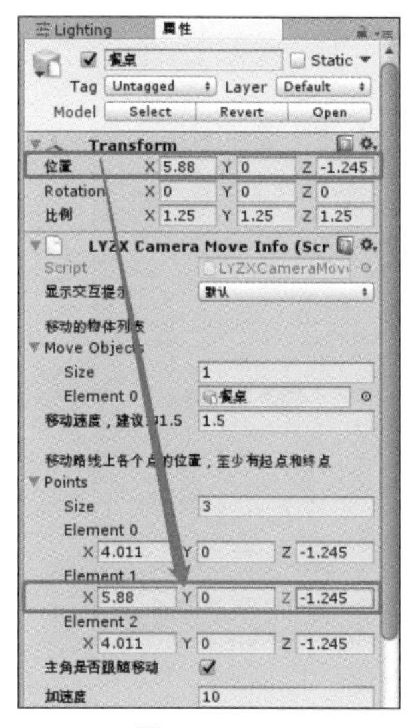

图 4.3-23

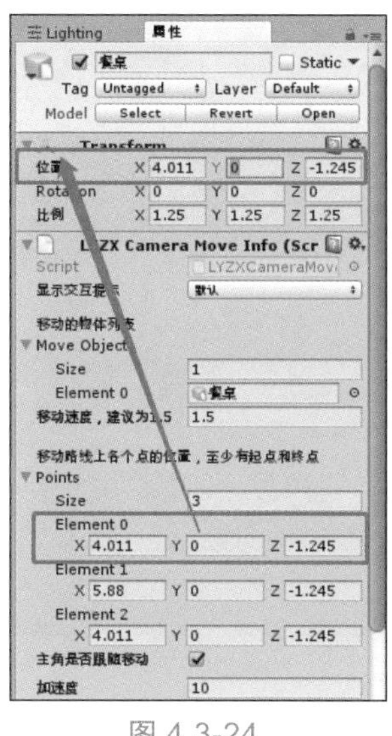

图 4.3-24

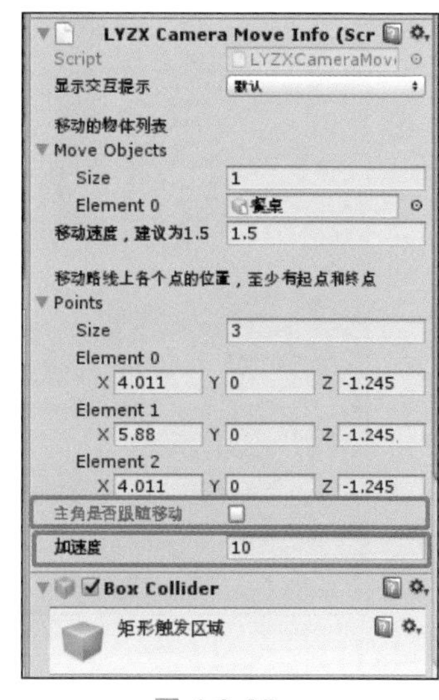

图 4.3-25

（10）编辑交互触发器，在 Box Collider 属性栏中，点击编辑触发区域按钮，定义移动路径的触发区域，拽动绿色点即可调整，如图 4.3-26 所示。

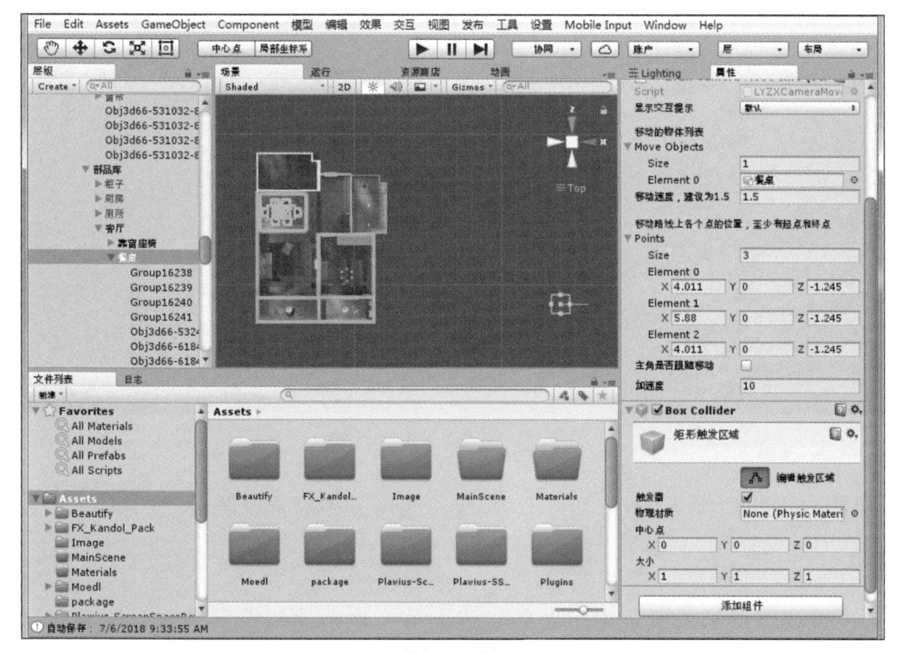

图 4.3-26

（11）切换到顶视图，调整到如图 4.3-27 所示。同理，可以再切换到侧视图、透视图，最终效果如图 4.3-28 所示。

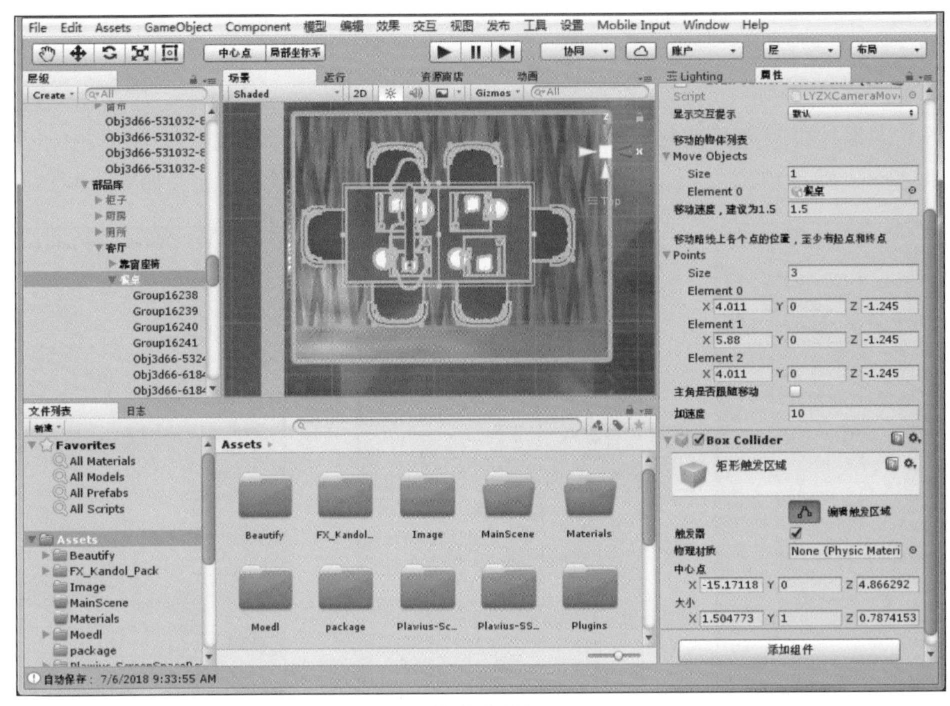

图 4.3-27

图 4.3-28

（12）可根据操作步骤（1）～（11），完成房间内其他家具及陈设品的移动路径。

4.3.4 定义门窗动作

门窗是建筑物维护结构系统中重要的组成部分，也是建筑造型的重要构成，门窗按其所处的位置不同可以分为围护构件或分隔构件，具有保温、隔热、隔声、防水、防火、通风采光等功能。

定义门窗动作

定义门窗动作，即通过参数设置模拟门窗的真实开启与关闭，达到在 VR 场景中进入到不同的室内空间的目的。下面以入户门为例，讲解定义门窗动作的操作步骤。

（1）选择物体对象。选择工程资源面板“Hierarchy\Wall\Group-566209-999”层级，重命名为入户门，如图 4.3-29 所示。

（2）在场景视图中，选择门框，把门框拖拽至入户门层级（图 4.3-30），分离门与框。

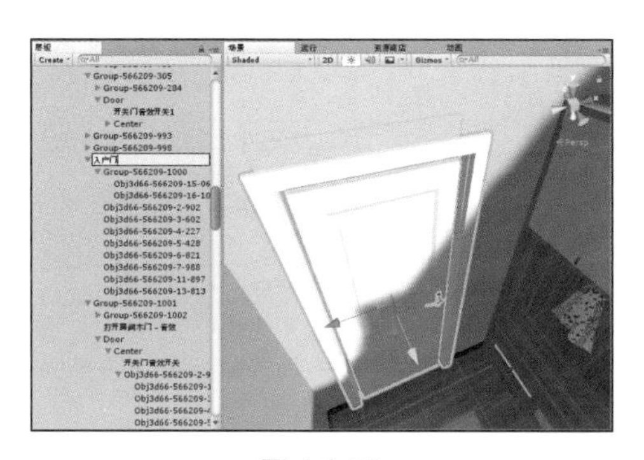

图 4.3-29

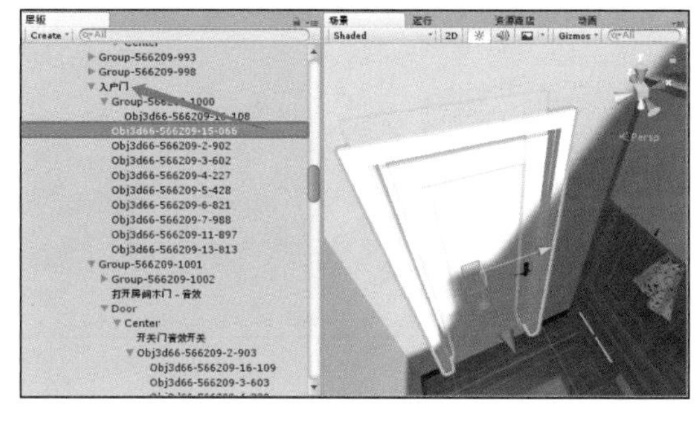

图 4.3-30

（3）在场景视图中，选中门把手，拖拽至 Group-566209-1000 层级（图 4.3-31），重命名为“门”，完成把手与门在同一层级中操作，如图 4.3-32 所示。

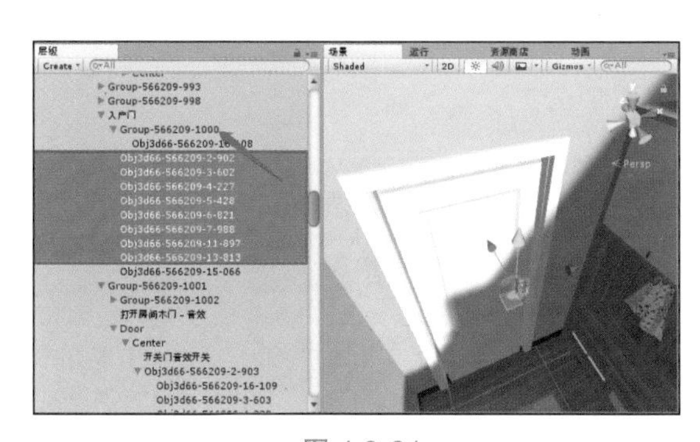

图 4.3-31

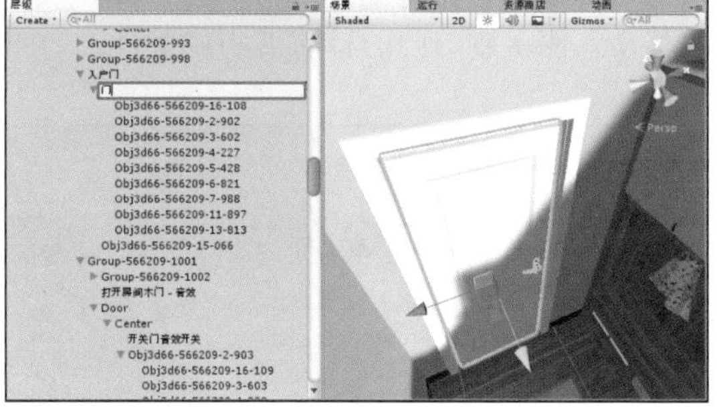

图 4.3-32

（4）选择交互命令。在场景视图中选择门，点击菜单栏“交互→定义门窗动作”，如图 4.3-33 所示。

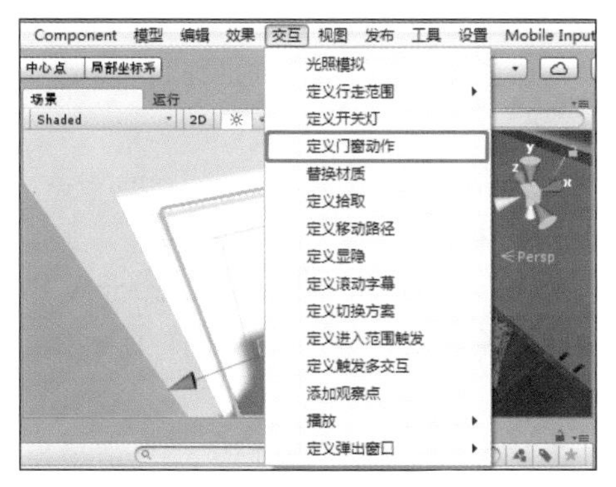

图 4.3-33

（5）设置交互参数。在右侧属性面板中，定义门窗动作交互增加了 Box Collider 与 LYZX Open Door Info (Script) 两个属性栏，如图 4.3-34 所示。

图 4.3-34

（6）定义门窗动作完成后，在工程资源面板 Hierarchy 中，入户门层级下增加了 Door 层级，子层级是门、Center，Center 即为门的旋转中心，门的开关动作绕 Center 节点的 Y 轴进行旋转，场景视图中 Center 节点增加了绿色线框盒，如图 4.3-35 所示。

（7）切换到顶视图与线框模式，选择 Center，在场景视图中移动绿色线框盒，沿 *X*、*Y* 方向移动，使 *Y* 轴与门的转动轴心点重合，如图 4.3-36 所示。

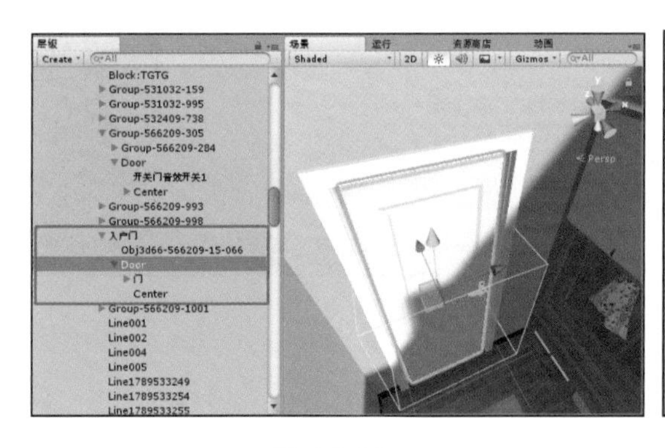

图 4.3-35

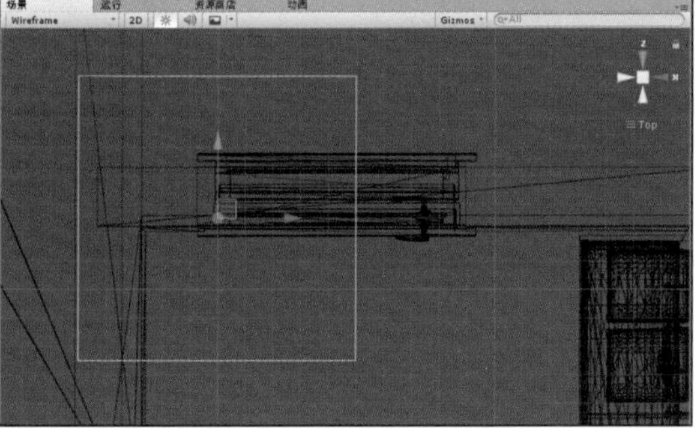

图 4.3-36

注：Alt 键 + 左键、中键，顶视图、侧视图、透视图切换观察是否重合。

（8）把门拖入至 Center 层级。

（9）选中 Center 层级，在右侧属性面板中，变化 Transform 下方 Rotation 中的 *Y* 轴数值，确认门的开启方向，如图 4.3-37 所示。

（10）根据实际需求，调整 LYZX Open Door Info (Script) 下方旋转角度，此处将旋转角度调整为 85°，旋转速度为门的开关速度，分为 1、2、3 个等级，值越大，开关速度越快，如图 4.3-38 所示。

（11）编辑交互触发器。在 Box Collider 属性栏中，点击编辑触发区域按钮，定义门窗动作的触发区，拽动绿色点即可调整，一般触发区域调整大小与门把手一致，如图 4.3-39 所示。

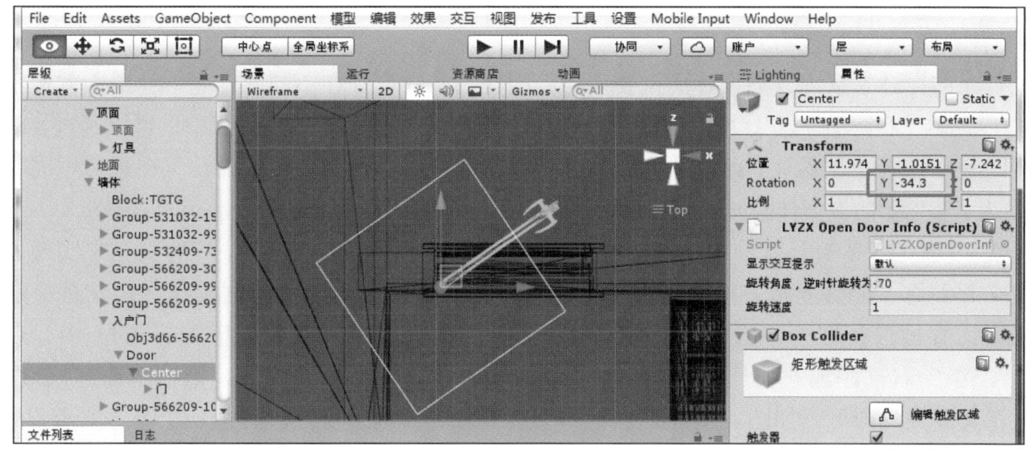

图 4.3-37

注：在 *Y* 轴上按下鼠标左键，左移为负值，右移变正值。

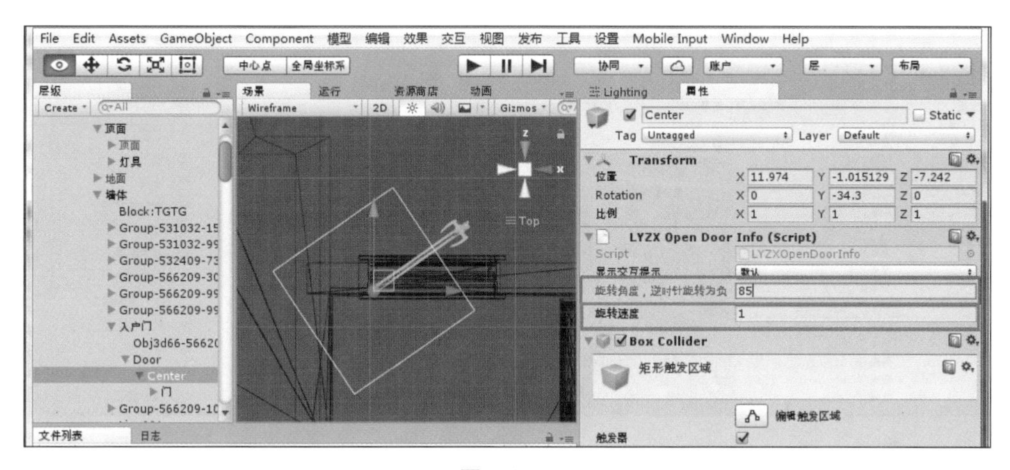

图 4.3-38

注：门旋转与门轴心不一致，在工程资源面板 Hierarchy 中，把门拖出 Center 层级，重新操作（7）、（8）、（9）、（10）步骤即可解决。

（12）切换到侧视图，调整上下左右点的位置，与门把手大小吻合即可，如图 4.3-40 所示。

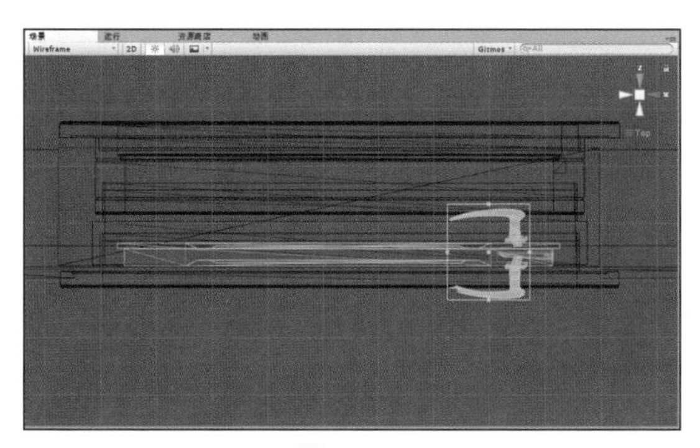

图 4.3-39

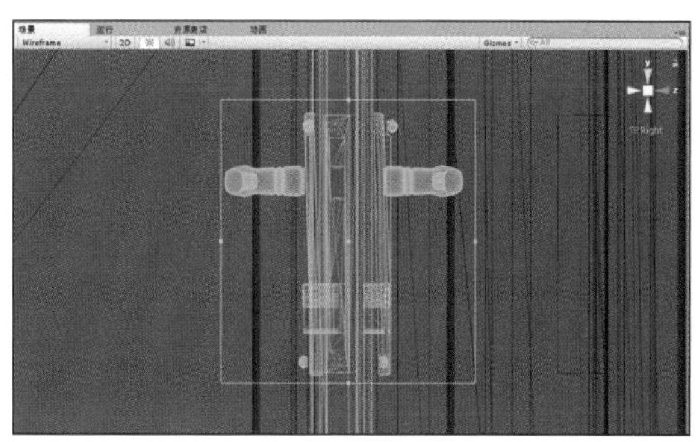

图 4.3-40

（13）重复以上步骤，可以完成户型内其他门窗的开启动作。

4.3.5 定义开关灯

灯光的设计是室内方案设计的重要表达，同样的室内设计在不同的灯光下会给人截然不同的居住体验。一个好的室内设计方案离不开对灯光的反复琢磨。在 VR 场景中，可以通过实时切换不同的灯光组合方案对室内设计的方案进行比选和优选，达到想要的设计。在进行不同时间（如白天、夜晚）的方案体验时，也可以通过切换不同的灯光组合来达到身临其境的体验效果。

在 VDP 的 VR 交互设计中，不同灯光方案的切换可以通过定义开关灯的交互来实现，通过定义开关灯，能够非常方便地进行单个或者一组灯光的开启和关闭的操作，定义单个灯的开关时，直接选择灯光，然后定义开关灯；多个灯时，在工程资源面板 Hierarchy 中，点击 Light 层级，右键添加空物体，重命名，按住 Ctrl，左键选择所有的灯，拖拽至新建层级内，然后定义开关灯即可，如图 4.3-41 所示。本交互的操作也符合交互设计的四个基本步骤设计。

接下来，以电视背景墙灯为例讲解定义开关灯操作步骤。

（1）选择物体对象：在场景视图中选择电视背景墙灯。

（2）选择交互命令：点击菜单栏“交互→定义开关灯”，如图 4.3-42 所示。

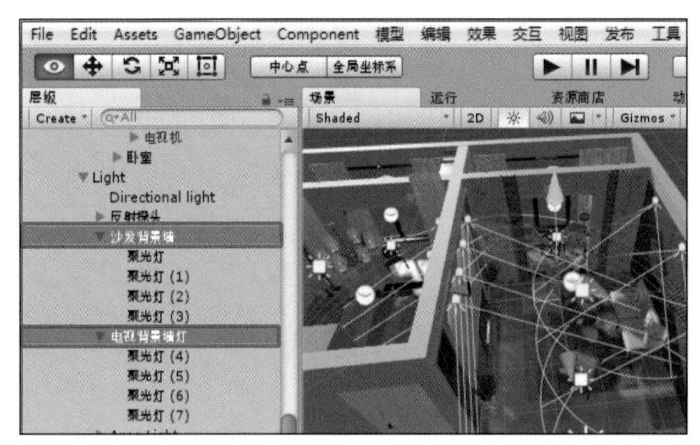

图 4.3-41

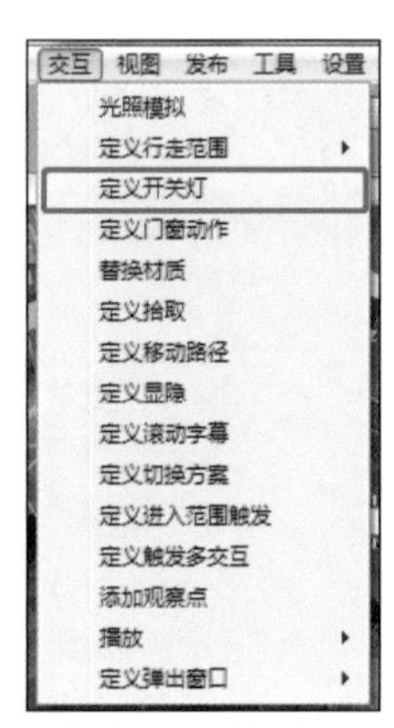

图 4.3-42

（3）设置交互参数：在右侧属性面板中，定义门窗动作交互增加了 Box Collider 与 LYZX Light Info (Script) 两个属性栏。在工程资源面板 Hierarchy 中 Light 层级下，自动添加“电视背景墙灯 – Controller”控制器，如图 4.3-43 所示。

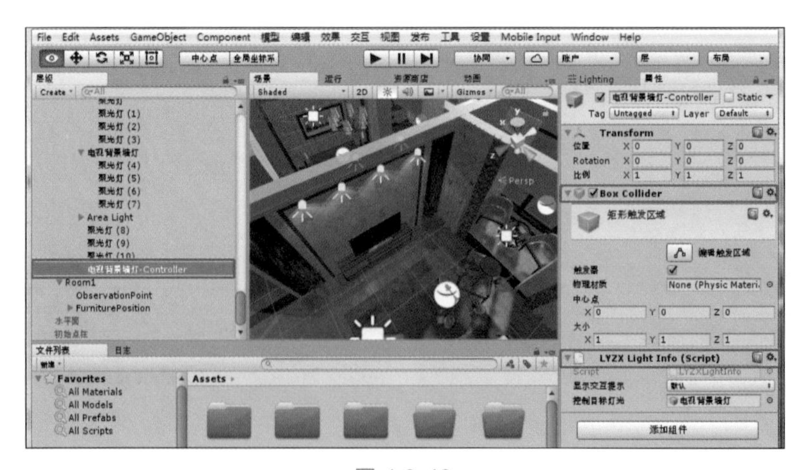

图 4.3-43

（4）编辑交互触发器：切换到顶视图与线框模式，在 Box Collider 菜单栏中，点击编辑触发区域按钮，定义开关灯的触发区域（图 4.3-44），拽动绿色点即可调整（图 4.3-45）。

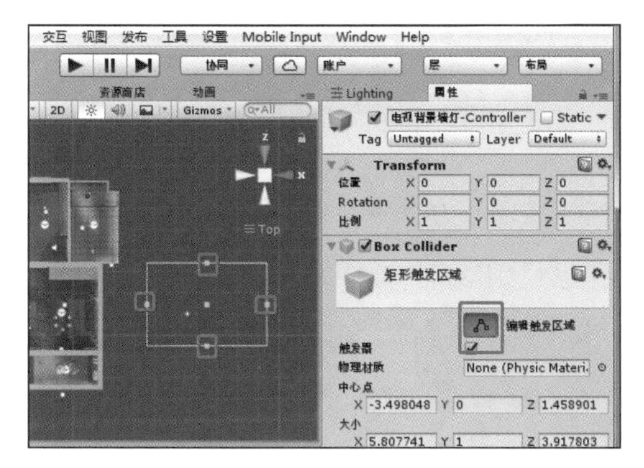

图 4.3-44

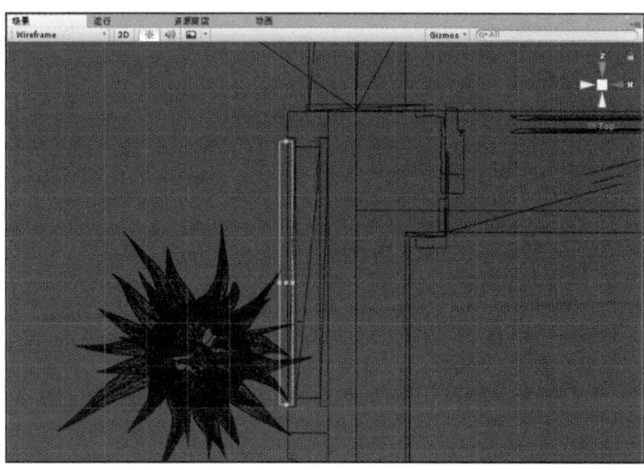

图 4.3-45

（5）切换到侧视图，拽动绿色点，调整到合适位置，如图 4.3-46 所示。

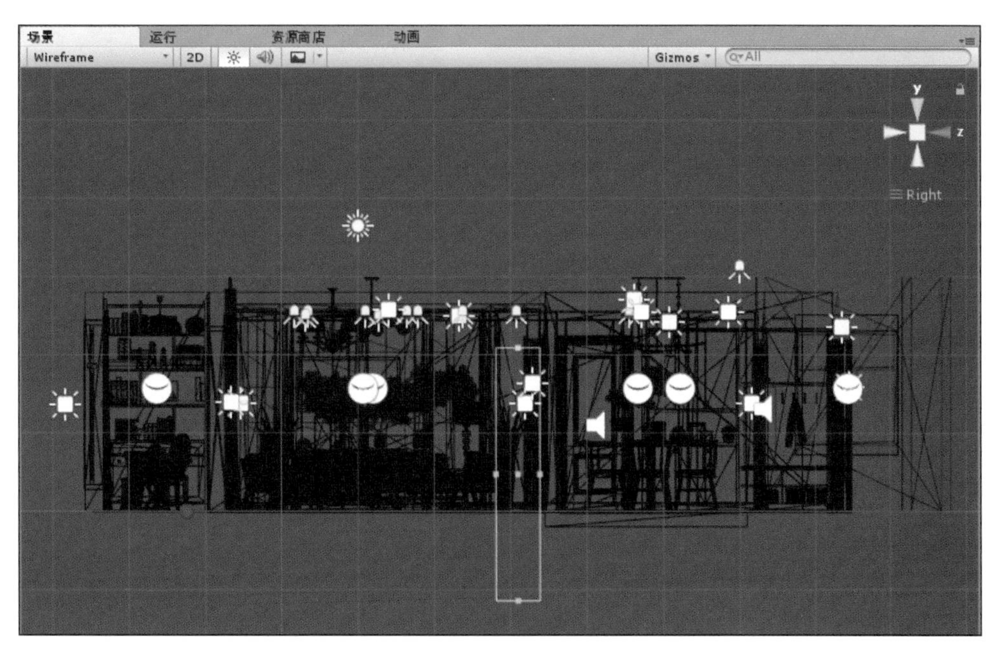

图 4.3-46

（6）切换到时透视图与实体显示模式，调整、观察触发区位置，如图 4.3-47 所示。

（7）按照以上步骤，可完成沙发背景墙的定义开关灯动作。

4.3.6　定义拾取

在真实的环境中，可以通过我们的双手随意拿起身边的物体，达到仔细观察的目的，那么在 VR 场景中是否也可以达成这样的目的呢？在 VR 的场景中，可以通过定义拾取的方式直接拿起想要观察的物体。另外，基于虚拟现实技术的虚拟化的特点，能够轻松地在 VR 场景中拿起在真实世界中并不能轻易拿起的重物，同时也能够随意搬动或者组合它们。

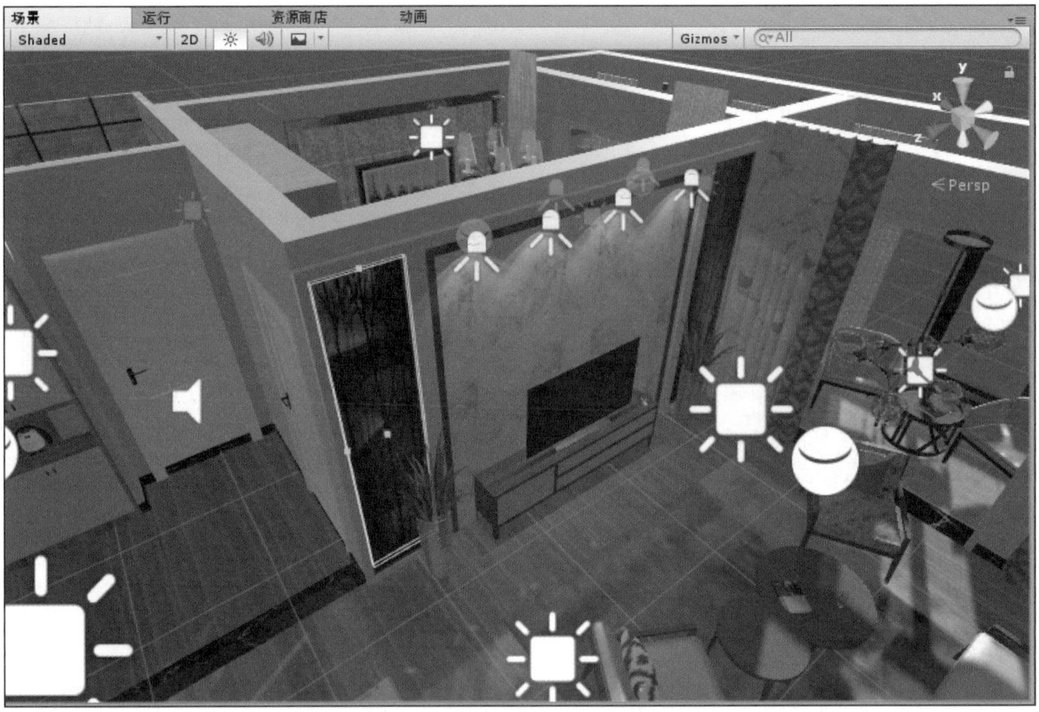

图 4.3-47

在 VDP 虚拟现实设计平台中，通过定义物体的拾取来达到 VR 场景中自由摆放物体的目的，同时能够通过属性中是否自动复位来决定我们拾取完成之后，物体是否自动回复到初始的位置。定义拾取的交互操作同样满足 VR 交互设计四个步骤的基本操作。下面以客厅茶几上的书为例，讲解定义拾取的操作流程。

（1）选择物体对象：在场景视图中选择客厅茶几上的书本。

（2）选择交互命令：点击菜单栏“交互→定义拾取”，如图 4.3-48 所示。

（3）设置交互参数：在右侧属性面板中，定义门窗动作交互增加了 Box Collider 与 LYZX Adsorption Info (Script) 两个属性栏，如图 4.3-49 所示。

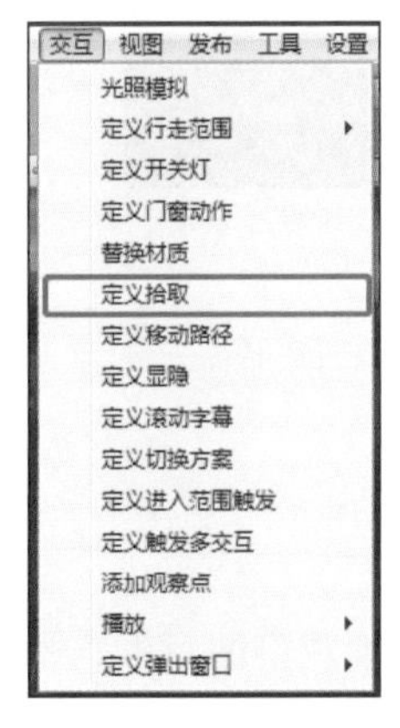

图 4.3-48

图 4.3-49

注：LYZX Adsorption Info (Script) 菜单栏中“自动复位”复选框可按照实际需求确认是

否勾选。若勾选，松开手柄，物体会恢复原来的位置；若不勾选，则会停留在拾取后的任意位置。

（4）编辑交互触发器：在 Box Collider 菜单栏中，点击编辑触发区域按钮，定义拾取的触发区，拽动绿色点即可调整。本次拾取无需编辑触发器，默认位置即可，如图 4.3-50 所示。

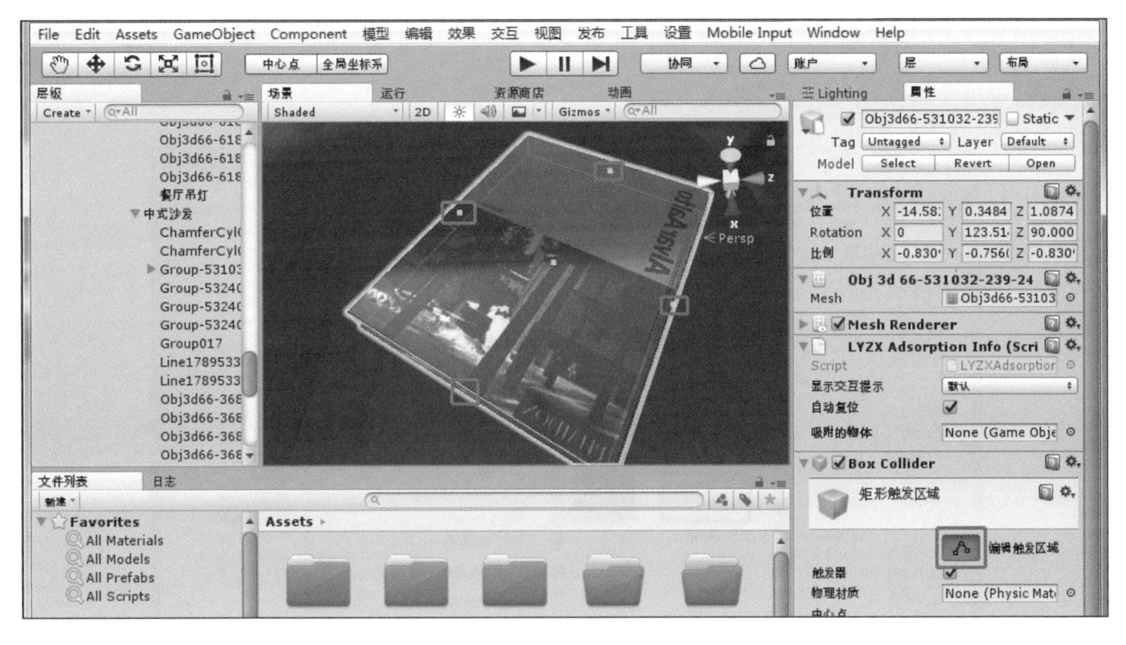

图 4.3-50

（5）按照上述步骤，可定义其他物体的拾取，如定义拾取抱枕（图 4.3-51）、定义拾取闹钟（图 4.3-52）。

图 4.3-51

图 4.3-52

4.3.7　替换材质

定义材质替换与区域触发

材质的表现是整个室内设计方案的核心内容，通过不同的材质调整，能够很好地对比不同材质、不同纹理、不同颜色在整个方案设计之间给人带来不同的感受，从而对方案设计的内容进行比选和优选。在 VR 场景中，我们能够通过沉浸式的体验来营造一个更加真实的体验环境。

通过 VDP 进行材质替换的交互操作设计，需要明白材质替换过程中，不同的方案组合、每个方案中的替换材质、每个方案中的示意图材质这三个内容所代表和含义和其对应的操作要求。同样材质替换的交互操作也满足 VR 交互设计的四个基本步骤，不过在替换材质交互之前，需要先设计材质方案、准备好贴图。创建新的材质球，另外创建材质球名称必须与默认的材质球一样。下面以电视背景墙为例，讲解替换材质操作步骤。

4.3.7.1 文件准备

（1）打开“一居室方案\贴图\墙面贴图 001-004.jpg”文件，选中贴图文件 001-004，进行复制，如图 4.3-53 所示。

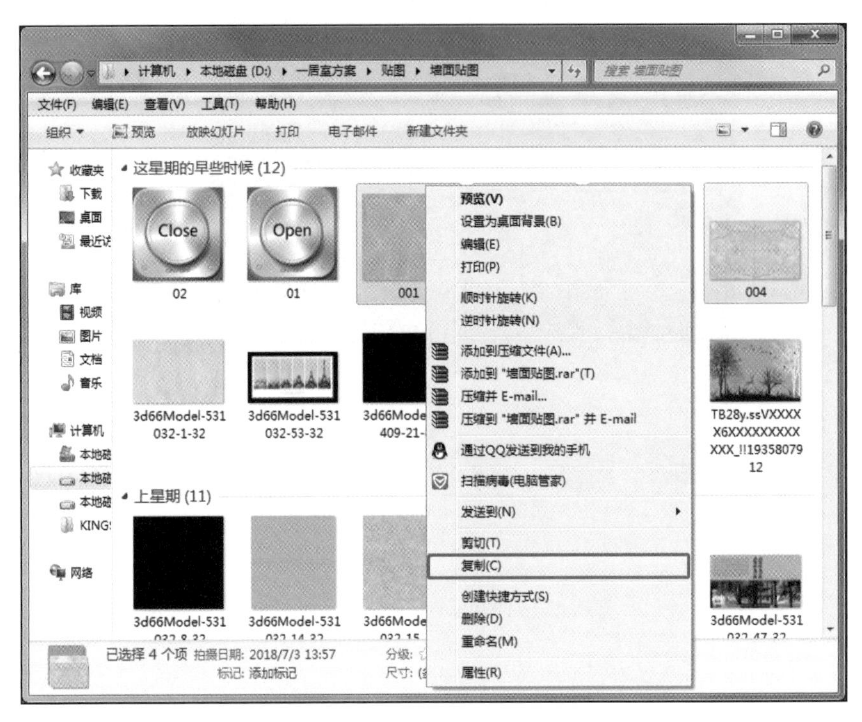

图 4.3-53

（2）在项目资源区“Assets\Materials”文件夹上右键 Show in Explorer，打文件夹所在位置，将复制好的贴图文件粘贴在 Materials 文件夹中，如图 4.3-54 所示。

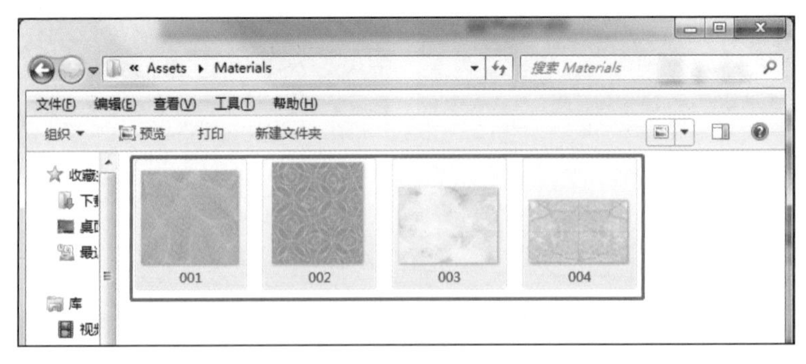

图 4.3-54

（3）在项目资源区“Assets\Material”文件夹空白处，单击鼠标右键 Create → Folder

（图 4.3-55），Ctrl+D 复制 3 个文件夹，F2 重命名为默认材质、方案 1、方案 2、方案 3，如图 4.3-56 所示。

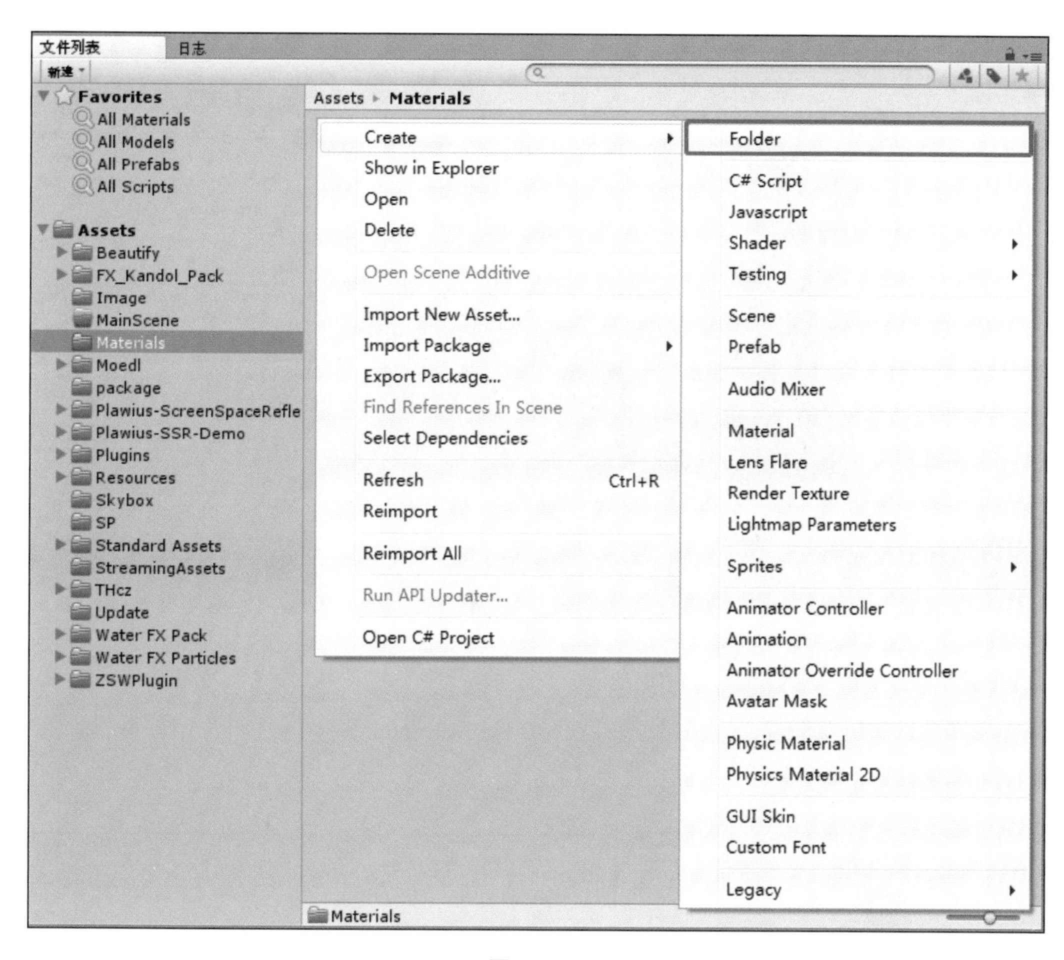

图 4.3-55

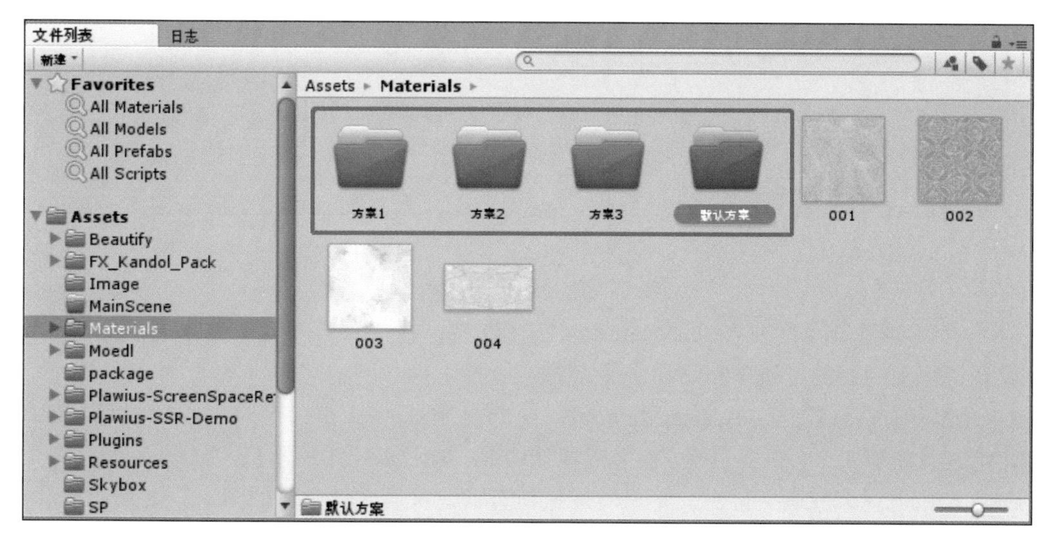

图 4.3-56

（4）场景视图中选择电视背景墙，右侧属性面板 Mesh Renderer 属性栏 Materials 参数下 Element 0 中点击背景墙材质球，如图 4.3-57 所示。

图 4.3-57

（5）打开材质所在位置，点击鼠标右键→ Show in Explorer（图 4.3-58），打开材质球所在位置，选择并复制（图 4.3-59）。

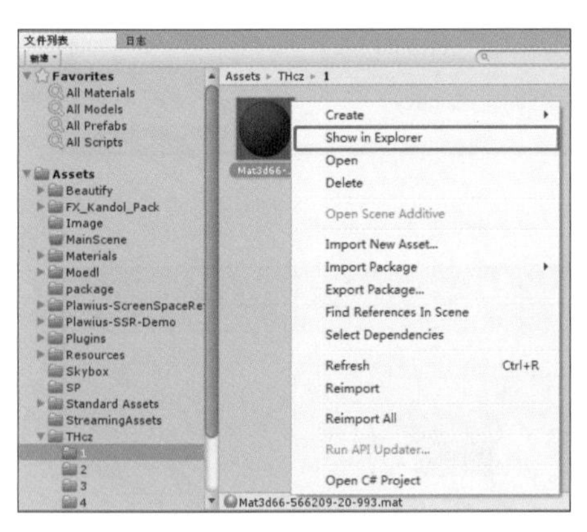

图 4.3-59

图 4.3-58

（6）打开项目资源区“Assets\Materials”文件夹，选中“方案 1”文件夹，打开文件夹所在路径，将复制好的材质球粘贴在文件夹内，如图 4.3-60 所示。

（7）选中项目资源区“Assets\Material”中的材质球，F2 重命名为电视背景墙，Ctrl+D 复制出电视背景墙 1、电视背景墙 2、电视背景墙 3，如图 4.3-61 所示。

（8）选中电视背景墙文件夹，将材质球拖拽至默认材质文件中，如图 4.3-62 所示。

（9）调整电视背景墙 1 材质球参数，如图 4.3-63 所示。

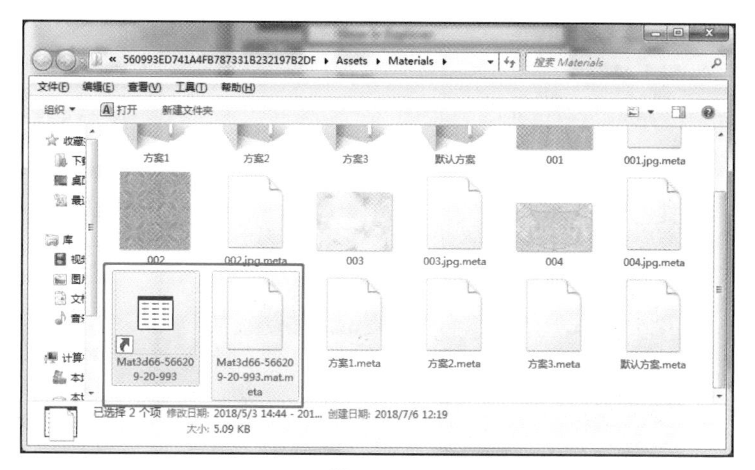

图 4.3-60

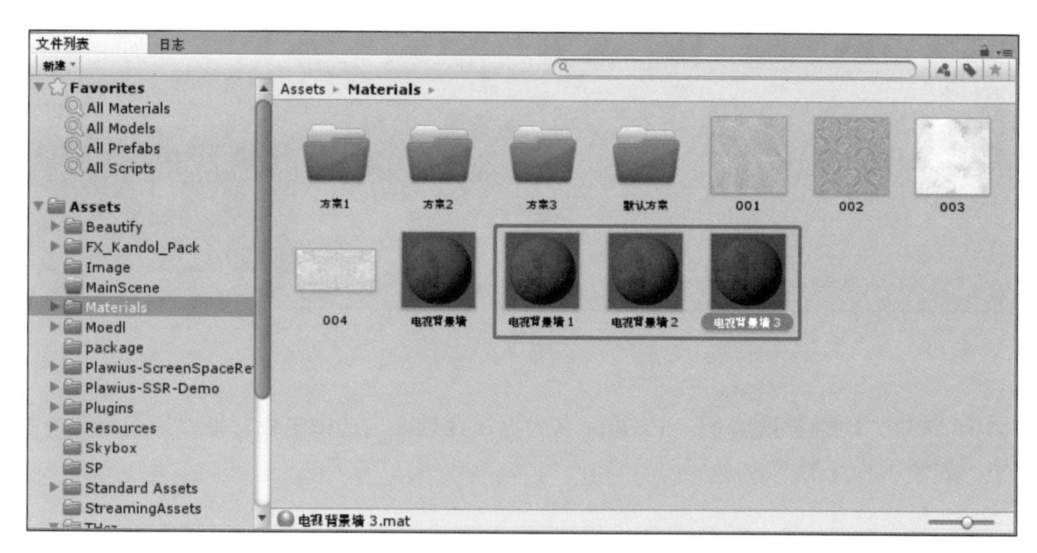

图 4.3-61

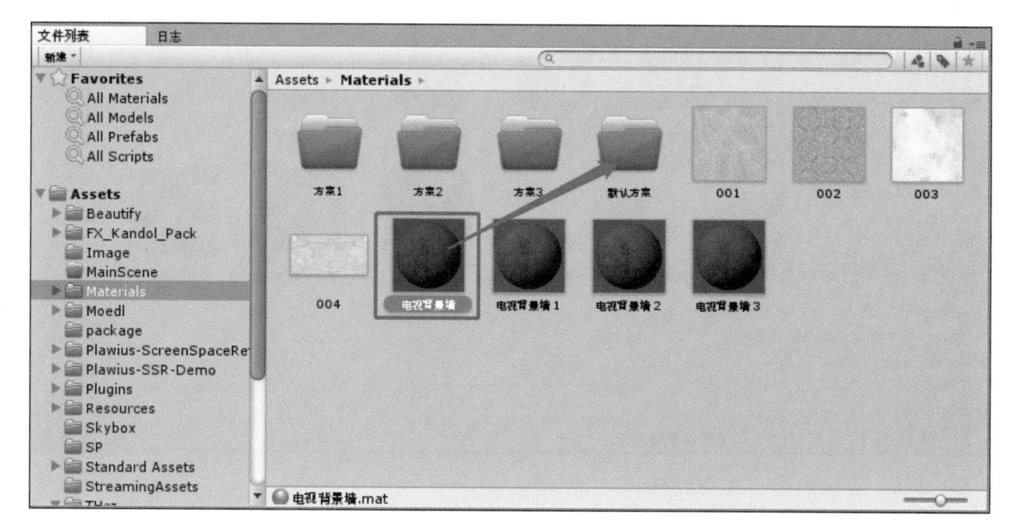

图 4.3-62

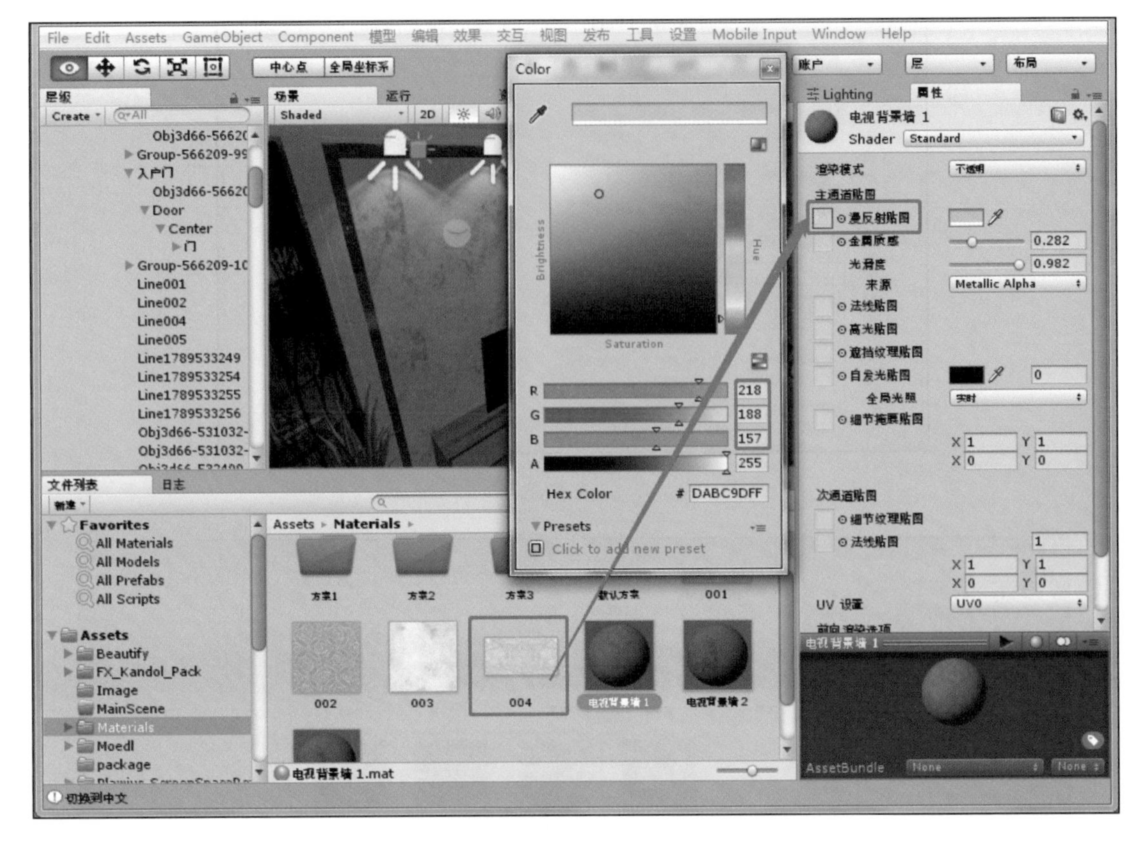

图 4.3-63

（10）选中“电视背景墙 1”，F2 重命名为电视背景墙。选中电视背景墙拖拽至“方案 1”文件中，如图 4.3-64 所示。

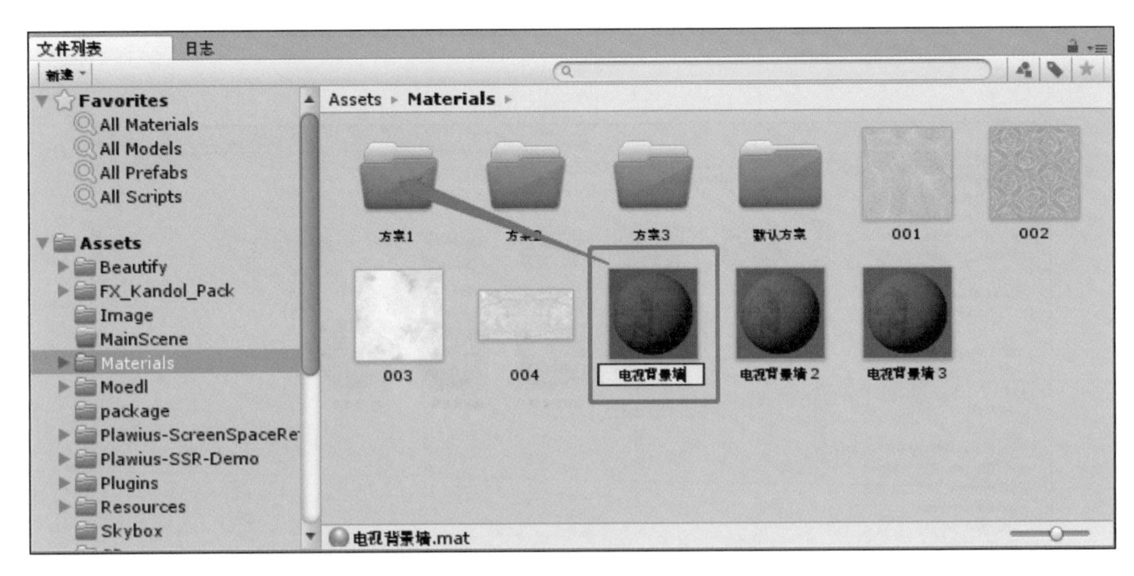

图 4.3-64

（11）调整“电视背景墙 2”材质球参数如图 4.3-65 所示。

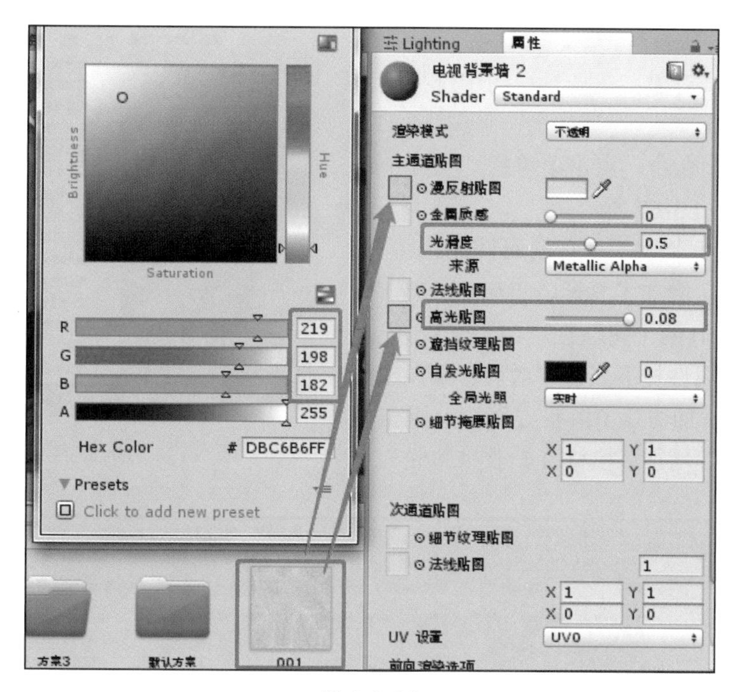

图 4.3-65

（12）重复步骤（10），将“电视背景墙 2”“电视背景墙 3”进行重命名，并分别拖拽至“方案 2”“方案 3”文件夹。

（13）调整电视背景墙 3 材质球参数如图 4.3-66 所示。

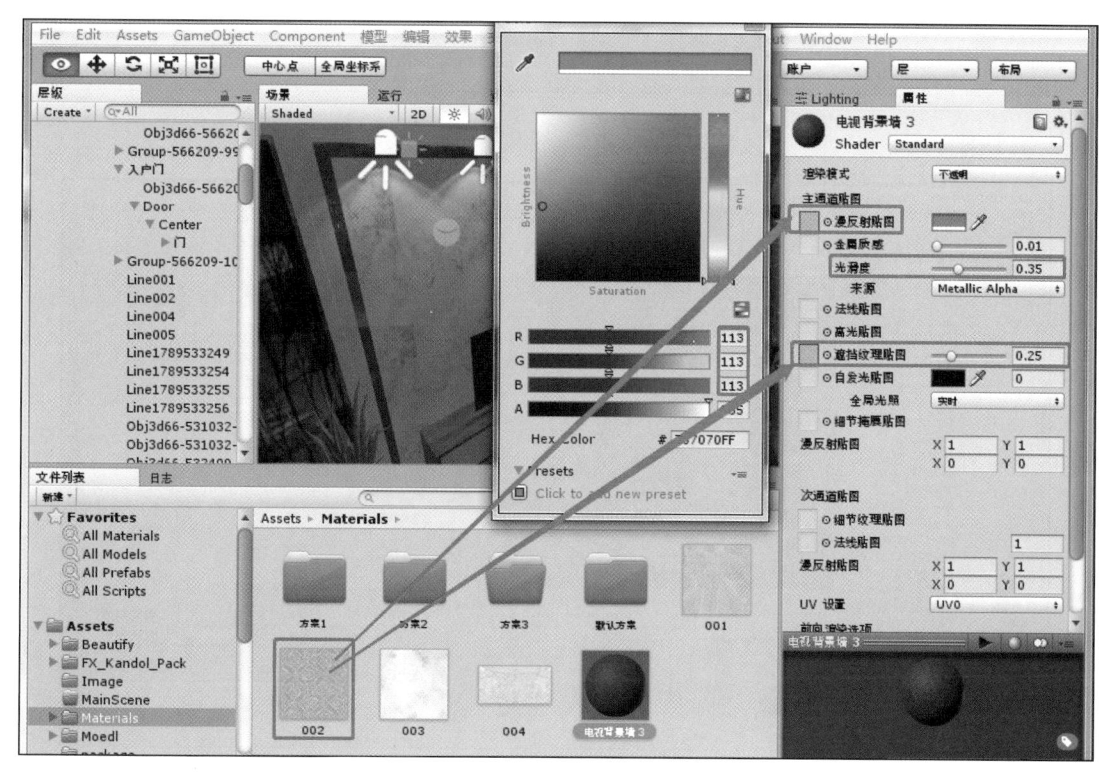

图 4.3-66

4.3.7.2 交互设计

（1）选择物体对象：在场景视图中选择电视背景墙。

（2）选择交互命令：点击菜单栏“交互→替换材质”，如图 4.3-67 所示。

（3）设置交互参数：在右侧属性面板中，定义门窗动作交互增加了 Box Collider 与 LYZX Material Info (Script) 两个属性栏。在 LYZX Material Info (Script) 属性栏下点击“增加方案”按钮（图 4.3-68），添加方案 0，在方案 0 上点击“增加材质”按钮，增加替换材质 1（图 4.3-69）。

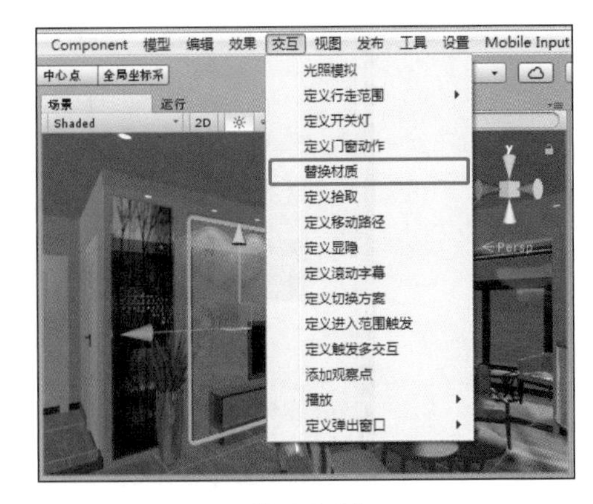

图 4.3-67

图 4.3-68

图 4.3-69

（4）继续点击“增加方案”，添加方案 1、方案 2、方案 3，如图 4.3-70 所示。

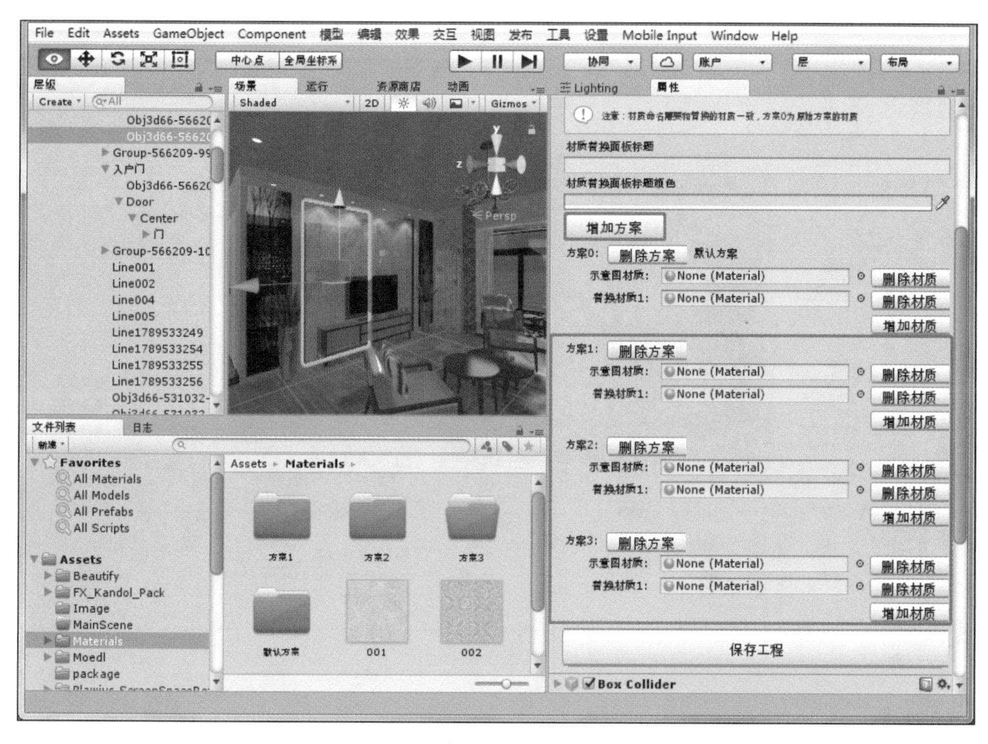

图 4.3-70

（5）打开项目资源区“Assets\Material\ 默认方案”材质文件夹，在场景视图中选择电视背景墙模型，将电视背景墙材质球拖拽至属性面板“方案 0”中的“示意材质球”与“替换材质 1”，如图 4.3-71 所示。

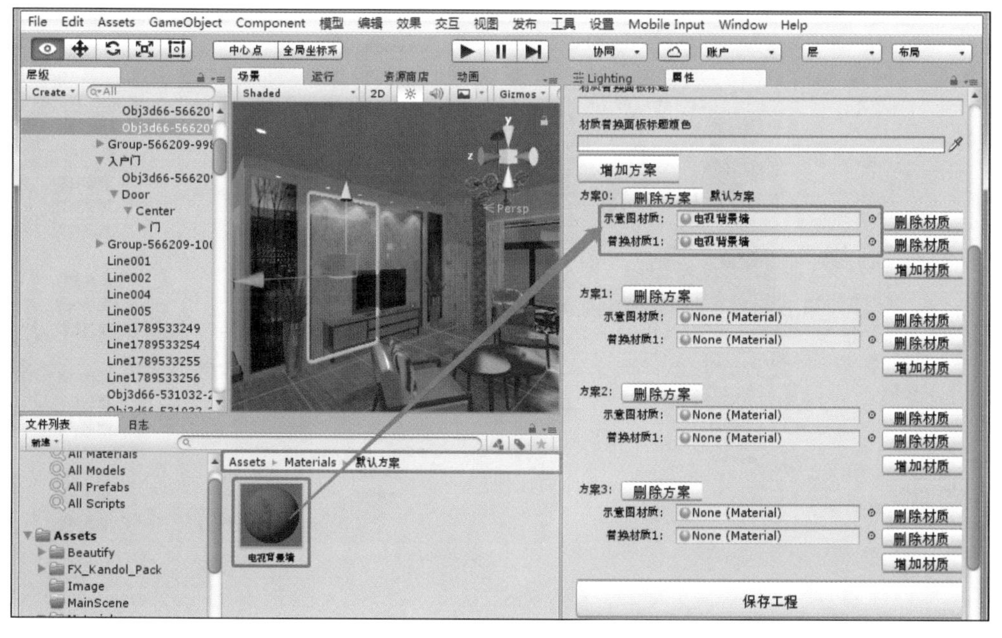

图 4.3-71

（6）打开项目资源区“Assets\Material\ 方案 1”文件夹，将电视背景墙材质球拖拽给属性面板中“方案 1”中的“示意材质球”与“替换材质 1”，如图 4.3-72 所示。

图 4.3-72

（7）重复步骤（6）将“Assets\Material\ 方案 2”中材质球拖拽至“方案 2”中“示意材质球”与“替换材质 1”，如图 4.3-73 所示；将“Assets\Material\ 方案 3”中材质球拖拽至“方案 2”中“示意材质球”与“替换材质 1”，如图 4.3-74 所示。

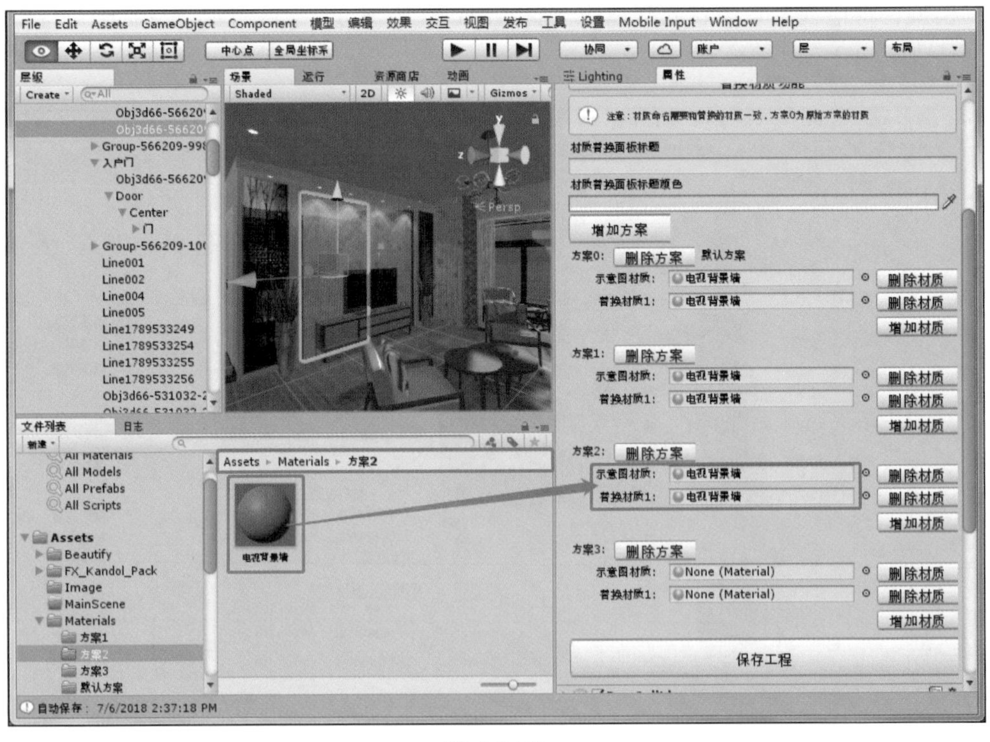

图 4.3-73

图 4.3-74

（8）编辑交互触发器：在 Box Collider 属性栏中，点击编辑触发区域按钮，定义替换材质的触发区，拖动绿色点即可调整大小，本次操作保持默认。材质替换面板标题修改为“石材与壁纸效果”，如图 4.3-75 所示。

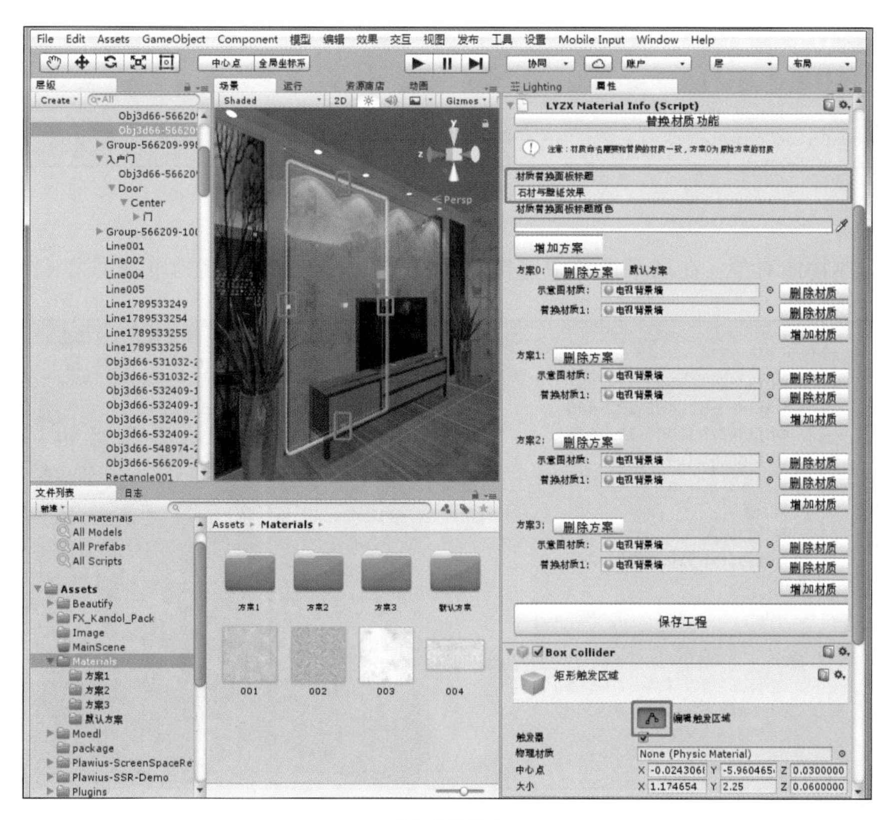

图 4.3-75

4.3.8 定义播放视频

播放视频
及特效

在现代化的室内家居环境设计中，影视娱乐成了室内设计中不可或缺的功能，在真实的场景中，能够直接通过开启关闭屏幕来观看想看的影视节目，那么在 VR 场景中是否也能够这样来实现呢？在 VDP 中，通过定义播放视频来在某个指定的对象上进行视频内容的播放，这里的视频可以是任意的电视节目、方案介绍或者企业宣传片等，我们可以通过视频内容给客户传达想要表达的更多的附加内容。

在 VDP 中，定义播放视频的操作同样满足 VR 交互设计的四个基本步骤。同时，在这个交互设计制作之前，我们同样也需要准备好相应的视频资源文件。下面通过在客厅的电视上添加“头号玩家预告片”这个视频播放来讲解这个操作。

（1）复制“一居室方案 \ 视频素材”中的“头号玩家预告片 .OGV”，打开项目资源区“Assets\Material”文件夹，将视频文件拷贝到这个文件夹内，如图 4.3-76 所示。

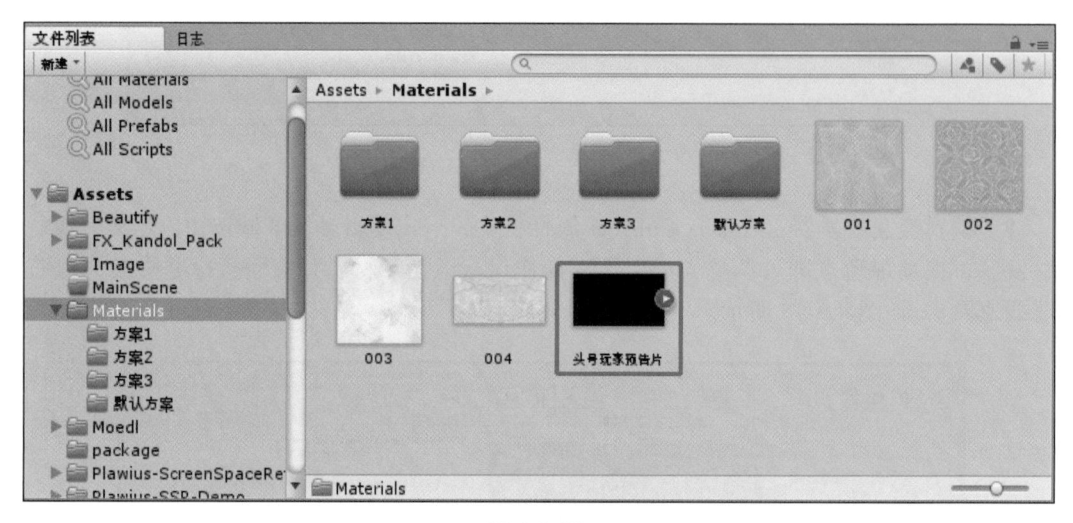

图 4.3-76

（2）选择物体对象：在场景视图中选择电视机屏幕，修改文件名为电视屏幕（图 4.3-77）。

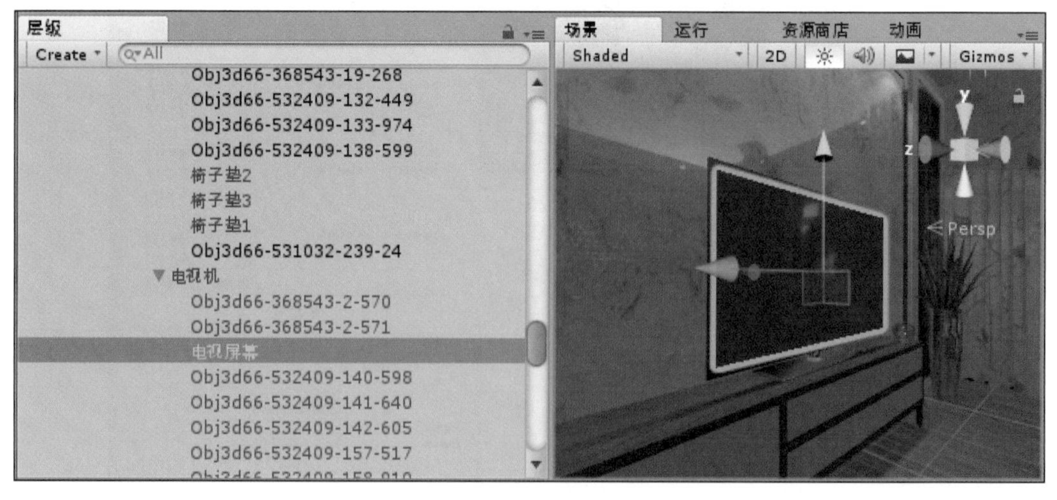

图 4.3-77

（3）选择交互命令：点击菜单栏“交互→播放→视频”，如图 4.3-78 所示。

（4）设置交互参数：在右侧属性面板中，定义门窗动作交互增加了 Box Collider 与 LYZX Video Info (Script) 两个属性栏（图 4.3-79）。

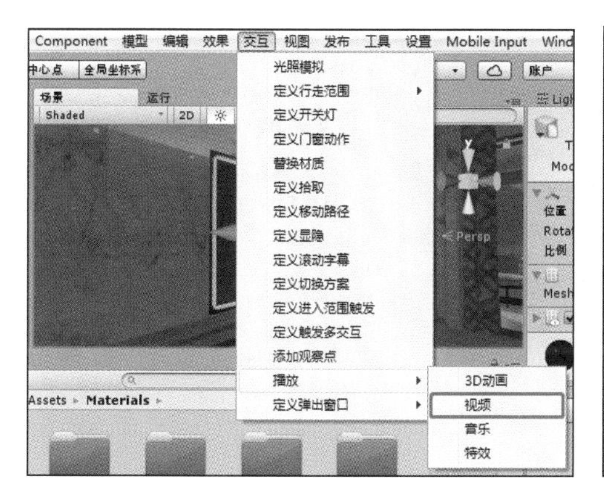

图 4.3-78

图 4.3-79

（5）工程资源面板 Hierarchy 中“电视机屏幕”层级下，自动添加了子层级“电视机屏幕 – Video Quad”（图 4.3-80）。不透明面为播放视频区，电视机屏幕 – Video Quad 不能被物体遮盖，选择自由变换工具，编辑“电视机屏幕 – Video Quad”与电视机屏幕同样大小（图 4.3-81）。

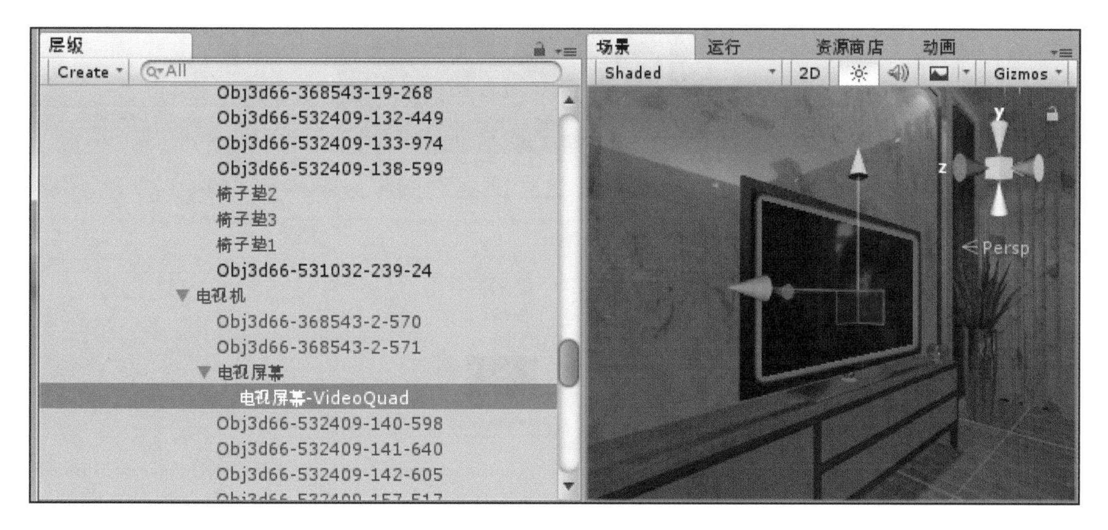

图 4.3-80

（6）左键选中项目资源区“Assets\Material”，将视频文件拖拽给右侧属性面板中 LYZX Video Info (Script) 属性栏下方的“视频资源 OGV”中，视频格式支持 ogv、mp4、avi 等，这里要注意对应的格式视频要拖拽到对应的属性栏中（图 4.3-82）。

（7）编辑交互触发器：在 Box Collider 属性栏中，点击“编辑触发区域”按钮，定义播放视频的触发区，拖动绿色点即可调整大小与电视屏幕一致，即完成播放视频的设置，如图 4.3-83 所示。

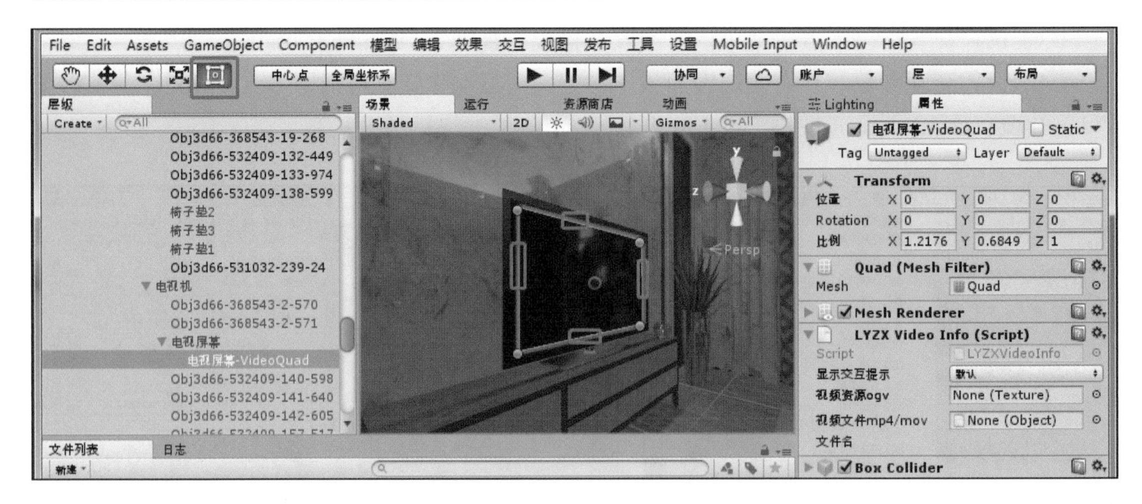

图 4.3-81

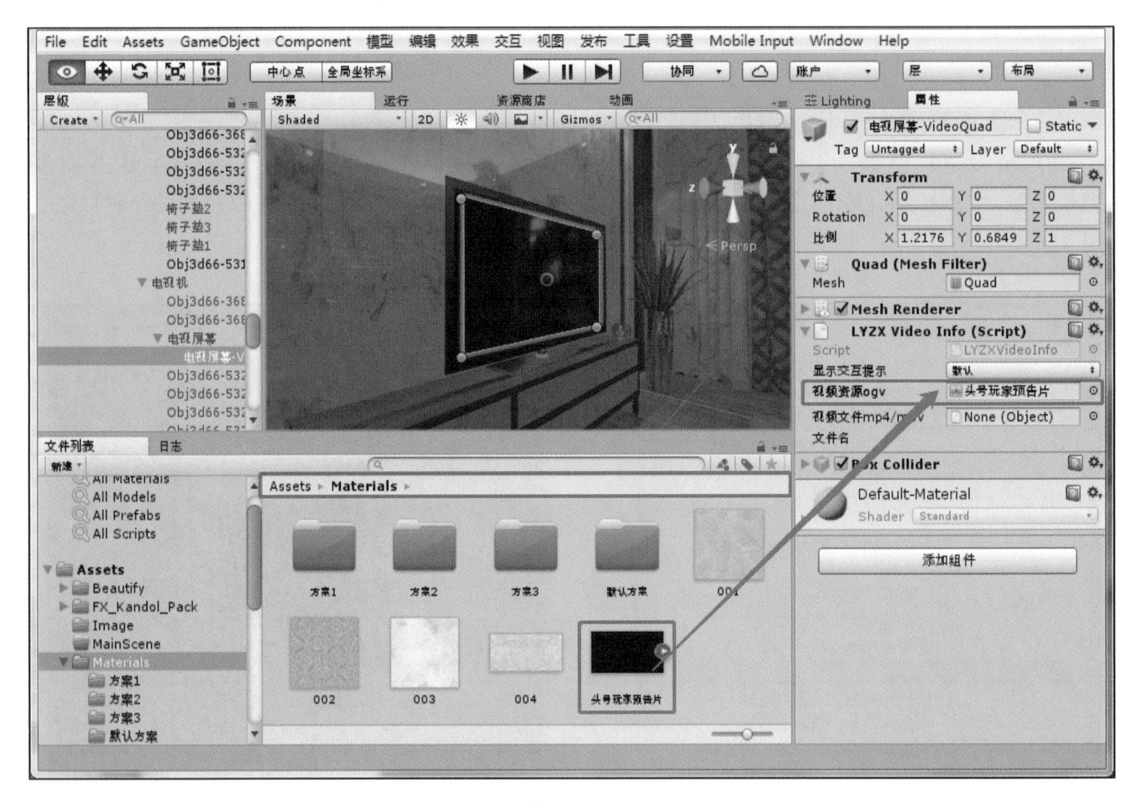

图 4.3-82

4.3.9 播放 3D 动画

在室内设计的过程中，除了要清楚设计方案的设计思想之外，还需要熟悉相对应的生产过程或相关的制作工艺。在一些相对比较特殊的场景下，更加需要通过特殊的制作工艺来呈现设计理念，这个时候就有必要通过更加直观的方式展现出对应的制作工艺。在 VDP 中，能够通过设计播放 3D 动画的方式来模拟制作工艺的流程。同时播放 3D 动画还能够记录物体的移动、旋转、缩放，材质的变化（色彩、纹理），灯光的变化（范围、亮度、颜色）等。在进行相对比较复杂的交互设计的时候，都可以通过播放 3D 动画的方式进行设计。

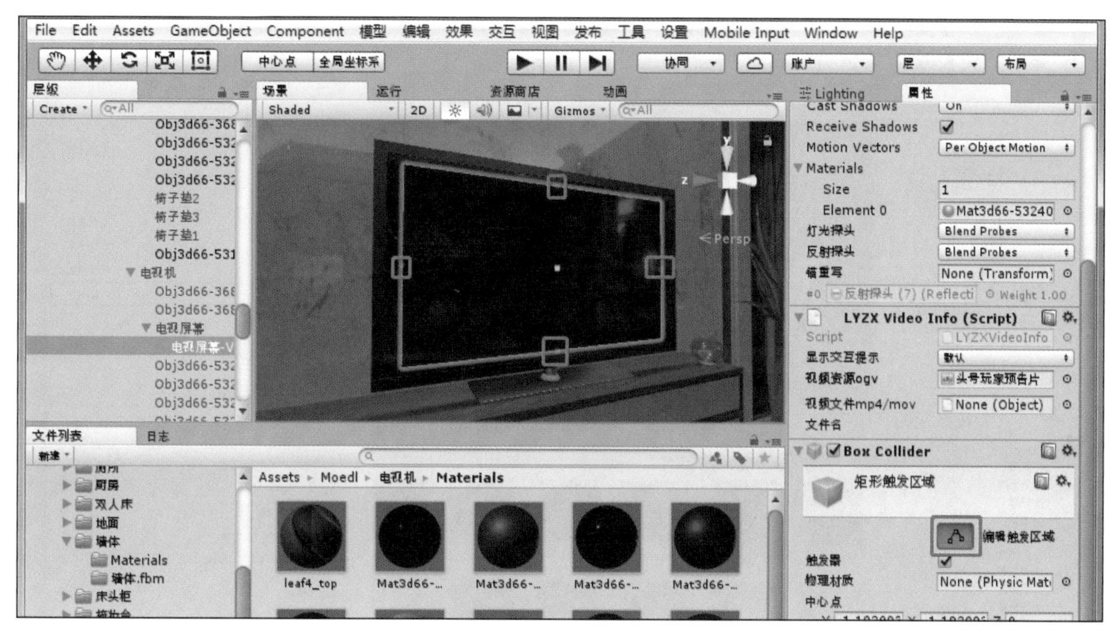

图 4.3-83

在 VDP 中，播放 3D 动画由两部分组成，第一部分为动画制作；第二部分为播放 3D 动画交互。动画制作可以是直接在 VDP 中进行动画设计的操作，也可以通过第三方的动画制作的软件将制作好的动画直接导入到 VDP 平台，如用 Maya 或者 3ds Max 制作的 3D 动画就能够直接通过导入 fbx 文件的形式将对应的 3D 动画导入进来。下面将通过动画制作和播放 3D 动画交互设计这两个大的步骤来进行 VR 交互设计的讲解。其中播放 3D 动画属于 VR 交互设计的内容，同样也遵循 VR 交互设计的四个基本步骤的原则。

4.3.9.1　动画制作

（1）在工程资源面板“Hierarchy\ 墙体”层级下新建空物体，重命名为卧室纱帘，在场景视图中选择卧室阳台的纱帘，把纱帘模型拖拽至新建文件夹内，如图 4.3-84 所示。

动画制作 1

动画制作 2

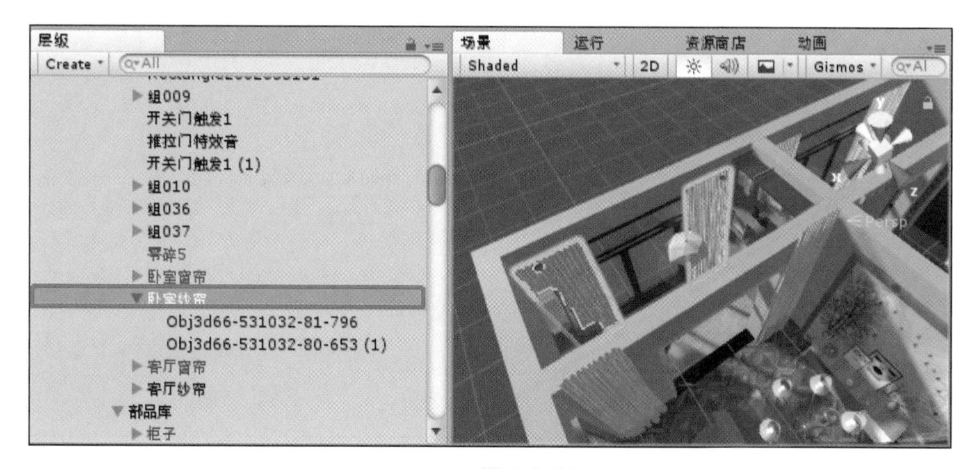

图 4.3-84

（2）选中工程资源面板 Hierarchy 中卧室纱帘层级，点击菜单栏“Window → Animation”，快捷键为“Ctrl + 6”，如图 4.3-85 所示。

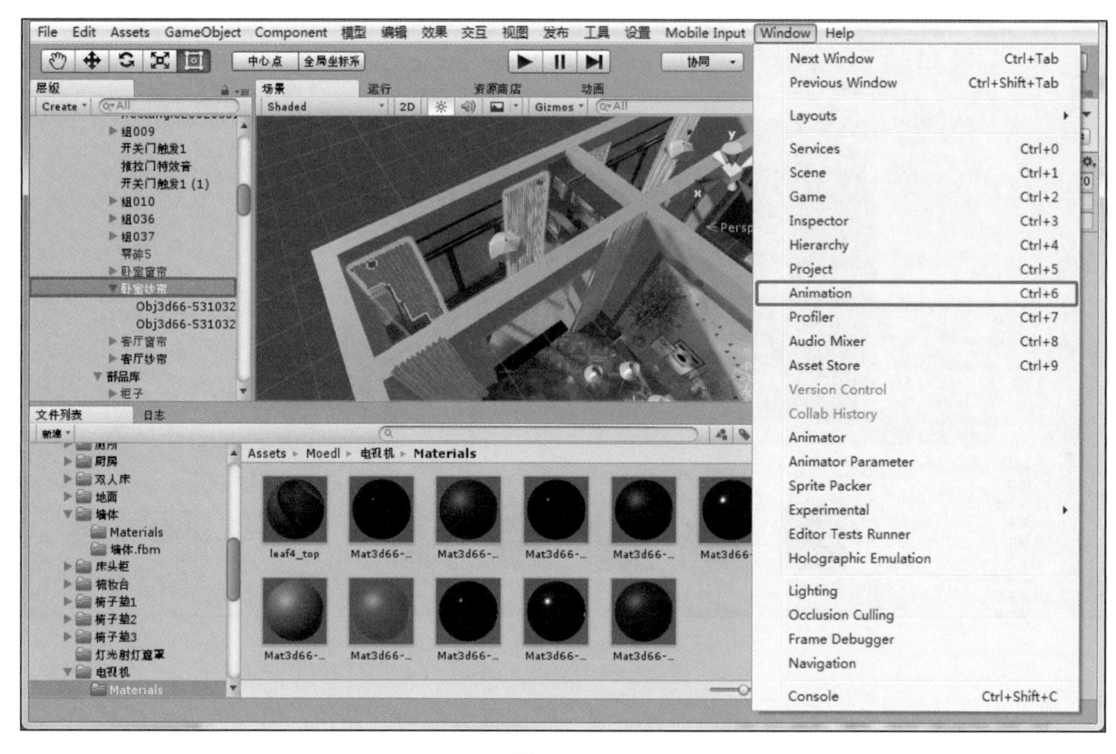

图 4.3-85

（3）弹出动画窗口，点击 Create（图 4.3-86）。弹出 Assets 目录保存窗口，在文件名处输入“卧室纱帘关闭”，点击“保存”（图 4.3-87）。

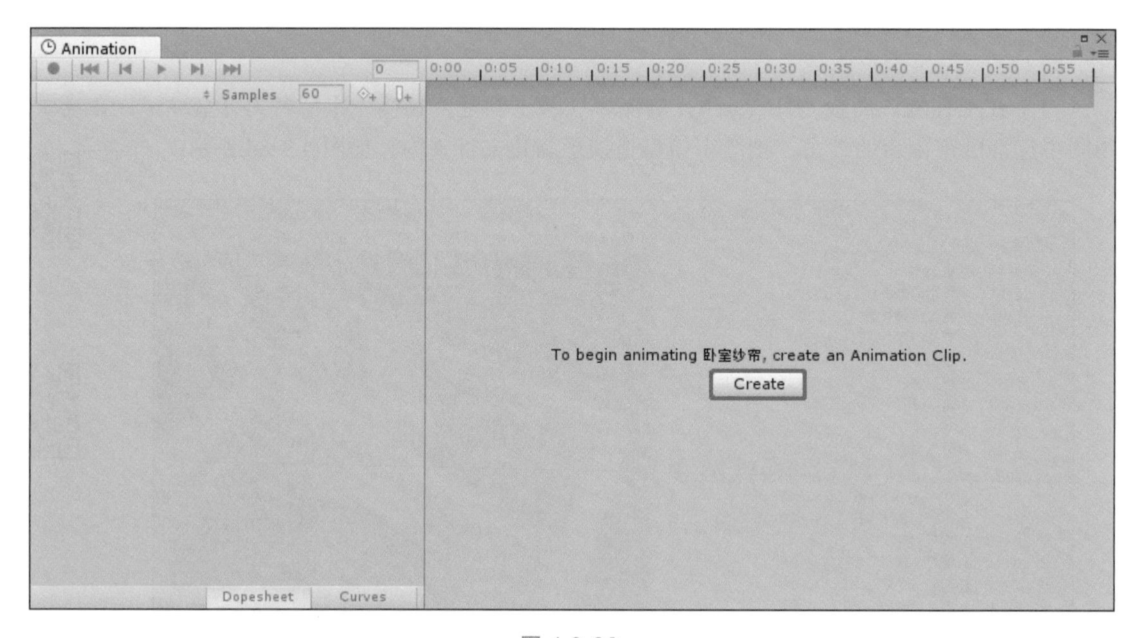

图 4.3-86

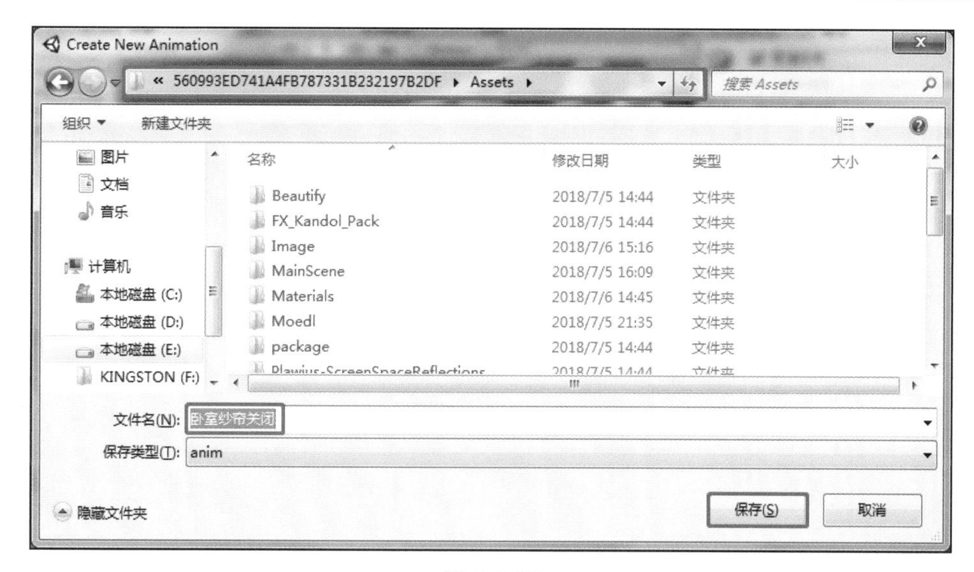

图 4.3-87

（4）弹出动画窗口名称切换为卧室纱帘关闭。项目资源区 Assets 中自动增加卧室纱帘关闭动画、卧室纱帘关闭控制器图标，如图 4.3-88 所示。

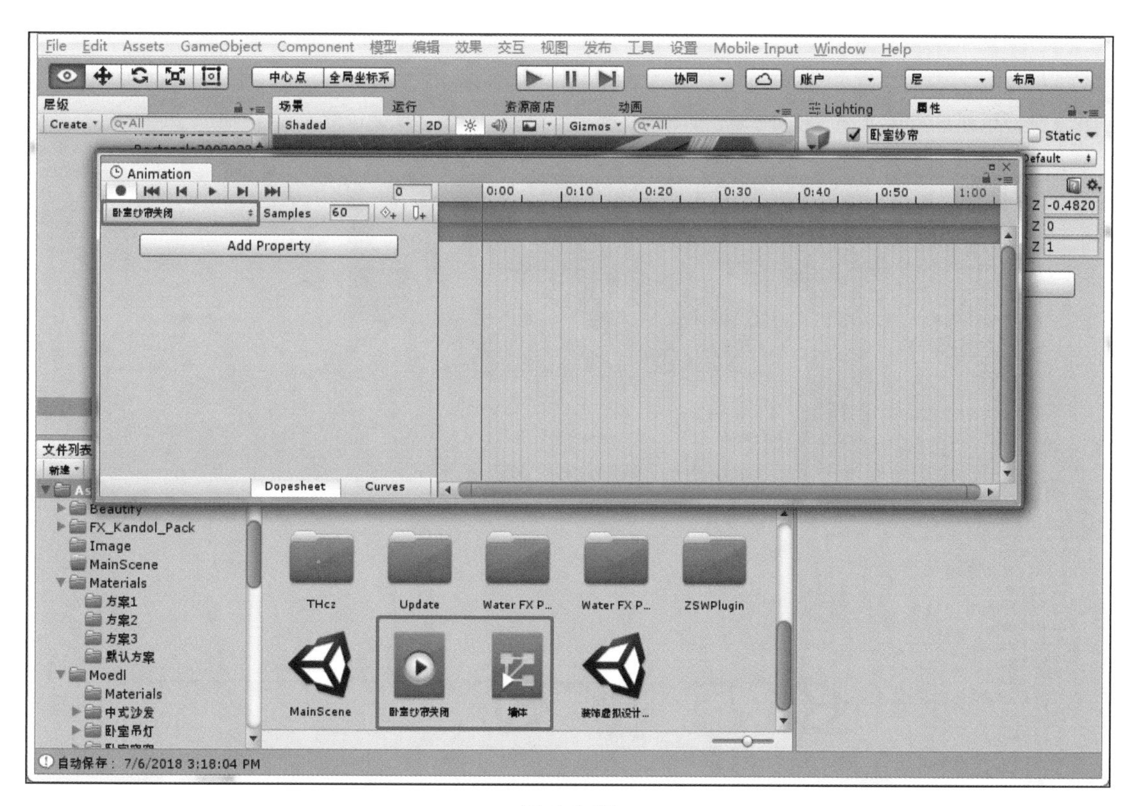

图 4.3-88

注：左侧为对象列表栏，右侧为关键帧编辑区。

（5）点击录制动画按钮，开始动画录制。默认的关键帧为空白（图 4.3-89）。一般采用“显示\隐藏”模型的方法来记录第 0 帧。选择卧室纱帘层次，显示\隐藏复选框 1 次，如

图 4.3-90 所示。

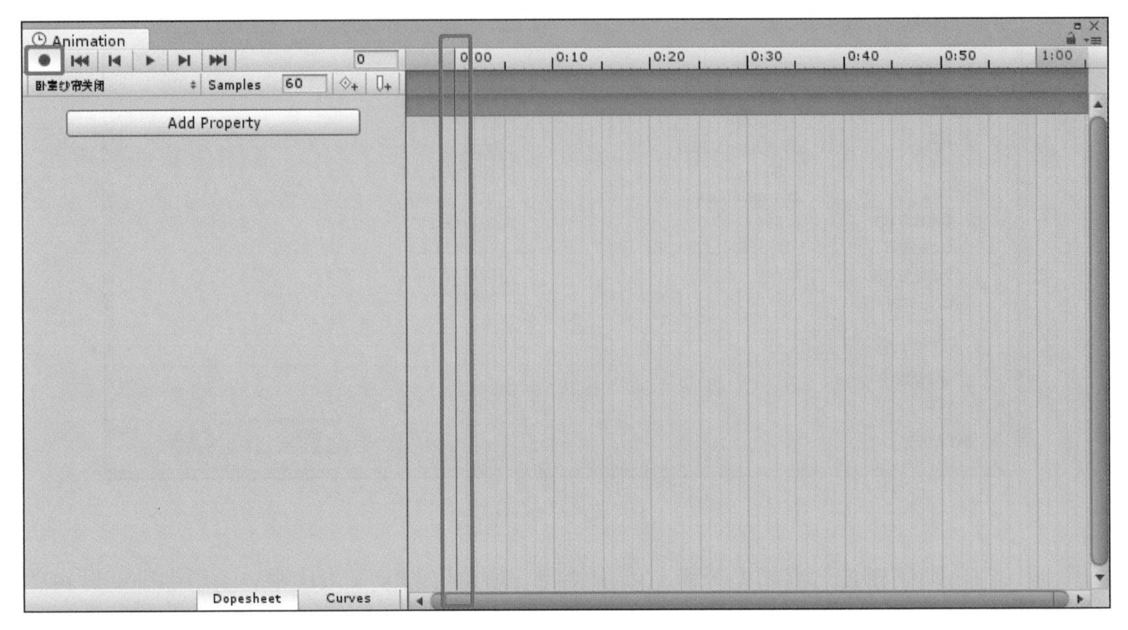

图 4.3-89

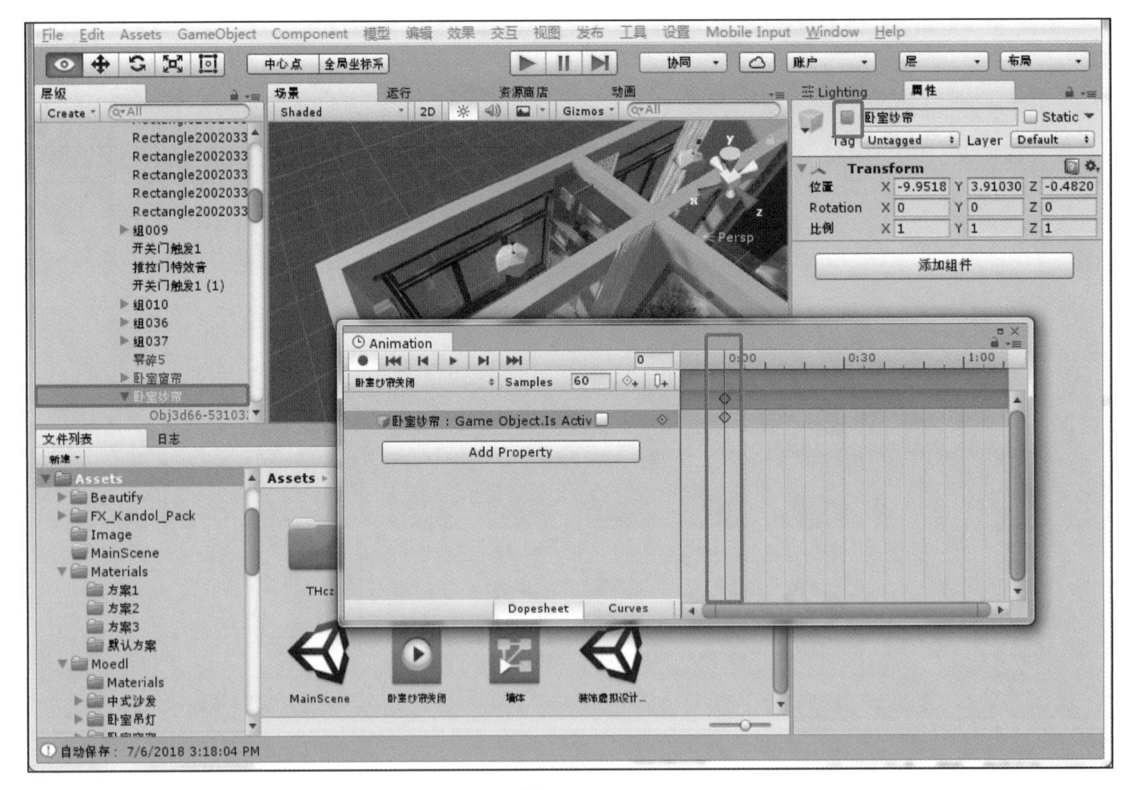

图 4.3-90

注：帧是时间的计量单位，1s 默认为 60 帧。

（6）在场景视图中选中纱帘模型左，把动画帧移动至 5s 的位置，如图 4.3-91 所示。

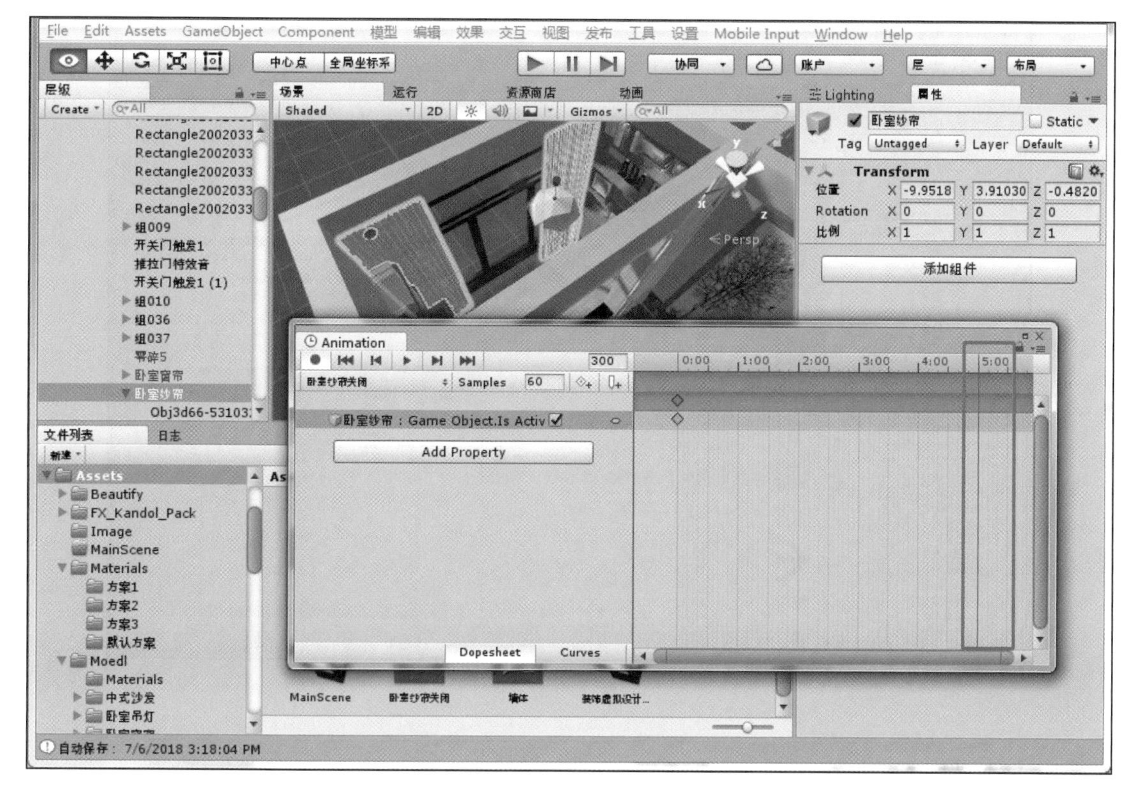

图 4.3-91

（7）选择自由变换工具，变换左侧纱帘如图 4.3-92 所示，则动画帧窗口 5s 位置已经记录。

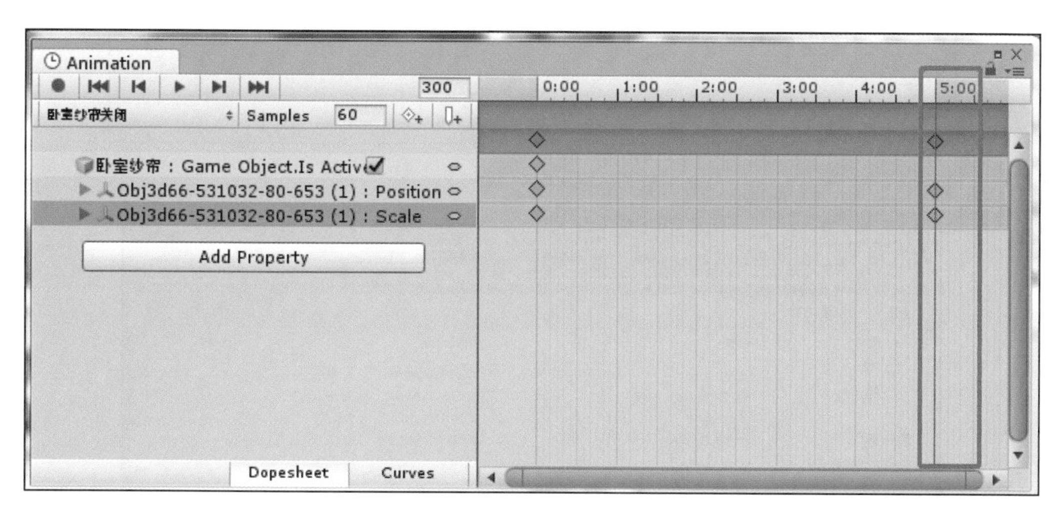

图 4.3-92

（8）场景视图选中右侧纱帘，重复步骤（7），完成右侧纱帘动画帧设置，如图 4.3-93 所示。

（9）点击 Create New Clip…（图 4.3-94）。弹出 Assets 目录保存窗口，在文件名处输入“卧室纱帘打开”，点击“保存”，如图 4.3-95 所示。

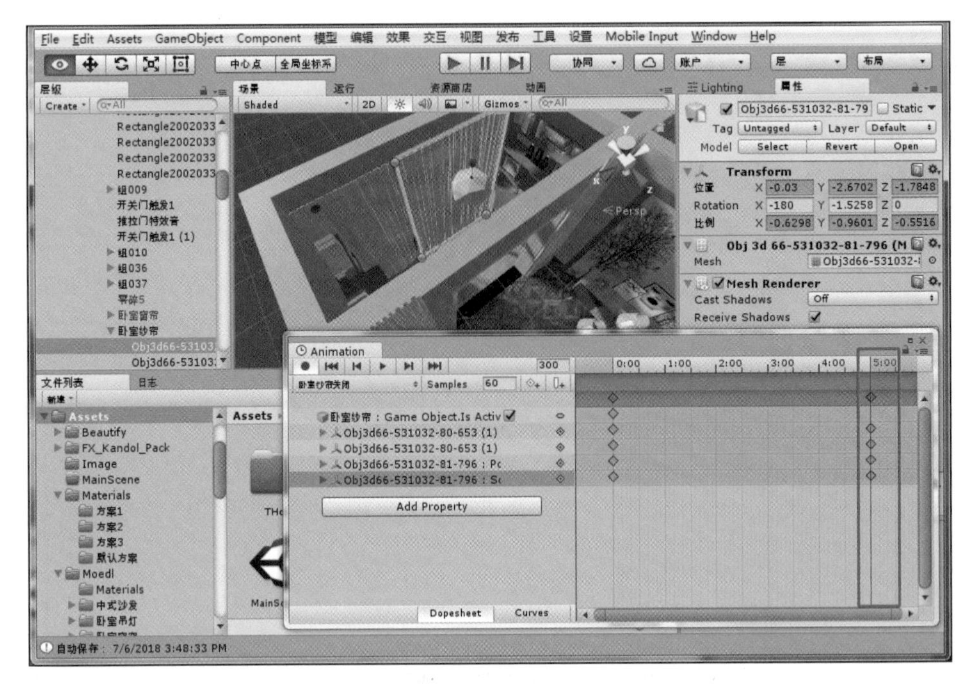

图 4.3-93

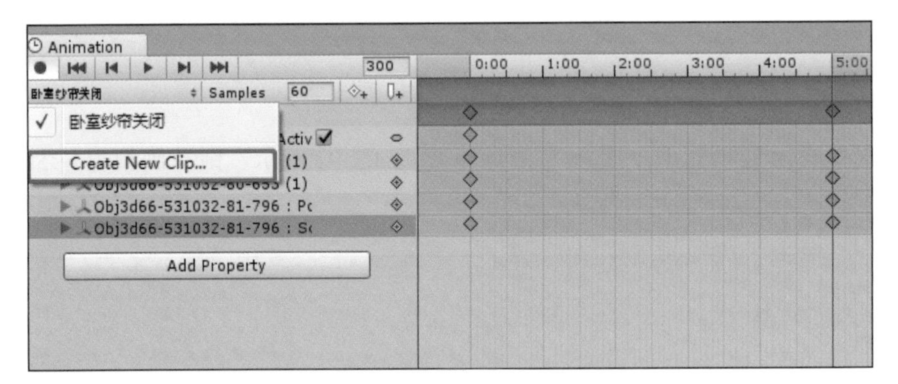

图 4.3-94

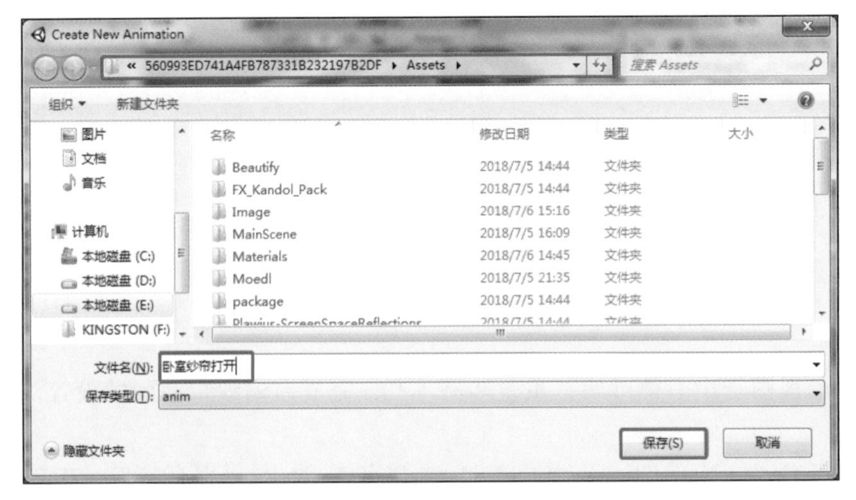

图 4.3-95

（10）选择自由变换工具，编辑左、右纱帘如图 4.3-96 所示效果。

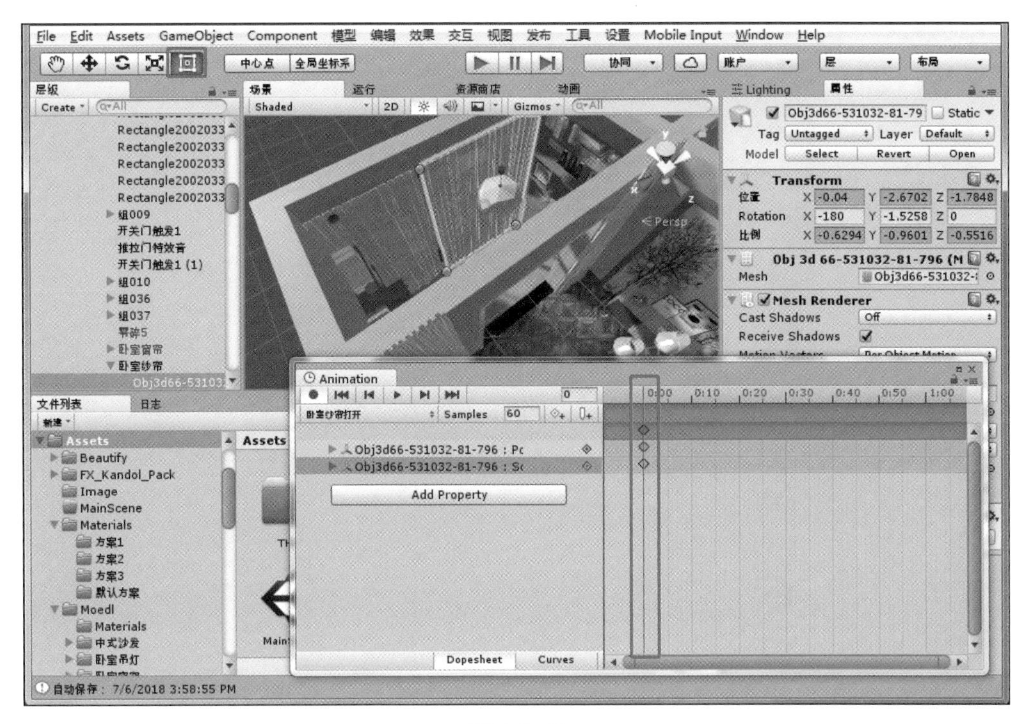

图 4.3-96

（11）把动画帧移动到 5s 的位置，编辑右侧纱帘如图 4.3-97 所示；左侧纱帘如图 4.3-98 所示，卧室纱帘打开动画编辑成功。

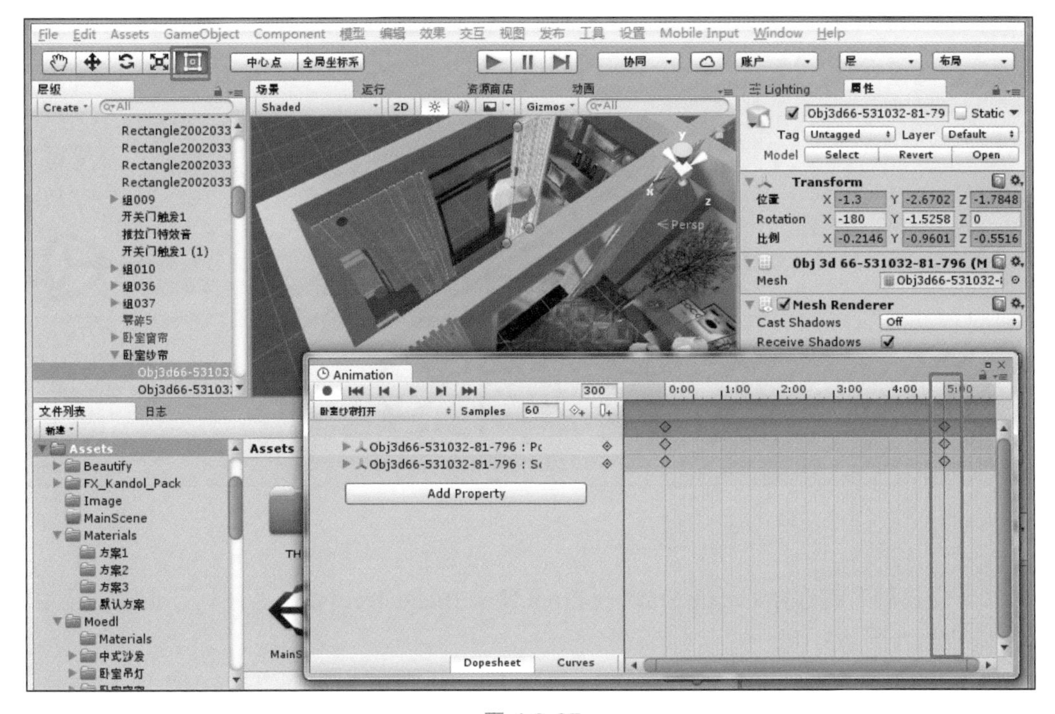

图 4.3-97

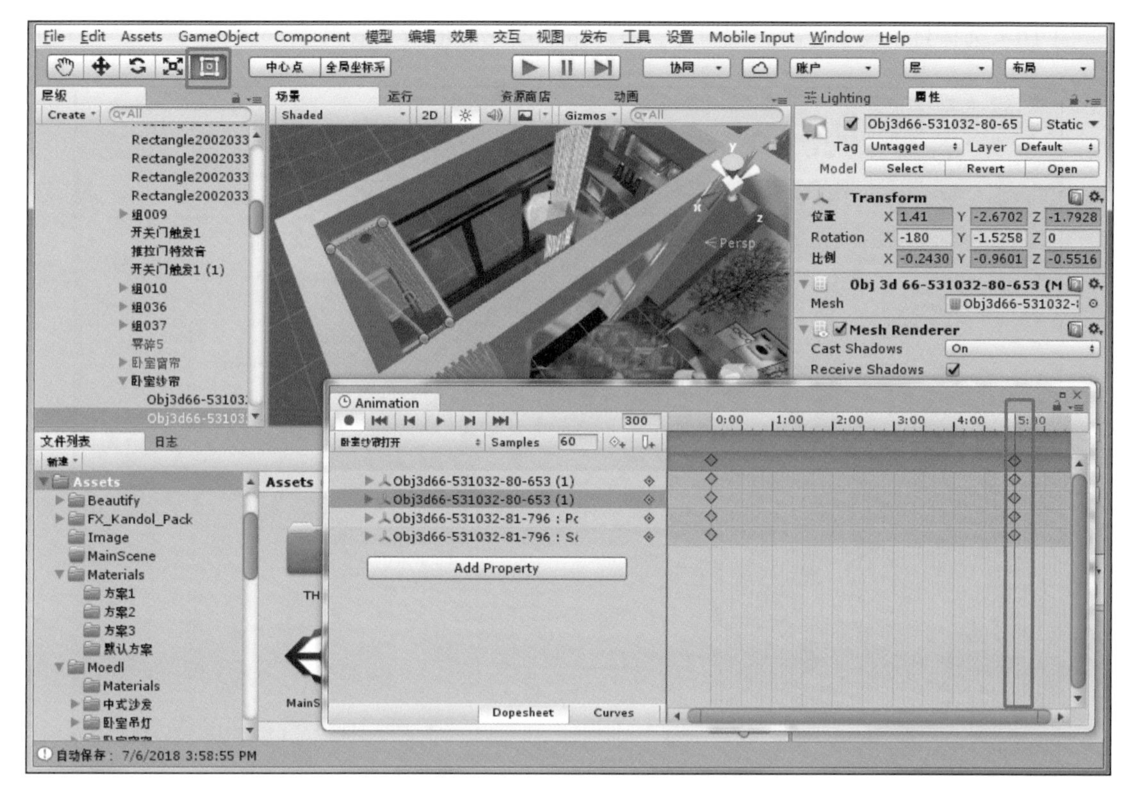

图 4.3-98

（12）双击动画控制器图标（图 4.3-99），打开动画控制器编辑面板（图 4.3-100）。

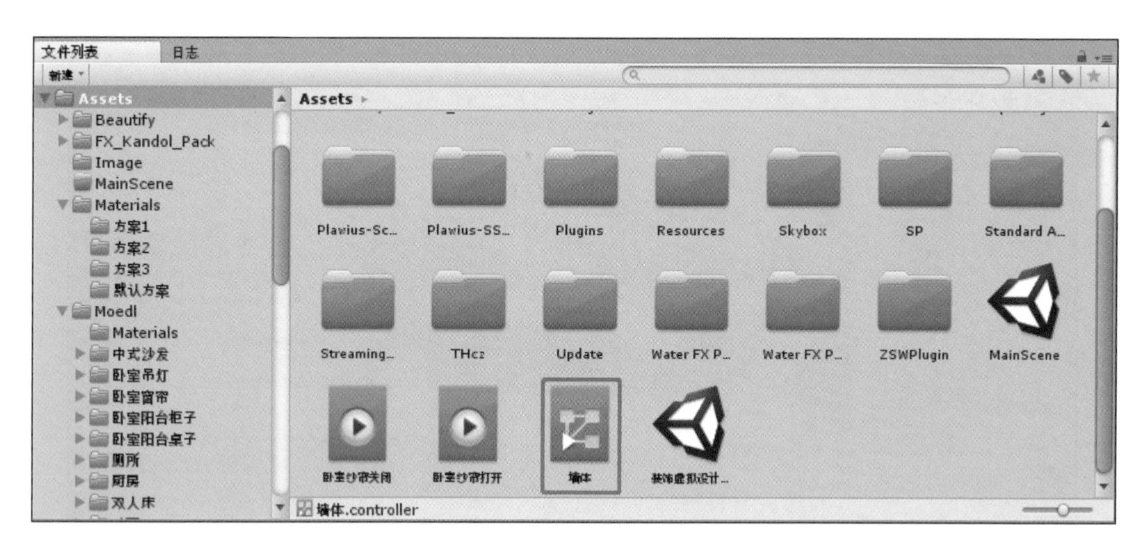

图 4.3-99

（13）空白处右键选择 Create State → From New Blend Tree（图 4.3-101）。创建一个 Blend Tree 状态图标（图 4.3-102）。

（14）在 Entry 图标上右键选择 Set StateMachine Default State（图 4.3-103），移动鼠标连线至 Blend Tree（图 4.3-104）。

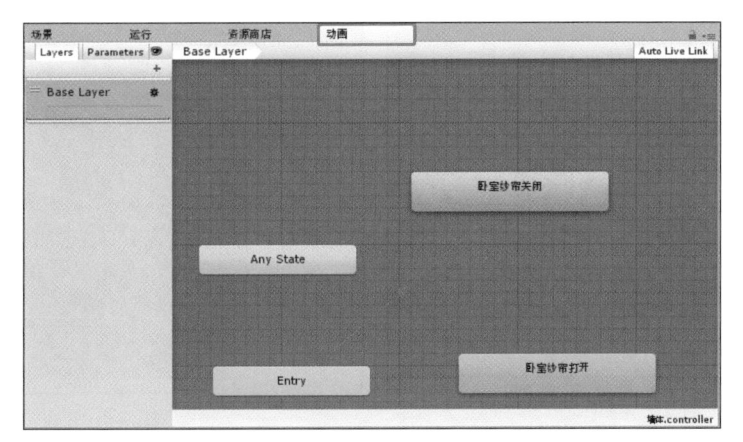

图 4.3-100

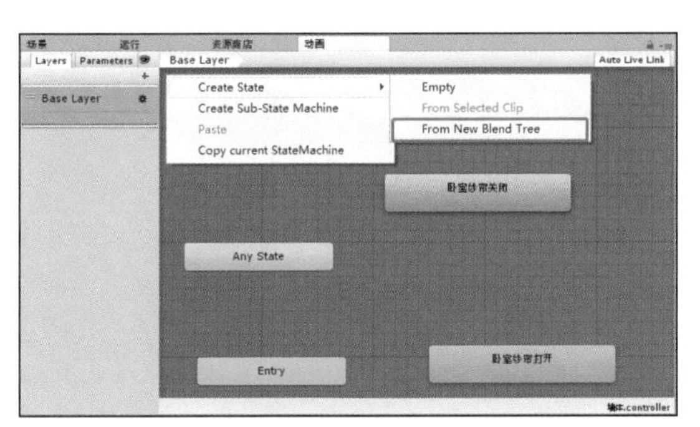

图 4.3-101

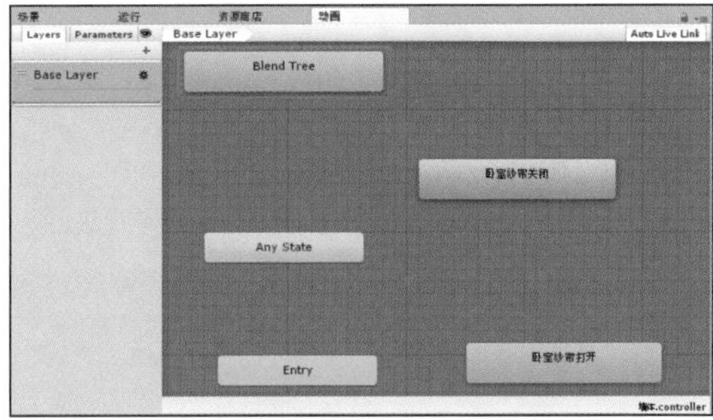

图 4.3-102

注：Blend Tree 状态是可以设定多个动画的混合。

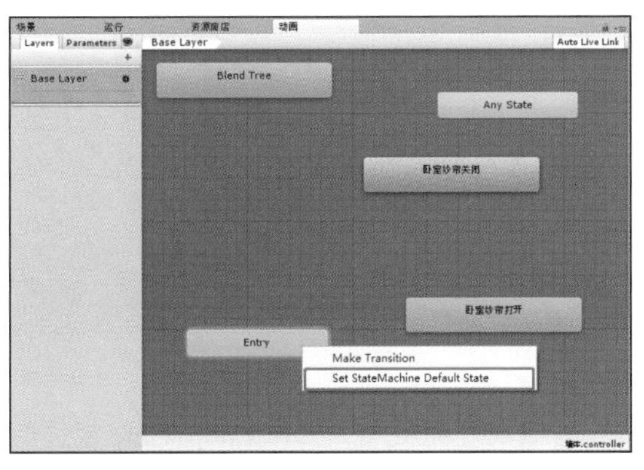

图 4.3-103

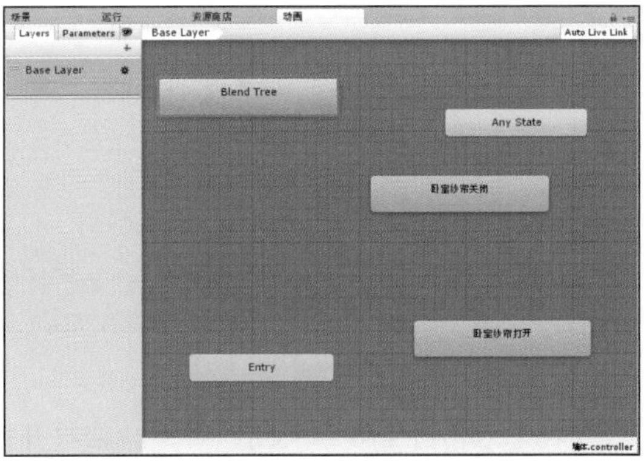

图 4.3-104

注：Entry 为进入状态图标，Set StateMachine Default State 为默认状态。

（15）选择“卧室纱帘关闭”图标，右键选择 Make Transition（图 4.3-105），移动鼠标连线至 Blend Tree（图 4.3-106）。

（16）再选择“卧室纱帘打开”图标，右键 Make Transition 移动鼠标连线至 Blend Tree，如图 4.3-107 所示。

（17）单击 Blend Tree、卧室纱帘关闭、卧室纱帘打开图标，右侧属性面板中，去掉 Write Defaults 复选框勾，让动画停留在最后一帧。如图 4.3-108 ～图 4.3-110 所示。

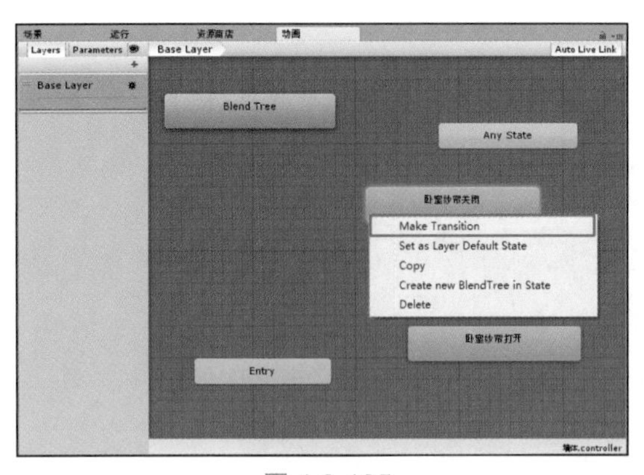

图 4.3-105

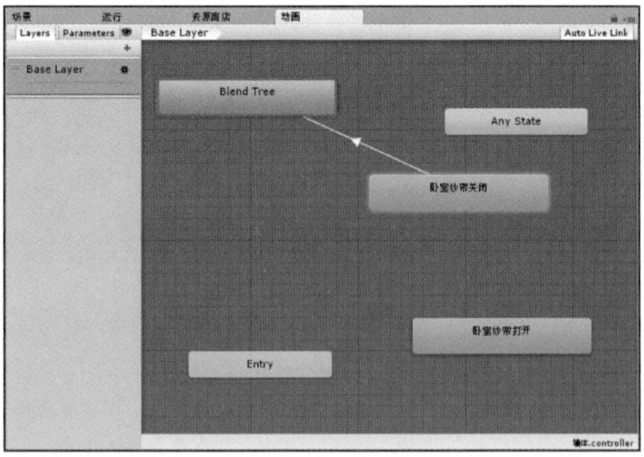

图 4.3-106

注：Make Transition 为连接过渡。

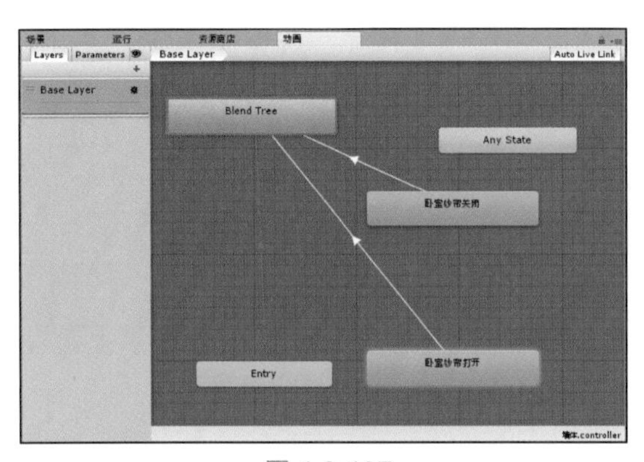

图 4.3-107

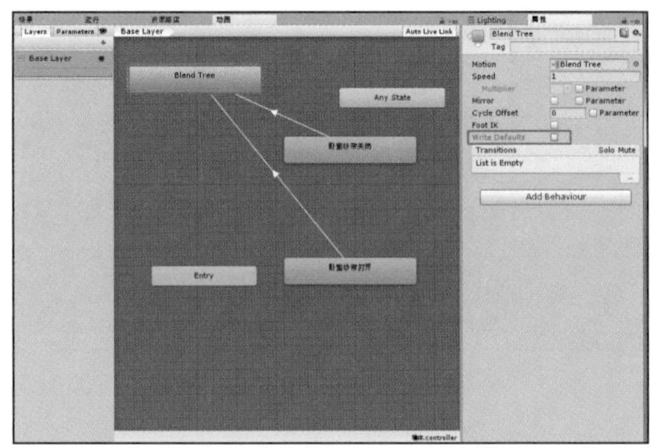

图 4.3-108

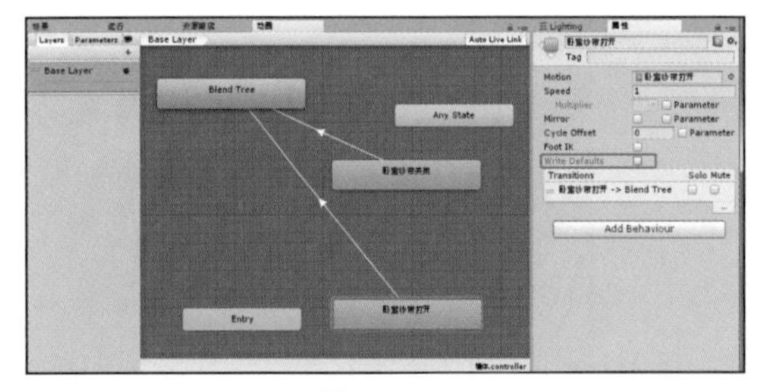

图 4.3-109

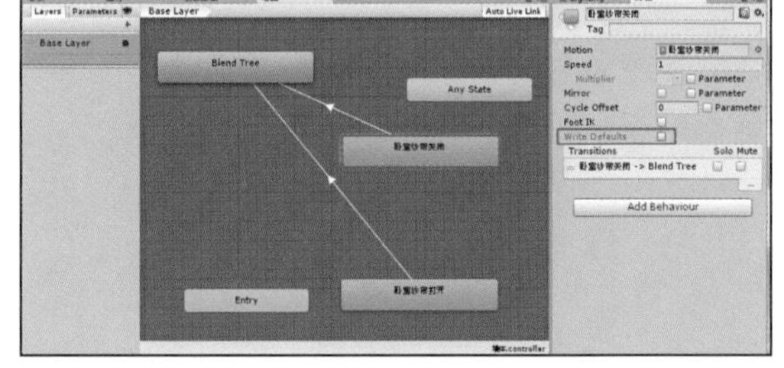

图 4.3-110

（18）双击卧室纱帘关闭、卧室纱帘打开图标，右侧属性面板中，去掉 Loop Time 复选框勾，让动画停止循环播放，如图 4.3-111、图 4.3-112 所示。

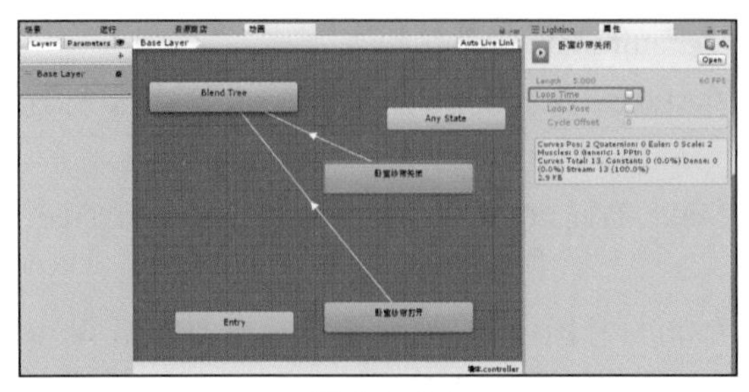

图 4.3-111

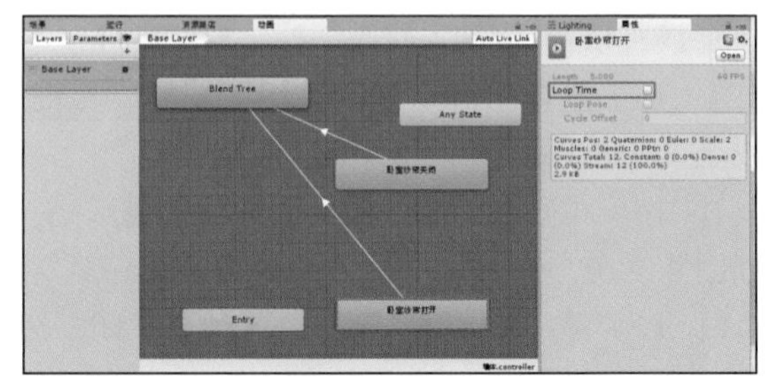

图 4.3-112

4.3.9.2　动画播放

（1）制作播放按钮模型：工程资源面板 Hierarchy 中空白处右键添加 3D 物体，选择立方体，用自由变换工具编辑到合适大小，再用移动工具移动到如图 4.3-113 所示位置。在“一居室方案 \ 贴图 \ 墙面贴图”文件夹内找到开、关贴图，粘贴到项目资源区 Assets\Image 中，创建开、关材质球，把材质拖拽至开、关模型。

（2）选择物体对象：在场景视图中选择“开”模型。

（3）选择交互命令：点击菜单栏“交互→播放→ 3D 动画”，如图 4.3-114 所示。

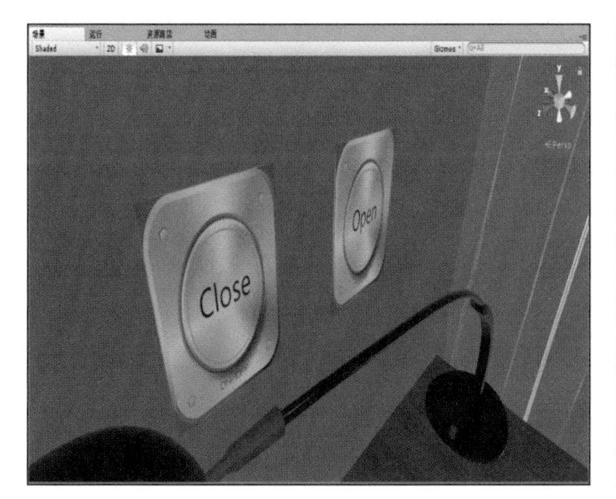

图 4.3-113

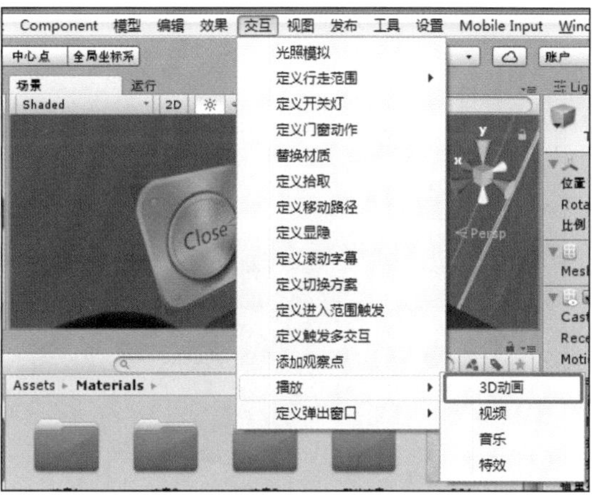

图 4.3-114

（4）设置交互参数：在右侧属性面板中，定义门窗动作交互增加了 Box Collider 与 LYZX Animator Ex Info (Script) 两个属性栏。点击 LYZX Animator Ex Info (Script) 属性栏动画控制器参数行最后边的小圆圈按钮，弹出选择动画浮动面板（图 4.3-115）。点击墙体，完成控制器选项，如图 4.3-116 所示。

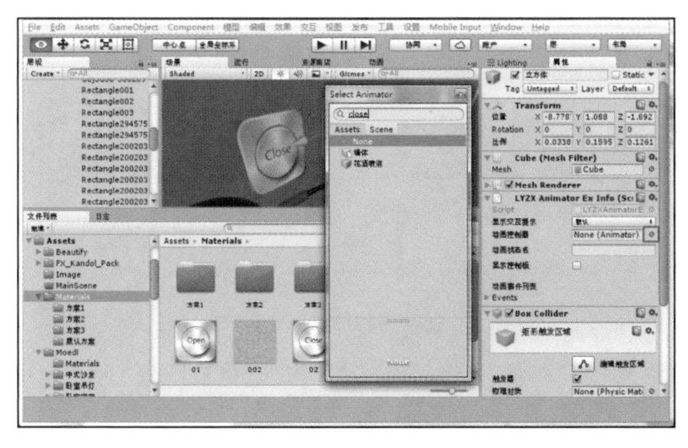

图 4.3-115

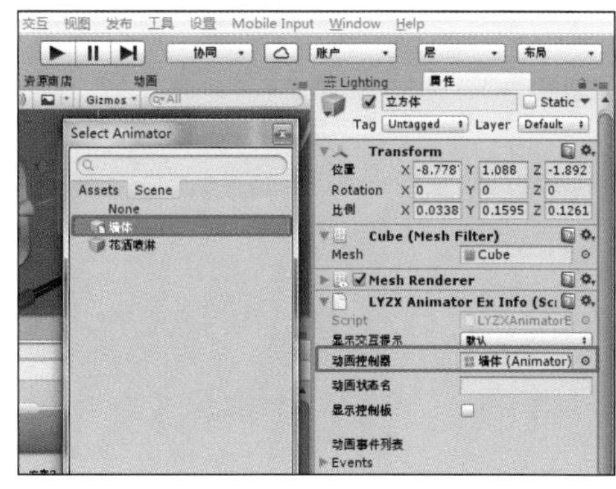

图 4.3-116

（5）双击动画控制器上的“墙体”动画（图 4.3-117），打开墙体动画属性面板。

（6）双击卧墙体动画控制器，打开动画控制器编辑视图，如图 4.3-118 所示。点击“墙体”图标，右侧属性面板中显示图标名称，复制图标名称，如图 4.3-119 所示。

图 4.3-117

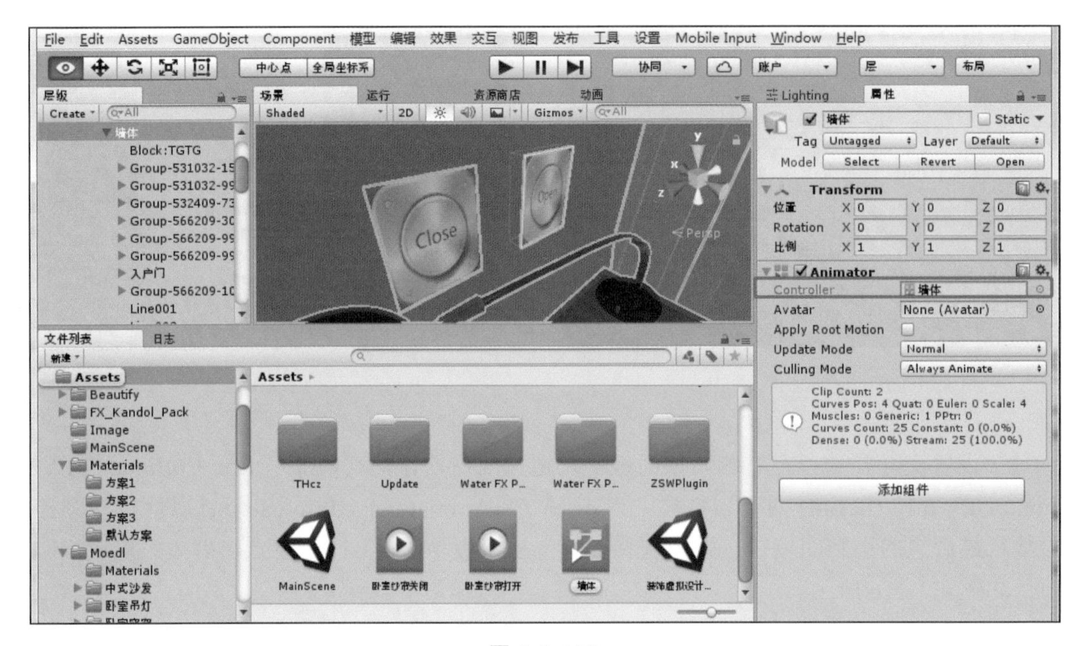

图 4.3-118

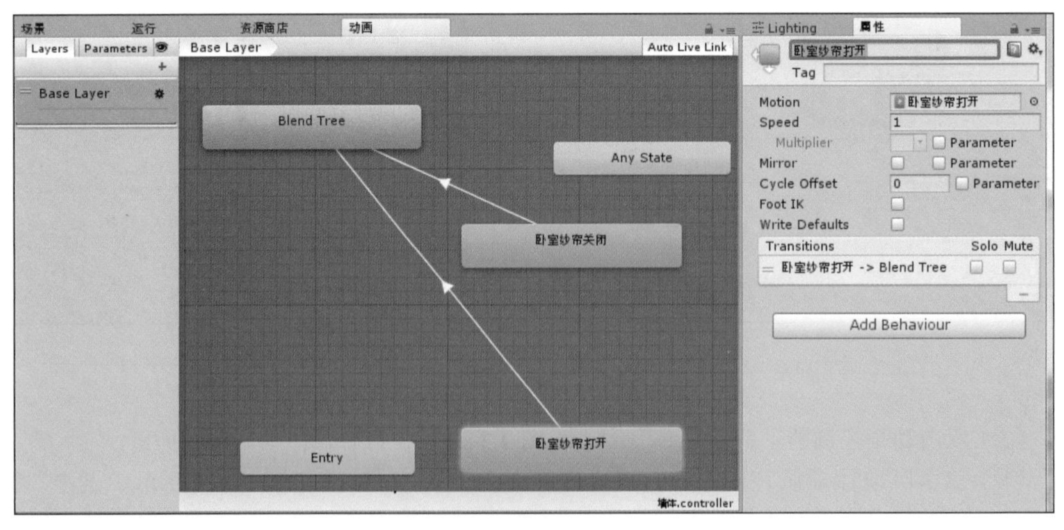

图 4.3-119

（7）返回场景属性面板，把复制的“卧室纱帘打开”粘贴到 LYZX Animator Ex Info (Script) 属性栏下动画状态名上。显示控制面板是指能够显示动画的快进、快退、暂停等功能的控制面板，勾上则在播放的时候会在场景的正前方显示该面案，这里取消显示控制板勾选，如图 4.3-120 所示。

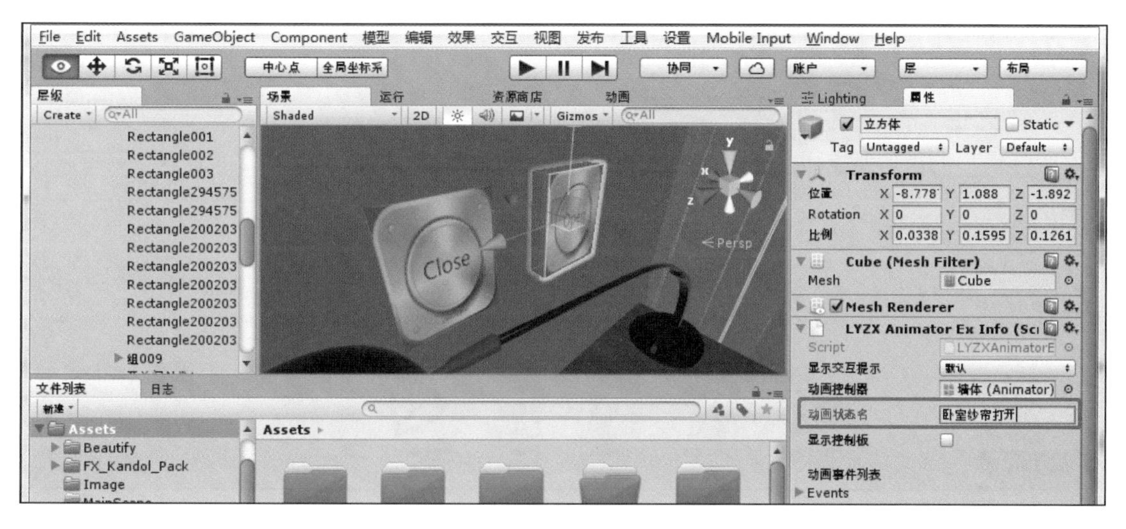

图 4.3-120

（8）编辑交互触发器：在 Box Collider 属性栏中，点击编辑触发区域按钮，定义 3D 播放的触发区，拖动绿色点即可调整大小与面板模型一致，如图 4.3-121 所示。

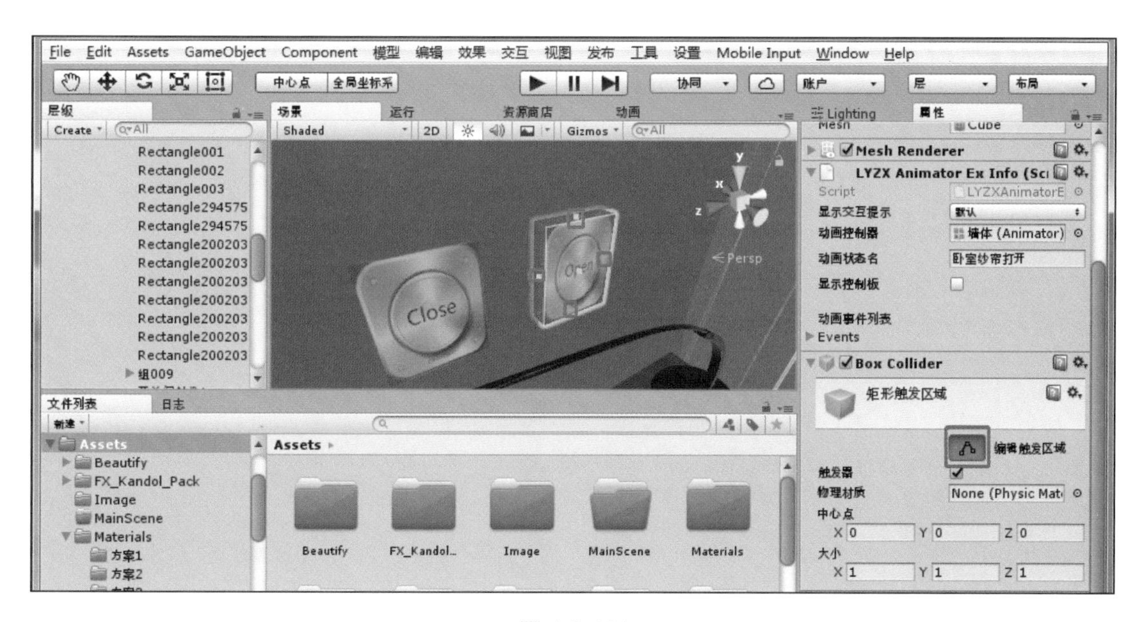

图 4.3-121

（9）重复以上步骤完成“关”模型的播放 3D 动画操作设置，最终效果如图 4.3-122 所示。

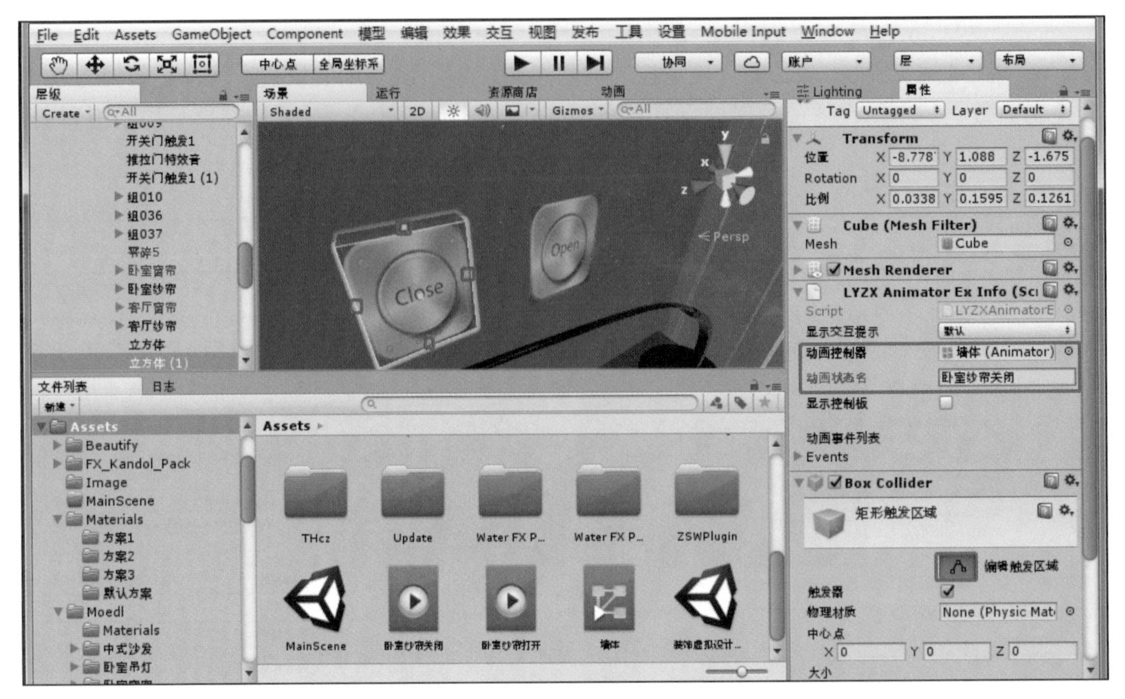

图 4.3-122

第5章
上传发布

学习目标

1. 熟练掌握工程上传、方案发布操作步骤；
2. 掌握在VDP虚拟现实设计平台制作全景图流程；
3. 理解全景图制作中观察点设置及参数调节。

5.1 任务说明

（1）通过本章节的学习，完成一居室方案的全景图制作，并打包上传整个方案内容。

（2）通过本章节学习，能够熟练掌握通过VDP虚拟现实设计平台进行全景图制作，并且生成能够在微信上直接扫描的二维码图片及能够在电脑浏览器中直接观看的全景图链接。

（3）通过本章节学习，能够熟练掌握工程打包上传的基本操作，在条件允许的情况下需要通过VR沉浸式体验设备、VR大屏、BIMVR一体机、CAVE半沉浸式系统中体验制作好的方案内容，并且实现对应的交互设计内容。

（4）通过本章节学习，了解设计端呈现的效果和在不同展示端中效果的细微差异，并能够根据其差异对设计方案进行调整。

5.2 任务分析

在本章节中，主要需要完成全景图制作和工程打包上传两个主要任务。全景图的制作需要熟悉全景图观察点和最终生成的全景图之间的关系，同时也需要熟练掌握全景图设置过程中各项属性参数的设置方法，打包上传我们需要熟练掌握打包上传的关键步骤。因此，在本章节学习过程中包含的主要步骤为：

（1）全景图制作；

（2）工程上传；

（3）方案效果图赏析。

5.3 任务实施

720° 全景图是VR场景静态展示的一种非常便捷的呈现方式。我们能够直接通过移动互联网设备对其进行非常便捷的传播和分享。因此，这也是目前作为简单的 VR 场景分享的最便捷的方式。在 VDP 虚拟现实设计平台中，能够非常方便地进行全景图的制作，并且能够通过云技术的方式快速生成能够直接浏览、传播的二维码及网址链接。

5.3.1　全景图制作

添加观察点如下。

（1）点击菜单栏“工具→全景图模块安装”，如图 5.3-1 所示。

（2）点击菜单栏“全景图→增加全景图”，如图 5.3-2 所示。

（3）点击菜单栏“全景图→增加观察点”，如图 5.3-3 所示。

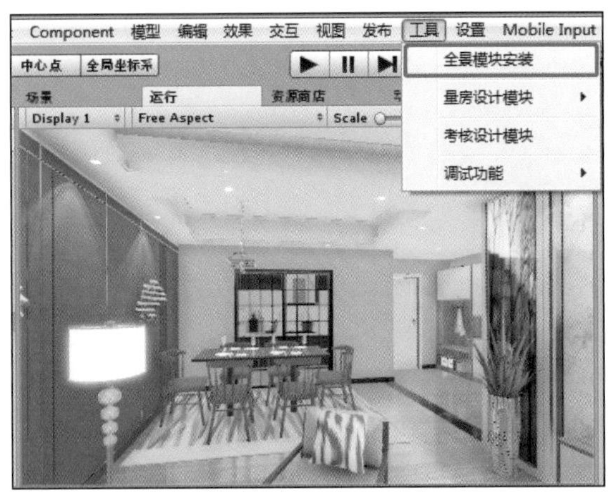

图 5.3-1

图 5.3-2

图 5.3-3

（4）在工程资源面板 Hierarchy 中，双击“全景图”，设置右侧属性面板 Transform 属性栏下方位置行中 Y 值为 1.5，LYZX Panorama Info 属性栏下方全景图名称为“客厅”，如图 5.3-4 所示。

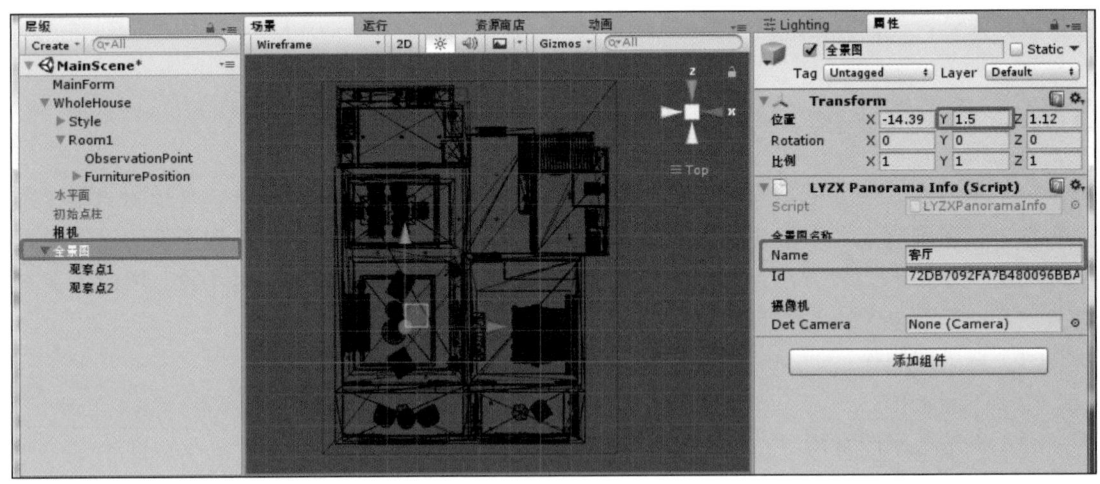

图 5.3-4

（5）在工程资源面板 Hierarchy 中双击“观察点 1”，切换侧视图调整 Y，设置右侧属性面板 Transform 属性栏下方位置行中 Y 值为 0，如图 5.3-5 所示。

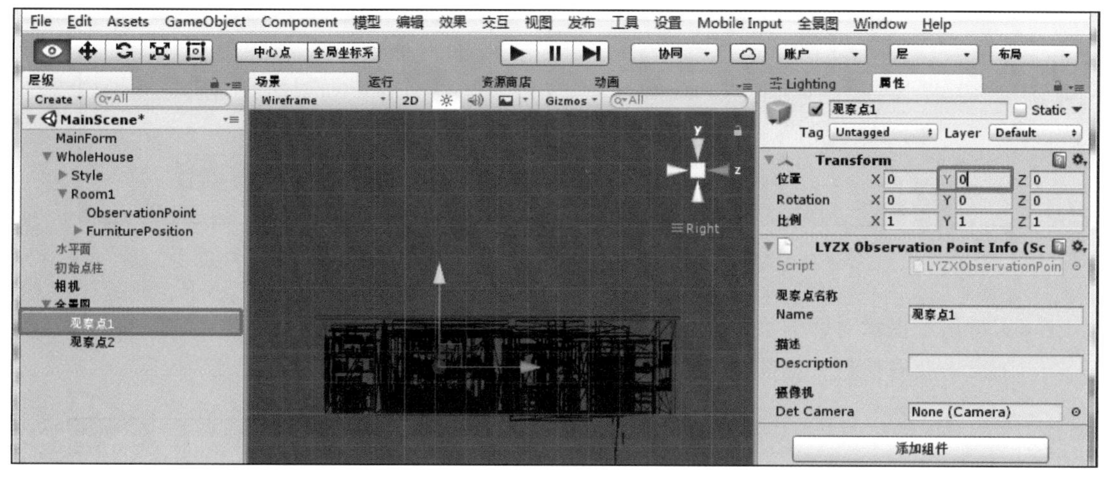

图 5.3-5

（6）在工程资源面板 Hierarchy 中双击“观察点 2”，设置右侧属性面板 Transform 属性栏下方位置行中 Y 值为 0，如图 5.3-6 所示。

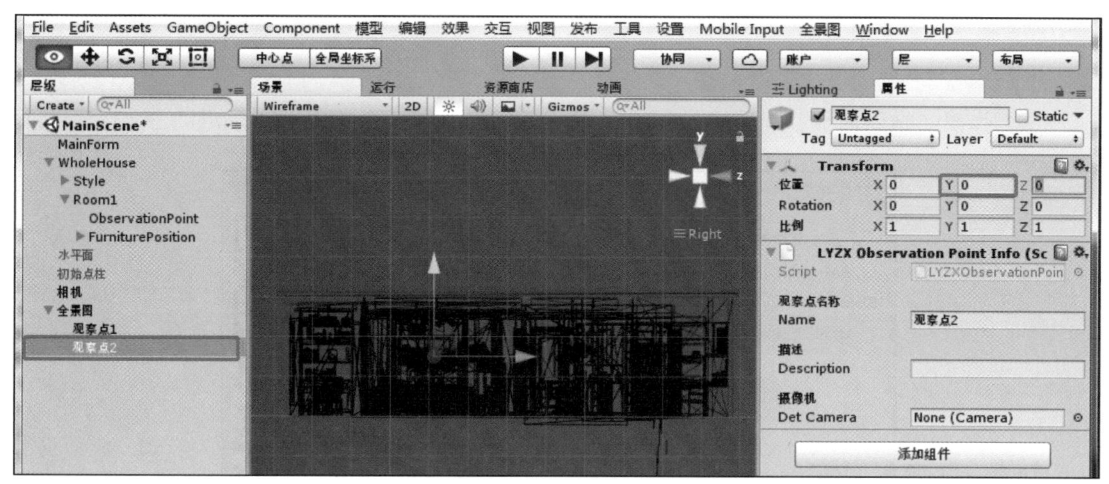

图 5.3-6

5.3.2　全景图上传

（1）点击菜单栏“全景图→生成全景图”（图 5.3-7），待生成完后点击“确定”即可，如图 5.3-8 所示。

图 5.3-7

图 5.3-8

（2）点击菜单栏“全景图→上传”，如图 5.3-9 所示。

（3）在弹出窗口中，选择“上传”，如图 5.3-10 所示。

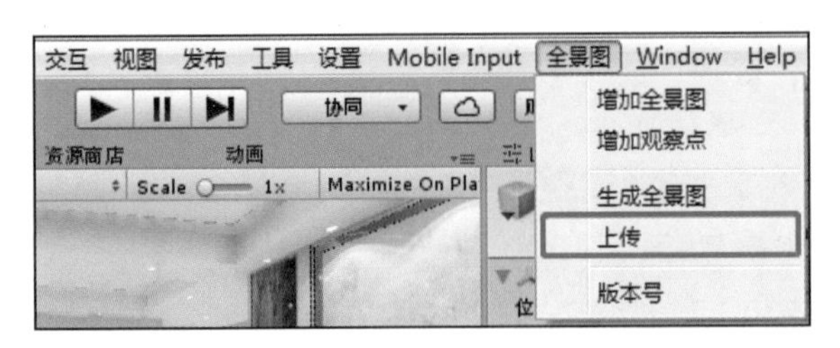

图 5.3-9

图 5.3-10

（4）待出现提示对话框后按确认，如图 5.3-11 所示。

（5）点击获取信息，如图 5.3-12 所示。

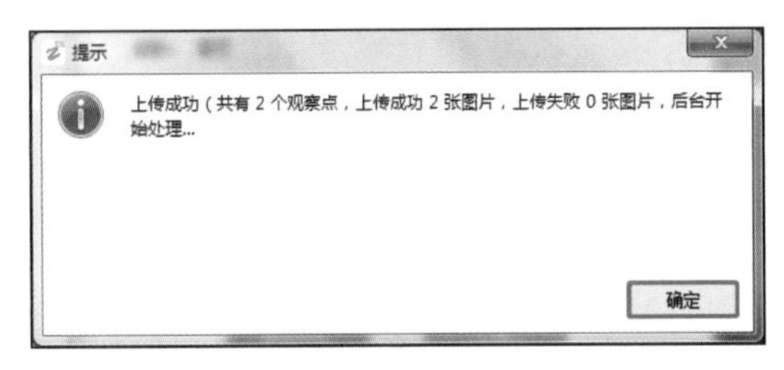

图 5.3-11

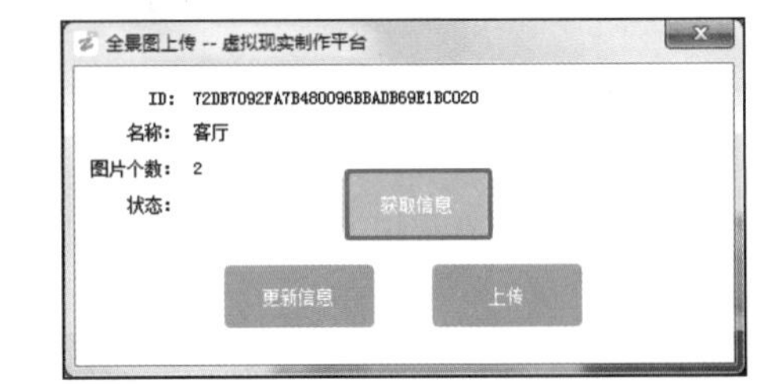

图 5.3-12

（6）弹出二维码面板，显示全景图 ID、图片及状态，表示上传完成，如图 5.3-13 所示。

图 5.3-13

（7）客厅全景图效果如下，如图 5.3-14 所示。

（8）按照上述步骤完成卧室全景图操作，最终效果如图 5.3-15 所示。

图 5.3-14

图 5.3-15

5.3.3　工程上传

整个案例制作完成之后，我们需要将制作好的案例上传到云端，通过云技术进行处理，生成能够在不同的终端设备上浏览观看的演示案例，并且能够通过互联网技术在不同的设备进行分享和查看，具体操作如下。

（1）打开项目资源区“Assets\Update”文件夹，选中工程资源面板“Hierarchy\Style”层级，拖拽此层级至 Update 中，转变 Style 为预制体，如图 5.3-16 所示。

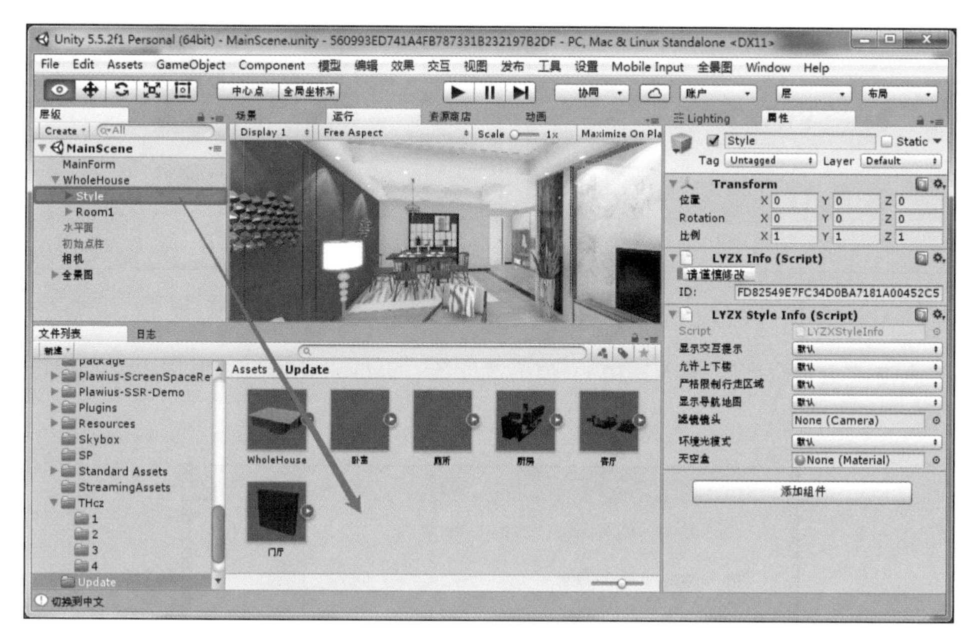

图 5.3-16

（2）点击菜单栏“发布→一键打包并上传”，如图 5.3-17 所示。

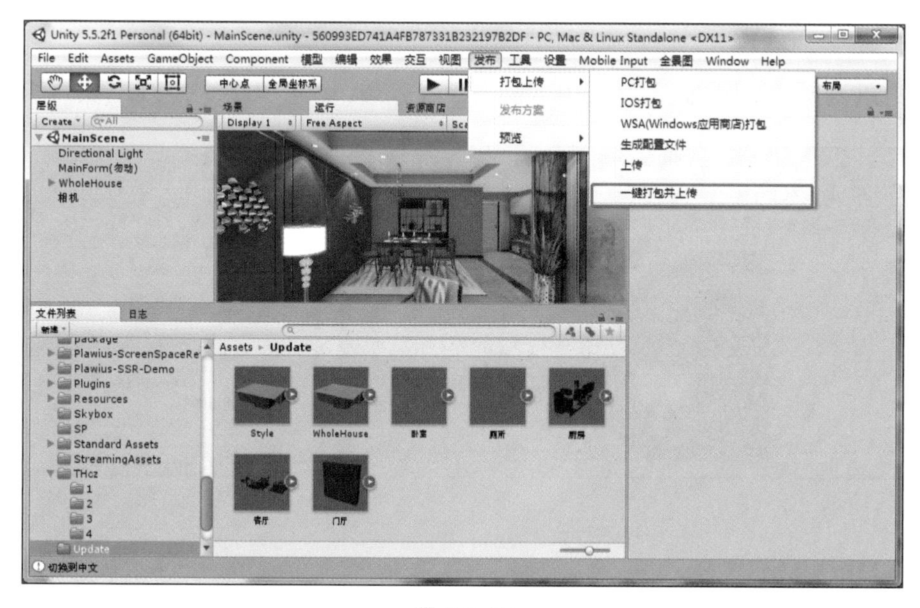

图 5.3-17

（3）弹出上传浮动面板，在名称处输入“装饰虚拟设计实训案例”，点击上传缩略图，如图 5.3-18 所示。

（4）在弹出图片选择路径窗口中找到“一居室 \ 效果图 \02 – 客厅 .jpg”，打开上传缩略图，如图 5.3-19 所示，弹出进度条，等待完成弹出上传成功窗口，点击确定。

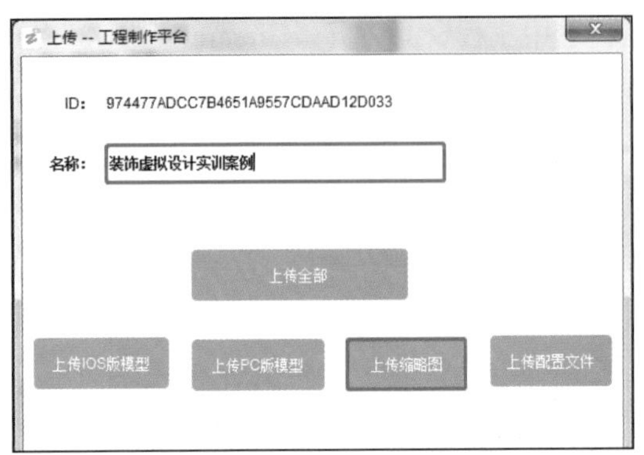

图 5.3-18

图 5.3-19

（5）点击“上传全部”(图 5.3-20)，弹出进度条，等待完成弹出“上传成功”窗口，点击确定。

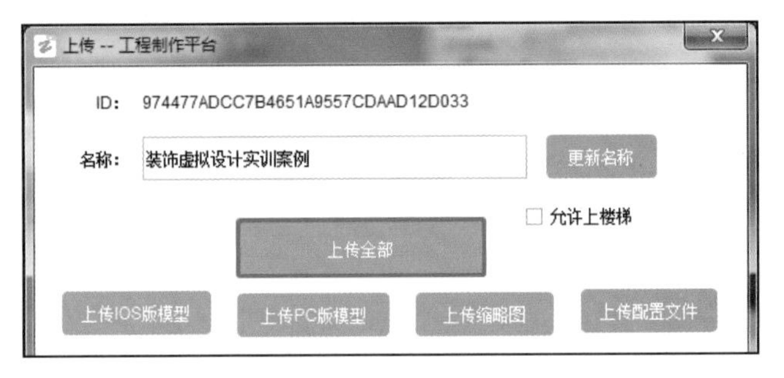

图 5.3-20

（6）工程资源面板 Hierarchy 中选中 WholeHouse 层级，点击“发布→发布方案”(图 5.3-21)。

图 5.3-21

（7）弹出上传窗口，在方案名称处填写“装饰虚拟设计实训案例”。点击上传，如图 5.3-22 所示，弹出进度条，等待完成弹出“上传成功”窗口，点击确定。

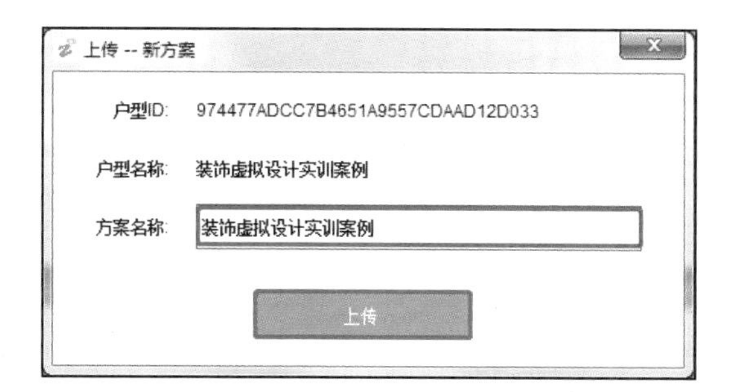

图 5.3-22

5.3.4　方案效果图

（1）门厅效果图如图 5.3-23 所示。

（2）客厅效果图如图 5.3-24 ～图 5.3-26 所示。

图 5.3-23

图 5.3-24

图 5.3-25

图 5.3-26

（3）餐厅效果图如图 5.3-27 所示。

图 5.3-27

（4）厨房效果图如图 5.3-28 所示。

(a)

(b)

图 5.3-28

（5）卧室效果图如图 5.3-29 所示。

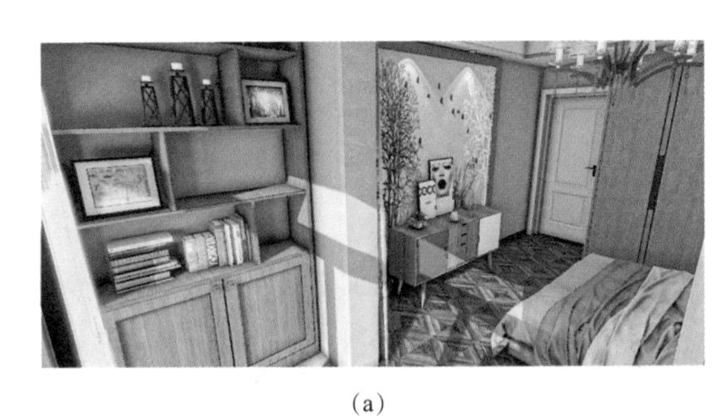

(a)

(b)

图 5.3-29

（6）卫生间效果图如图 5.3-30 所示。

图 5.3-30

第 6 章

场景烘焙

学习目标

1. 掌握场景烘焙的操作方法；
2. 了解场景烘焙的参数和对应的效果之间的关系；
3. 了解场景中静态物体和动态物体的区别。

6.1 任务说明

（1）通过本章节的学习，练习一居室方案的效果烘焙，并掌握场景烘焙的操作方法。

（2）了解 VR 场景中静态物体和动态物体的区别，并且了解相应的设置方法。

（3）了解场景烘焙中参数设置及相应的参数和影响的效果之间的关联关系。

6.2 任务分析

为了对整个场景进行烘焙，首先将场景中需要烘焙的物体设置为静态的，然后将相关的灯光调整为静态或者混合的模式，再在灯光面板中设置对应的烘焙参数，最后进行烘焙，步骤如下：设置静态物体；设置灯光为静态或者混合模式；设置烘焙参数并开始烘焙。

6.3 任务实施

一个 VR 场景制作好之后，为了呈现更加真实的效果，并且在 VR 体验的过程中运行得更加流畅，往往会针对场景中不参与交互部分的内容进行场景烘焙。VR 设计中场景烘焙是指将场景中的光影效果、材质效果等相关信息进行静态化的处理，通过烘焙生成的 HDR 图片来呈现场景的最终效果，烘焙后的所有内容将会是静态的。同样，在 VR 场景中灯光也分为静态、动态、混合三种不同的模式，静态的灯光只会影响静态的物体；动态的灯光只会影响动态的物体；混合的灯光则能够同时影响静态和动态的物体。

6.3.1 设置静态物体

烘焙过程中只会对静态的物体产生效果，所以在烘焙操作之前将需要进行烘焙的物体进行设置，具体操作流程如下。

（1）选中要进行烘焙的物体，在属性面板中勾选 Static 复选框，如图 6.3-1 所示。

（2）在选择的物体中如果有子节点，则会提示是否将所有子节点均设置为静态物体，可以根据实际情况进行选择，这里将所有子节点的物体均设置为静态，如图 6.3-2 所示。

图 6.3-1

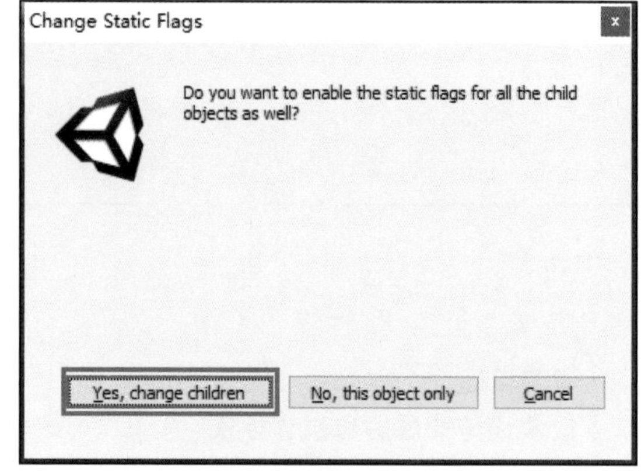

图 6.3-2

6.3.2 设置灯光模式

烘焙过程中最关键的就是灯光的处理，在烘焙之前，需要将进行烘焙的灯光属性进行处理。在所有灯光中，面光源是一个比较特殊的灯光，它只在烘焙之后才会有光的效果，也就是说面光源的属性默认就是烘焙的。需要注意的是，反射探头只有动态、静态和图片三种模式，没有混合模式。烘焙灯光具体操作如下。

（1）选中要进行烘焙的灯光，在属性面板中的“烘焙”选项行下拉选择“烘焙”或者“混合”模式，烘焙共有三种模式：实时、烘焙、混合，分别对应：动态实时、静态烘焙、混合三种效果，如图 6.3-3 所示。平行光、点光源、聚光灯的设置是一样的，这里不再赘述。

（2）反射探头设置静态烘焙则需要选中对应的反射探头后，在属性面板中将 Style 调整为 Baked 即可，如图 6.3-4 所示。灯光探测组不需要进行设置。

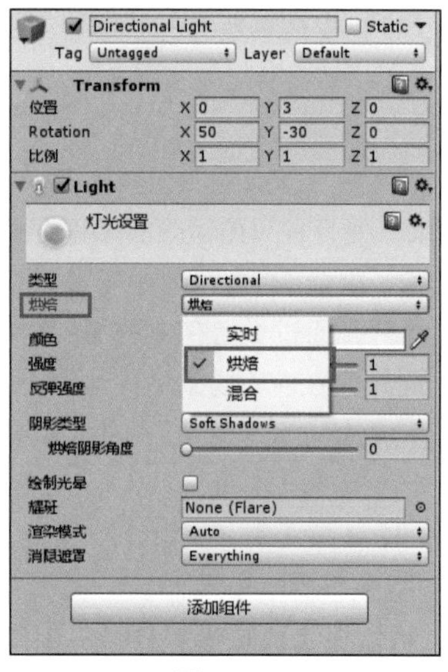

图 6.3-3

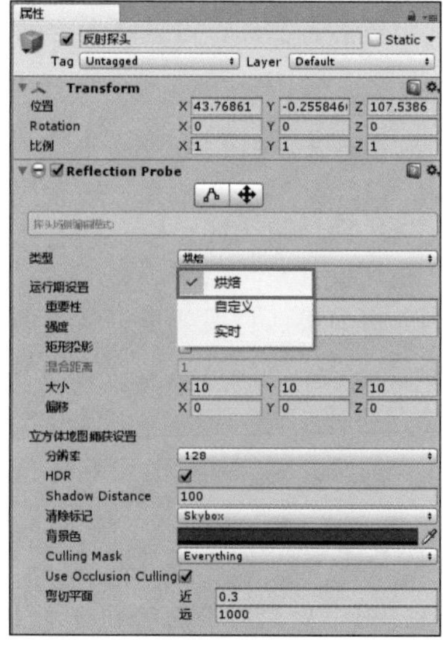

图 6.3-4

6.3.3 设置烘焙参数

烘焙的参数直接影响烘焙的最终效果，如场景的光影清晰度、色相、饱和度、环境光遮蔽效果等，这里直接通过属性面板来调节各个参数的值，具体的值和最终效果之间的关联关系需要反复练习加以掌握。具体操作如下。

（1）点击“Window 菜单→ Lighting”命令，打开烘焙参数的属性面板，如图 6.3-5 所示。

（2）在属性面板中，主要调节 Scene 场景中的“Resolution”“Baked GI”“Baked Resolution”、“Ambient Occlusion”参数，分别对应场景效果中的环境精细度、烘焙全局光、烘焙精细度、环境光遮罩等内容，如图 6.3-6 所示。

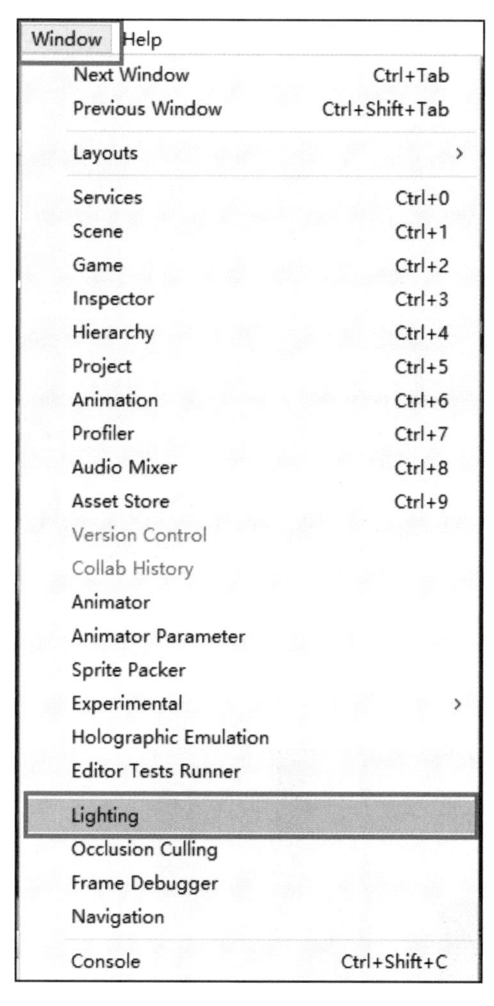

图 6.3-5

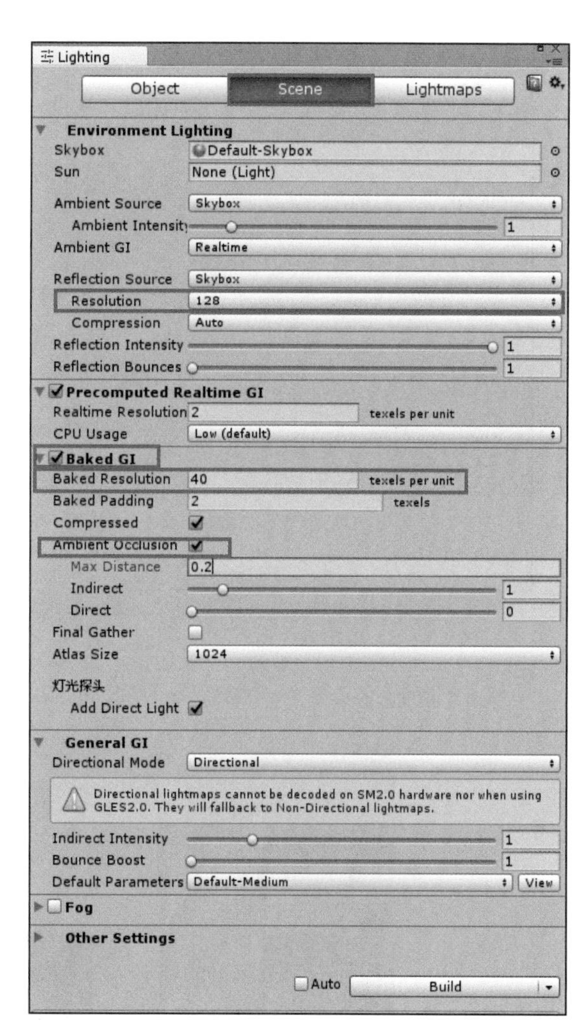

图 6.3-6

注：本案例中清晰度建议设置值为 256，其他参数设置如图 6.3-6 所示。

（3）参数调节完成之后，点击 Baked 按钮开始烘焙，如图 6.3-7 所示。系统开始进入烘焙状态，烘焙的过程中会在下方进度条显示当前烘焙的进度，同时在烘焙的过程中还能够对场景继续进行调整，调整中涉及需要烘焙的部分系统会在调整之后重新进行烘焙处理，未修改的部分不重新烘焙，如图 6.3-8 所示。

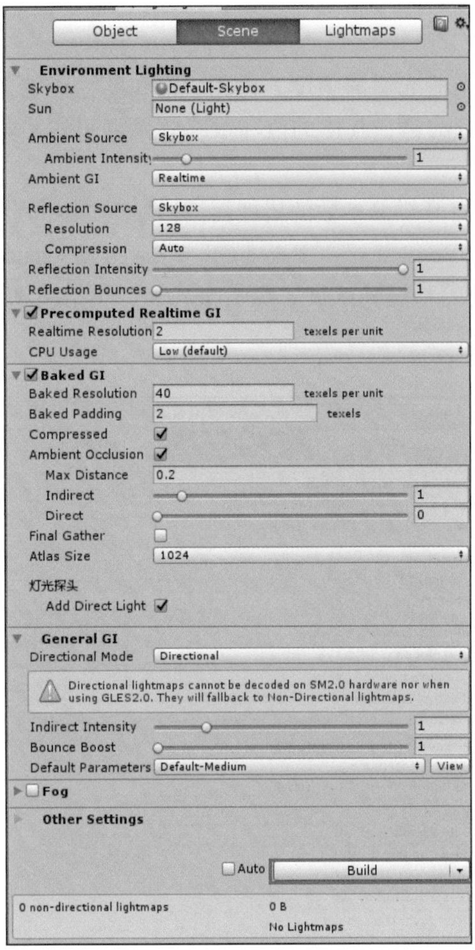

Object Scene Lightmaps
Environment Lighting
Skybox Default-Skybox
Sun None (Light)
Ambient Source Skybox
Ambient Intensity 1
Ambient GI Realtime
Reflection Source Skybox
Resolution 128
Compression Auto
Reflection Intensity 1
Reflection Bounces 1
Precomputed Realtime GI
Realtime Resolution 2 texels per unit
CPU Usage Low (default)
Baked GI
Baked Resolution 40 texels per unit
Baked Padding 2 texels
Compressed
Ambient Occlusion
Max Distance 0.2
Indirect 1
Direct 0
Final Gather
Atlas Size 1024
灯光探头
Add Direct Light
General GI
Directional Mode Directional
Directional lightmaps cannot be decoded on SM2.0 hardware nor when using GLES2.0. They will fallback to Non-Directional lightmaps.
Indirect Intensity 1
Bounce Boost 1
Default Parameters Default-Medium View
Fog
Other Settings
Auto Build
0 non-directional lightmaps 0 B
No Lightmaps

图 6.3-7

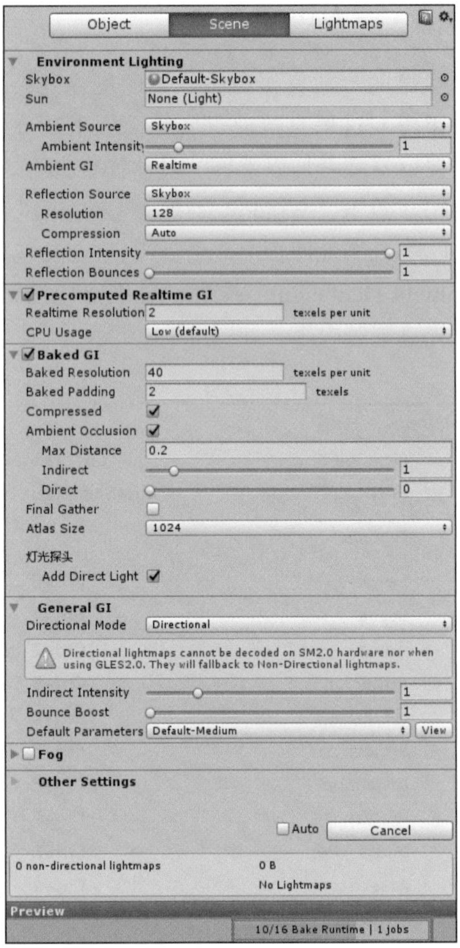

Object Scene Lightmaps
Environment Lighting
Skybox Default-Skybox
Sun None (Light)
Ambient Source Skybox
Ambient Intensity 1
Ambient GI Realtime
Reflection Source Skybox
Resolution 128
Compression Auto
Reflection Intensity 1
Reflection Bounces 1
Precomputed Realtime GI
Realtime Resolution 2 texels per unit
CPU Usage Low (default)
Baked GI
Baked Resolution 40 texels per unit
Baked Padding 2 texels
Compressed
Ambient Occlusion
Max Distance 0.2
Indirect 1
Direct 0
Final Gather
Atlas Size 1024
灯光探头
Add Direct Light
General GI
Directional Mode Directional
Directional lightmaps cannot be decoded on SM2.0 hardware nor when using GLES2.0. They will fallback to Non-Directional lightmaps.
Indirect Intensity 1
Bounce Boost 1
Default Parameters Default-Medium View
Fog
Other Settings
Auto Cancel
0 non-directional lightmaps 0 B
No Lightmaps
Preview
10/16 Bake Runtime | 1 jobs

图 6.3-8

（4）烘焙完成之后的效果如图 6.3-9 所示。

图 6.3-9

第 7 章
综合实训

7.1 实训目的

（1）复习和巩固所学的各科专业知识，掌握 VDP 虚拟现实设计平台基本操作流程，培养综合运用所学理论知识和专业技能的能力；

（2）培养学生基于模型完成 VR 方案表现的能力；

（3）培养学生设计能力；

（4）培养学生独立思考和创新创业能力；

（5）培养和锻炼学生的沟通能力，团队协作的能力。

7.2 实训准备

（1）软件准备：3ds MAX/SketchUp、VDP 虚拟现实设计平台、GLVR。

（2）基础资料：中户型工程案例图纸，见附录。

（3）团队组建：将班级学生分成若干组，每组 3 ～ 5 人，以团队形式完成实训任务。

① 每个团队推举出一名队长，负责整个项目的分工协作、任务实施、进度控制及成果汇总；

② 团队每个成员可根据队长的分工，完成各自负责的工作内容；

③ 通过工程协作，完成最终成果提交与方案汇报。

7.3 实训内容

（1）VR 方案设计思路：方案设计流程如图 7.3-1 所示。

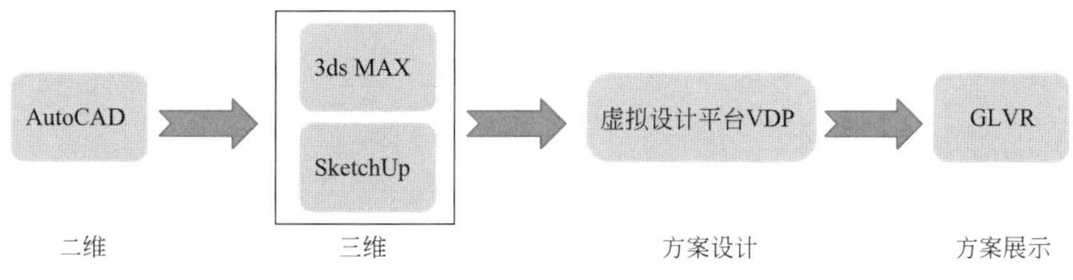

图 7.3-1　方案设计流程

（2）实训内容：根据提供的中户型 CAD 图纸，首先利用 3ds MAX/SketchUp 软件进行模型创建；其次，将模型导入 VDP 虚拟现实设计平台进行灯光、材质等效果优化，并按照设计构思制作交互功能；最后，上传发布，在 GLVR 演示端进行方案汇报与演示。

7.4 成果提交

（1）PPT 一份，包含项目概况、设计思路、团队分工、VR 技术应用价值等内容。

（2）项目模型源文件。

（3）VR 作品 1 份。

VR 作品为上传到 GLVR 演示端的可交互项目案例，内容包括空间设计方案表现。

空间设计方案表现包括设计风格、空间布局、材质属性、材质替换、陈设属性、设备、洁具五金、陈设替换、陈设拾取、采光与照明模拟、开关灯、开关门、视频或动画播放等。

（4）全景图 1 份。

参考文献

[1] 童明，吴迪 . Unity 虚拟现实开发实战 . 北京：机械工业出版社，2016.

[2] 理想・宅 . 设计必修课・室内色彩搭配 . 北京：化学工业出版社，2018.

[3] 唐茜，耿晓武 . 3ds Max 2018 从入门到精通 . 北京：中国铁道出版社，2018.

[4] 向春宇 . VR、AR 与 MR 项目开发实战 . 北京：清华大学出版社，2018.

本书二维码资源

P19　2.3.1　模型导入	P38　3.3.2　材质调节
P92　3.3.7　场景烘焙	P92　3.3.7　效果优化
P97　3.3.8　主要光源调节	P97　3.3.8　辅助光源调节
P119　4.3.2　定义活动范围与拾取	P121　4.3.3　定义移动路径与弹出窗口
P125　4.3.4　定义门窗动作	P131　4.3.7　定义材质替换与区域触发
P142　4.3.8　播放视频及特效	P145　4.3.9　动画制作 1

P145　4.3.9　动画制作 2	